自然的祕密絮語

366天，每天告訴你一個自然的故事

A Year with Nature

An Almanac

Licensed by The University of Chicago Press, Chicago, Illinois, U.S.A.

瑪蒂・克朗普 Marty Crump ——— 作者 布朗溫・麥基弗 Bronwyn McIvor ——— 插圖
張雅億 ——— 翻譯

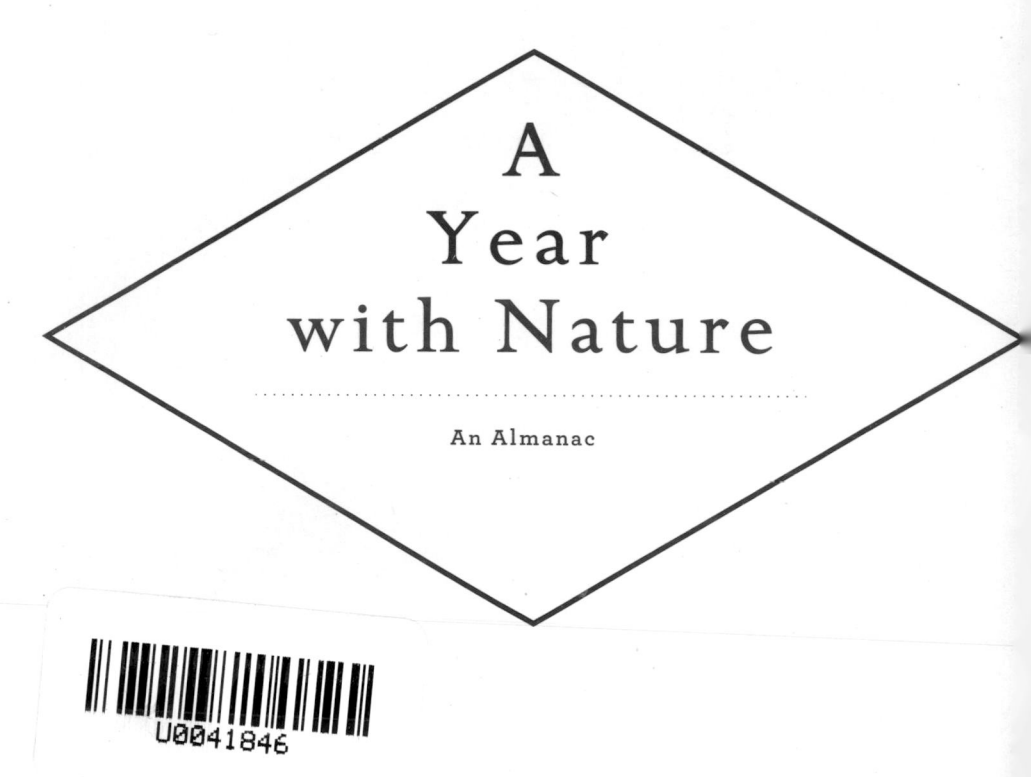

目錄

獻給大地之母帕查瑪瑪（Pachamama），

以及克莉絲蒂

前言

本書以日誌形式呈現與大自然相關的廣泛主題，且每個主題都與日曆上特定的一天有關。某些日誌的靈感源自開頭的引述，包括詩節與歌謠韻文。由於人類是大自然不可或缺的一份子，因此本書也觸及了人類文化的不同層面，包括民間傳說與精神信仰。書中特別介紹了美國國家公園管理局與美國環保署的成立經過；經典之作的問世，例如《物種起源》和《寂靜的春天》；音樂作品的首次亮相，包括《天鵝湖》與《新世界交響曲》；海洋探險家畢比的深海潛水球之旅；以及尼爾・阿姆斯壯與巴茲・艾德林登陸月球的事蹟。也分享了某些非凡人物的小故事，包括亞里斯多德與美國生物學家愛德華・威爾森；詩、音樂、散文和視覺藝術所呈現的大自然；食物及動物的相關節慶；珍奇異寶如希望之鑽與漫遊者珍珠；十二生肖與厄謝爾年表；公民科學計畫；獨角獸、尼斯湖水怪與飛天馴鹿；神聖的蟒蛇與能嗅出癌症的狗；歷史上的重大發現，包括DNA結構、山地大猩猩，以及加拉帕哥群島。另外更提到了《侏儸紀公園》及人類的火星生命探索任務；世界巧克力日與北美馬鈴薯日；生物多樣性國際日、世界海洋日與國際山嶽日……內容十分豐富。

希望這三百六十六篇短文能令你感到愉快、緬懷過往，也認眞思考該如何幫助下一代，確保他們能享受我們有幸體驗與熱愛的自然景觀，以及豐富多樣的生態樣貌。

和我一起踏上旅程，天天歌頌大自然的美和奧妙吧！

January

一月

一月一日

鴨嘴獸的智慧

一月一日是世界和平日，很適合在這天學習欣賞和尊重歧異。人各有不同，這也是人類大家庭的特色。隨著全球距離縮小、文化融合，我們的生活逐漸變成令人眼花撩亂的萬花筒，匯集了各種語言、膚色、傳統及信仰。每個人都很獨特，沒有誰高人一等。委拉祖利族（Wiradjuri）是來自澳洲新南威爾斯中心的原住民，他們所流傳的故事正好表達出這樣的概念。

造物主在夢世紀（Dreamtime）創造了三種動物：哺乳類、魚類及鳥類。他給了哺乳類毛皮，使他們能在陸地上保暖；他給了魚類鰓，使他們能在水裡呼吸；他給了鳥類能離開水中下蛋的能力。最後，他用剩餘的零碎材料做出了鴨嘴獸。過了一段時間，哺乳類、魚類和鳥類開始爭論誰是最棒的動物。哺乳類要求鴨嘴獸聲援他們，因爲她有毛皮。魚類鼓吹鴨嘴獸加入他們，因爲她大部分時間都待在水裡。鳥類慫恿鴨嘴獸支持他們，因爲她會離開水中下蛋。經過一番深思熟慮後，鴨嘴獸對他們說：「我是你們每種動物的一部分，也是你們所有動物的一份子。我不會加入任何陣營，也不會與任何陣營爲敵。造物主創造我們的時候，令我們有所不同。我們應該要尊重彼此的差異，和平共處。」

一月二日
珍貴的血液

在美國，每隔兩秒就有一個人需要輸血。一九一九年，理察・尼克森（Richard Nixon）總統將一月訂爲全美輸血月。雖然據估有百分之三十八的美國人口有資格捐血，然而實際上只有不到一成的人採取行動。平均而言，美國每天約需要四萬品脫的輸血量。如果你有資格捐血，不妨就用這個方式展開這新的一年吧！你所捐的那一品脫的血能分成血漿、血小板和紅血球，因而有機會救活三條人命。人類血液無法靠人工製造或合成，必須從慷慨的捐獻者身上取得。

我們也很仰賴鱟的血液。鱟的血液中沒有用來抵禦感染的白血球，而是有變形細胞，會在細菌毒素的周圍產生凝集反應。我們善加運用了此一特性，並從中獲益。每年，人類會捕獲超過五十萬隻的鱟，並從牠們心臟附近的組織取血。鱟的淡藍色血液能用來測試疫苗、靜脈輸液、注射型藥物和植入式醫療器材（例如心律調節器和人工膝關節）是否遭到汙染。鱟試劑（Limulus amebocyte lysate，簡稱LAL）幾乎能立即測出結果：若出現凝集反應，就表示細菌存在；若沒有凝集反應，則表示試劑中並無細菌。

一夸脫的鱟血價值一萬五千美元，而鱟試劑全球產業的年產值則爲五千萬美元。鱟在經抽取三分之一的血液後，還能被釋放回大海中。在美國，大多數人都因鱟血而獲益，因爲每項經食品藥物管理局核准的疫苗、注射型藥物與外科植入物，都必須通過鱟試劑的測試。我們受海洋節肢動物的保護，而牠們的演化歷史甚至能追溯至四億五千萬年前。

一月三日

尊重蛇類

十八、十九世紀的紳士會在膝蓋下方綁上吊襪帶，用來拉住他們的長襪。正如這些色彩豐富、有條紋圖案的吊帶襪，襪帶蛇細長的身軀上也佈滿了黃色、橘色或棕褐色的條紋。襪帶蛇在美國的許多地方都爲數眾多。來自麻薩諸塞州的兩位國小學童在得知家鄉並沒有官方的爬蟲類代表後，認爲東岸襪帶蛇應獲此頭銜。於是，他們和一位地方代表合作爭取，結果三年後，也就是二〇〇七年的一月三日，當時的州長米特・羅姆尼（Mitt Romney）宣布東岸襪帶蛇成爲麻薩諸塞州的官方爬蟲類代表。

人類對蛇的情緒反應很極端，不是崇拜尊敬，就是討厭畏懼。因此，對於像我這樣的爬蟲學家，聽到孩子爲了讓蛇成爲家鄉的爬蟲類代表而有所行動，還得到議員與州長的支持簽署法案，令我感到內心無比溫暖。如今，麻薩諸塞州的學校都會教育孩童關於東岸襪帶蛇的知識。博物館、動物園與自然中心也會以這種蛇作爲主題，推出教育性質的展覽與實地教學。如果我們能協助民眾，使他們有能力分辨有毒與無毒的蛇種，了解遇到蛇時該怎麼做，並學習一些與蛇相關的有趣生物學知識，多數人將會開始懂得尊重蛇類。

一月四日

從蝌蚪演變為食人魔

一九四八年一月四日，緬甸脫離英國統治宣布獨立。而這一天對瓦族（Wa）而言，也是另一個轉型階段的開始。瓦族是來自緬甸北方的民族，長久以來奉行獵人頭的習俗。

根據瓦族的起源傳說，他們早年是以蝌蚪的型態，生活在位於海拔七千英呎（兩千一百三十四公尺）高的南高湖（Nawng Hkeo）中。等變成陸蛙後，他們遷移至名為南陶（Nam Tao）的小山上居住，最終演變成食人魔。他們住在洞穴裡，以鹿、野豬、山羊和家畜為食，但不具生育能力。瓦族後來到離家更遠的地方尋找食物，直到有天，兩隻食人魔遇見了人類。他們捕捉到其中一人，吃了他後，帶著他的頭骨回到洞穴。吃人使瓦族食人魔變得能夠生育，於是隨著時光流逝，他們生下了許多樣貌如人的食人魔。瓦族父母教導小孩必須在棲身之地擺放人類頭骨，才能保護他們不受惡靈侵擾，並確保他們的生活和平繁榮。

起源傳說以蝌蚪作為主角，這點很容易理解，因為青蛙在世界各地都象徵「新生」，反映出他們神奇的轉變過程——從水棲、用腮呼吸、會游泳的蝌蚪，變成陸棲、用肺呼吸、會跳躍的青蛙。而我們就如同青蛙一般，也會經歷生命的種種關

鍵階段。生理上，我們從浸在羊水中、透過胎盤得到氧氣的狀態，轉變成離開母親子宮自己靠肺呼吸。情感上，我們則會體驗人生的重大改變，並以蛻變後的姿態從危機中崛起。

一月五日

美國國家鳥類日

或許是因爲鳥類能飛而我們不能，人類自古以來總是幻想鳥類具有超自然力量，認爲牠們能翱翔天際，是神的信使，也能預知未來，是逝者的精神具象、人類的靈魂轉世。

鳥在起源傳說中扮演著重要角色，從美國加州薩利南族（Salinan）所流傳的神話可見一斑。故事描述海女因忌妒老鷹的雄偉與力量，於是將用來裝載海洋的巨籃倒空，淹沒了大地。老鷹召集所有動物來到僅存的一塊乾地上，也就是聖塔露西亞山（Santa Lucia Mountain）的山頂。他派鴿子去取得泥土，並用這些土創造了一個新世界。接著，他又用接骨木的樹枝造了一男一女，並爲他們注入生氣。

這些「長翅膀的朋友」也能提振我們的精神。二〇一七年，丹尼爾．考克斯（Daniel Cox）和他的同事在《生物科學》（BioScience）期刊上發表了一篇論文，檢視人們從住宅鄰里中獲得的自然相關經驗，對其心理健康有何益處。他們指出，午後大量的鳥類出沒與焦慮、壓力、情緒低落的情況減少呈正相關。鳥是許多人最愛的動物，或許是因爲我們總能在附近聽見牠們的叫聲、看見牠們的蹤影。我們能餵牠們食物，也能欣賞牠們飛翔的模樣。今天是美國國家鳥類日，不如去散個步吧！全世界有將近一萬種鳥類，看看在你的社區裡能發現幾種。

一月六日

從豌豆莢看基因遺傳

一九四〇年代晚期，美國民謠歌手伍迪・蓋瑟瑞（Woody Guthrie）的行為舉止變得異常。他被診斷出「亨丁頓舞蹈症」（Huntington's disease），而且是遺傳自他的母親。亨丁頓舞蹈症是一種逐漸惡化的腦部疾病，會導致身體開始出現不自主的動作，甚至變得無法走路、講話和思考。這種病症的遺傳方式可依據孟德爾定律加以解釋。

格雷戈爾・孟德爾（Gregor Mendel）是奧地利的修道士，也是一名科學家。他在一八五六年至一八六三年間的豌豆實驗，改變了我們對遺傳的認知。孟德爾在他所種植的豌豆上，針對七個特徵進行研究，發現每一個特徵都有兩種表現形態，例如豌豆的顏色可分為黃色和綠色。他稱這些特徵為顯性和隱性，並推論「因子」（factor）——現稱「基因」——具有交替的表現形態，以致這些看得見的特徵是以可預測的方式遺傳下來。換句話說，孟德爾定律指的就是簡單的遺傳模式，即特徵的遺傳是由具有兩種交替形態的基因所操控。

亨丁頓舞蹈症是遺傳的其中一例。在每個人的細胞中，都有兩個染色體帶有HTT基因：不是正常就是變異（一種基因突變）。只要遺傳到帶有變異基因的染色體，就一定會發展出亨丁頓舞蹈症。而且只靠一個變異基因就夠了。因此，患症者的後代會有一半的機率得到亨丁頓舞蹈症。

「現代遺傳學之父」孟德爾於一八八四年一月六日辭世。演化生物學與醫學之所以有所突破，都要大大歸功於孟德爾的貢獻。就個人層面而言，孟德爾則賦予了我們知識，使我們更了解自己的遺傳特徵，進而能追蹤與預測疾病。

一月七日

嶄新的一天，化作框裡的一幅畫

每天都有一幅全新的畫繪製裱框完成，高掛半小時，映照在大藝術家所挑選的光線中，然後被撤下，展示落幕。

接著，落日西沉，餘暉緩緩地閃耀著光芒。

接著，玫瑰色的帷幔沿著西邊的那扇窗發亮。

而現在，第一顆星星已經升起，我也步上了歸途。

——亨利・大衛・梭羅（Henry David Thoreau），《湖濱散記》（Walden）：一八五二年一月七日

先驗論者梭羅花了兩年、兩月又兩天的時間（從一八四五年七月四日到一八四七年九月六日），住在瓦爾登湖畔（Walden Pond）的一間單房小屋裡，地點就在麻薩諸塞州的康克特鎮（Concord）附近。他到那裡的一部份原因是爲了寫作，但更重要的，是爲了活得「單純、再單純」，愼重地過活，讓自己沉浸在大自然

裡。他努力發掘生活中眞正重要的事，體驗一切從簡的生活，企圖更加理解整個社會。梭羅將他的想法、經驗和觀察記錄在日記裡，後來這些就成了《湖濱散記》（Walden, or Life in the Woods）的基礎。

梭羅被譽爲最偉大的美國自然作家，作品深受世界各地的讀者喜愛。他鉅細靡遺地向我們分享大自然的種種變化，如同一八五二年一月七日那天他在《湖濱散記》中所寫的，每天都像是一幅繪製裱框完成的嶄新作品。他鼓勵我們重新燃起對大自然的好奇心與關愛。梭羅的想法激發了世世代代的詩人、行動家、哲學家、自然主義者、環境保育份子和其他人，促使他們認眞去思考自然、社會、友誼和生活的本質。

一月八日

巴西的冒險旅程

阿爾弗雷德・羅素・華萊士（Alfred Russel Wallace）生於一八二三年一月八日，是十九世紀最重要的自然歷史探索家。雖然他和達爾文各自獨立提出了以天擇爲機制的進化論，然而他專注於研究的是生物地理學（即研究有機體在世界各地及橫跨地質年代的分布情形），人稱「生物地理學之父」。

一八四八年四月，華萊士離開了利物浦，搭乘一艘小型貿易船前往亞馬遜河——這是他第一次離開英國在外地冒險。在海上待了二十九天後，船停泊在巴西帕拉州（Pará）的貝倫市（Belém）。華萊士花了超過四年的時間，探索亞馬遜河和內格羅河的鄰近區域。一八五二年七月，他啓航返回英國。在回程的第二十六天，船上的貨物起火，燒毀了華萊士收集的所有標本及大部分筆記。儘管如此，他還是憑著記憶，將他在巴西的冒險之旅，記錄於一八八九年出版的《亞馬遜與內格羅河遊記》（A Narrative of Travels on the Amazon and Rio Negro）中。

在十九世紀的自然歷史書籍中，這本遊記的體裁算是相當新穎（其他包括亞歷山大・馮・洪保德（Alexander von Humboldt）及達爾文的著作）。除了對自然環境栩栩如生的描述外，這些書還會分享作者個人在異國的冒險經歷。華萊士生動的散文激勵了其他人，使他們也前往亞馬遜盆地探索，包括我在內。一九七〇年，我那十四歲的弟弟艾倫和我（研究所二年級的學生）沿著亞馬遜河，在巴西的聖塔倫（Santarém）、奧比多斯（Óbitos）及瑪瑙斯（Manaus）附近尋找蠑螈的蹤跡，而這些都是華萊士在一百二十年前探索過的地方。這就是好的自然歷史寫作該做的事——慫恿讀者持續自我探索之旅。

一月九日

人魚——是美麗還是醜陋的化身？

最早為人所知的人魚傳說源自古老的亞述帝國（Assyria），描述大約在西元前一〇〇〇年，富饒女神阿塔加蒂斯（Atargatis）意外殺死了身為凡人的愛人。在羞愧及罪惡感的驅使下，她躍入海中，希望能變成一隻魚。然而，由於她太過美麗，因此上半身仍保有女神的人類模樣，只有下半身變成魚的樣子。

人魚的形象半人半魚，有人說美，也有人說醜。美的說法可能反映出水手在海上待了數月後，所產生的癡心妄想。醜則可能是因為有人在海上看見儒艮或牠們的表親海牛，兩者都是大型的草食性哺乳動物，生活在非洲、澳洲（儒艮）與北美、南美（海牛）的沿海水域。

一四九三年一月九日，在加勒比海航行的途中，克里斯多福・哥倫布（Christopher Columbus）寫下自己目睹三隻人魚浮出海面，但她們長得並不像畫中所描繪的那般美麗。哥倫布的目睹經歷被視為歐洲人提及美洲海牛的最早記錄。如今，還是有目睹人魚的報導出現，最近期是二〇〇九年距離以色列海法灣（Haifa Bay）不遠處，以及二〇一二年的辛巴威。

如果你曾幻想當一隻人魚，美國佛州坦帕市（Tampa）附近的維基瓦治噴泉樂園（Weeki Wachee Springs）有「人魚訓練營」，提供水中芭蕾課程，讓你能學會穿著亮藍色合身魚尾游泳，並且在水中後翻。單純相信也好，主動追求也好，沒有人不喜愛幻想。

一月十日

轉世靈魂

蛇崇拜（Ophiolatry）在西非貝南（Benin）是一種根深蒂固的習俗。那裡的人相信蟒蛇支配著水的供給、大地的富饒，以及人類的繁衍能力。在一七〇〇與一八〇〇年代間，達荷美王國（Dahomey）裡每個村落的居民都很照顧豢養的蟒蛇，男祭司負責餵食，女祭司則負責唱歌跳舞供蟒蛇欣賞。達荷美人崇拜「達格威」（Danh-gbwe），那是一種力量強大的巨蟒神，扮演著人與神之間的媒介。人們相信活的蟒蛇就是達格威的靈魂轉世。狂熱的信徒更認為被蟒蛇碰觸到的孩子，就是神挑選出來的人，將來會成為祭司或女祭司。受膏的孩子會在祭司學校待一年，學習拜蛇用的舞蹈和歌曲。

蛇崇拜在貝南仍舊盛行，特別是在維達市（Quidah）。當地的人將蟒蛇供養在蟒蛇廟裡，且仍認為這些蛇是達格威的化身。廟裡會定期釋放蟒蛇，讓牠們在市區裡遊蕩，四處尋找食物。人們會把晃進住家的蟒蛇視為貴賓。最後，這些蛇會被集中在一起，送回廟裡。

一月十日是貝南的巫毒日，一個用來慶祝巫毒教的國定有薪假日。當地約有六成的人口是信徒。維達市的慶祝活動以殺羊獻祭揭開序幕，接著是吟誦和跳舞，當然也少不了崇拜神聖的蟒蛇。

一月十一日

這有何用處？

無知的極致表現，就是當一個人提到某種動植物時詢問：這有何用處？

——阿爾多・李奧波德（Aldo Leopold），《環河：阿爾多・李奧波德的日誌文選》（Round River: From the Journals of Aldo Leopold）

二十世紀初，許多環保人士提出批判，認為不應以土地之於人類的價值，作為評斷其優劣的標準，例如待採礦物、待獵動物，以及待捕魚類的數量。威斯康辛大學的教授阿爾多・李奧波德也支持這樣的看法，認爲所有的自然系統及涵蓋在內的動植物，都有其自身價值。聯合國大會於一九八二年，也就是李奧波德去世的三十四年後，通過了世界自然憲章（World Charter for Nature），其內容也反映出此一信念。該憲章由超過一百個國家簽署，內文聲明：「每一種形式的生命都很獨特，因此，不論對人類有無價值，皆應受到尊重。此外，在標示其他有機體的價值時，必須要遵循道德行爲準則。」

阿爾多・李奧波德生於一八八七年一月十一日，許多人認爲他是野生動物管理與美國荒野保護系統的推手。李奧波德於一九四八年死於心臟病，當時他正在威斯康辛的巴拉布（Baraboo）附近幫鄰居撲滅草地野火。在他死後不久，他的著作《沙郡年紀》（A Sand County Almanac）於一九四九年出版。那是一部以土地倫理爲重的論文集。對於人與大自然之間的關係，相信李奧波德所秉持的信念，會持續激勵著後代的大自然愛好者。

一月十二日

希拉毒蜥（Gila monster）——從迫害到保護

發現新世界的早期西班牙探險家相信希拉毒蜥會用分岔的舌頭螫人，還會噴出毒液。這種蜥蜴出沒於美國西南部至墨西哥錫那羅亞洲（Sinaloa）北部一帶，實際上並沒有那麼奇特，不過牠們的下顎的確有毒腺。希拉毒蜥的科名爲Helodermatidae，源自希臘文helos和derma，意思

分別爲「釘子或螺柱的頭部」和「皮膚」，後者指的是牠們布滿顆粒的表皮。

亞利桑那州的托赫諾奥拉姆族（Tohono O'odham）有一個傳說，講述希拉毒蜥身上爲何會有黑色和粉紅色的珠狀鱗片。很久以前，所有動物都受邀參加第一屆巨柱仙人掌酒節。每隻到場的動物都精心打扮，其中，希拉毒蜥用多種顏色的鵝卵石覆蓋皮膚，做出一套耀眼又耐穿的外衣。由於他太喜歡自己的服裝了，因此直到今日，他仍穿著這件衣服。

在一九〇〇年代早期，希拉毒蜥被當作是珍奇異獸，在巡迴演出中展示。牠們圓鼓鼓的身軀被高掛在仙人掌的枝幹上，曬成褐色的皮則用來縫成皮夾和皮帶。到了一九三〇年代，生物學家提出希拉毒蜥需要受到保護。一九五二年一月十二日，亞利桑那州開始禁止收集或殺害希拉毒蜥，這也是美國在歷史上首次立法保護有毒動物。如今，希拉毒蜥在美國和墨西哥的生活範圍內，都受到徹底的法律保護。

一月十三日

封鎖邊界

有時我們會被迫採取極端手段，以保護動物不受傷害，而美國的蠑螈就是其中一例。美國有大約一百九十種蠑螈，展現出世界上最高的多樣性（全世界共有七百五十種）。

二〇一三年，荷蘭科學家發現有一種名爲「蠑螈壺菌」（Batrachochytrium salamandrivorans，別稱爲Bsal）的眞菌，正導致當地的原生蠑螈逐漸滅絕。之所以傳入荷蘭，是因爲進口自亞洲以當作寵物的蠑螈皮膚上感染了這種眞菌。Bsal在歐洲的其他地方也擴散開來，不過直到二〇一六年的一月一日，美國都還沒有任何感染記錄。據美國魚類及野生動物管理局（US Fish and Wildlife Service，簡稱USFWS）估計，在二〇〇四年與二〇一四年之間有將近兩百五十萬隻蠑螈進口至美國，主要是因爲寵物交易。由此可見，Bsal勢必會傳入美國，對原生蠑螈造成毀滅性的傷害，除了引以爲傲的蠑螈多樣性會受到威脅外，還會造成其他令人擔憂的後果。在某些森林裡，蠑螈構成了大部分的生物量，且在食物網與養分循環中扮演關鍵角色，因爲牠們吃無脊椎動物，同時也是許多脊椎動物的食物來源。

生物學家認爲最可能避免嚴重傷亡的方法就是封鎖美國邊界，禁止可能傳播致命眞菌的兩百零一種蠑螈進入。二〇一六年一月十三日，USFWS公布了一項臨時法令，不論是進口或跨州移動這兩百零一種蠑螈，都算是非法行爲。直至二〇一七年八月爲止，這項禁令仍然有效，而Bsal也尚未在美國被發現。將來，我們就會知道這個策略到底成不成功了。

一月十四日

尼斯湖水怪

西元五六三年，在現在的蘇格蘭所在地，愛爾蘭修道士聖科倫巴（Saint Columba）開始帶領皮克特人（Pict）改信基督教。根據愛奧那修道院（Iona Abbey）院長阿多納（Adomnán）的記述，科倫巴於五六五年遇見了一群皮克特人，他們正在尼斯河畔埋葬一位友人。那個人是遭到一隻大水怪攻擊而淹死的。科倫巴派一名隨從到河裡尋找那名死者的船。當那隻怪獸靠近時，科倫巴用手比出十字架的符號。結果怪獸逃之夭夭，皮克特人和科倫巴的隨從們都很感謝他帶來「奇蹟」。

在這場「奇蹟」過後，偶爾有人通報在尼斯河附近的尼斯湖看見一隻怪獸，然而直到一九三三年，一條通往湖邊的道路建好後，人們才開始對這個生物大感興趣。一九三四年一月十四日，蘇格蘭事務大臣宣布禁止捕捉或射擊人稱尼斯湖水怪的生物。儘管如此，由於並沒有法律禁止拍照，因此大家想拍就拍。就在同一年，一張「尼斯湖水怪」的照片經公開發表，結果只是一艘裝了長脖子和小頭的玩具潛水艇。

一九七〇年代中期，《紐約時報》贊助了一場尼斯湖水怪的考察活動，由羅伯特・萊茵（Robert Rines）負責拍攝傳聞中的生物。博物學家彼得・斯科特爵士（Sir Peter Scott）和萊茵主張尼斯湖水怪是瀕臨絕種的物種，需要受到保護，也因此必須要有學名。一九七五年，他們在《自然》（Nature）期刊上發表了一篇論文，爲尼斯湖水怪取了一個正式的學名：Nessiteras rhombopteryx（具有菱形鰭的尼斯巨獸）。後來，該學名遭人揭露是monster hoax by Sir Peter S.（彼得・S爵士的怪獸騙局）的重組字。當斯科特遭控詐騙時，萊茵指出該學名也可以是Yes, both pix are monsters. R.（沒錯，兩張照片裡的都是怪獸——萊茵）的重組字。

一月十五日

驢子與大象

美國的政治是由「民主驢」與「共和象」主導，而這樣的說法是在一八二八年的選舉期間，由總統候選人安德魯・傑克森（Andrew Jackson）率先提出。當時，共和黨暗諷傑克森提出「讓人民統治」的民粹主義思想，如同是「將一群公驢趕進華府」。結果傑克森反而採納了對方的措辭，將驢子意志堅定的形象運用在宣傳海報上。最後，傑克森贏得選戰，成爲美國史上第一位民主黨總統。這個象徵形象爲人淡忘數十年之久，直到著名漫畫家托馬斯・納斯特（Thomas Nast）在一八七〇年一月十五日的《哈潑週報》（Harper's Weekly）上刊登了一則漫畫後，才使得驢子成爲家喻戶曉的民主黨象徵。

在這則漫畫刊登不久後，共和黨的尤利塞斯・S・格蘭特（Ulysses S. Grant）考慮尋求第三次總統連任，然而遭《紐約先驅報》（New York Herald）極力反對。一八七四年，納斯特（身爲共和黨員和格蘭特總統的好友）在《哈潑週報》刊登了一則嘲笑《紐約先驅報》的漫畫，標題爲「第三任恐慌」。在這則漫畫中，一隻驢子披著獅子皮，在動物園裡嚇唬著代表各種利益團體的其他動物。一隻標示爲「共和黨選票」的大象正搖搖欲墜，即將掉入通貨膨脹與動亂的深坑裡。到了一八八〇年時，其他漫畫家也都用大象來象徵共和黨，後續的政治相關發展我就不多說了。

一月十六日

亮如漆皮的黑色臉孔

黛安・弗西（Dian Fossey）生於一九三二年的這一天，注定要成爲享譽全球的山地大猩猩研究權威。弗西於一九五四年從加州的聖荷西州立大學畢業，取得了職能治療的學位，然而她從小就夢想要和非洲的野生動物相伴為伍。一九六三年，她花費所有積蓄，並向銀行貸款，以籌措經費到非洲旅行七週。弗西在坦尚尼亞的奧杜瓦爾峽谷（Olduvai Gorge）時，認識了古人類學家路易斯・李奇（Louis Leakey）博士——那是她人生中的重要時刻。李奇向弗西介紹珍・古德（Jane Goodall）的黑猩猩研究，並宣揚長期田野工作的價值。後來在這趟旅程中，弗西在剛果民主共和國的維龍加山脈（Virungas）看見山地大猩猩後，在她的日誌中寫下：「大約六隻成群的成年大猩猩透過植被牆的開口處，擔憂地與我們對視。巨大、半遮掩的朦朧黑色身影形成方陣，亮黑如漆皮般的臉龐配上深陷的暖褐色眼睛。」

一九六六年三月，弗西出席了李奇在肯塔基州路易維爾（Louisville）的演講。隔天他邀請她擔任一項長期田野調查計畫的統籌，目的是研究山地大猩猩。一九六六年十二月，弗西重返非洲，在接下來的十九年間，她大部分的時間都和山地大猩猩住在一起，直到她被身分不明的襲擊者殺害，死於她在維龍加山脈的小屋裡。弗西被安葬在盧安達卡里索凱（Karisoke）的大猩猩墓園裡，長眠於她最疼愛的大猩猩迪吉特（Digit）身旁。她為了自己所愛的動物奉獻了一生。

一月十七日

沒有樹……就沒有我！

一則澳洲的原住民傳說解釋了無尾熊沒有尾巴的原因。很久以前，在一場嚴重的乾旱期間，其他動物注

意到無尾熊並沒有爲口渴所苦。他們嚴密地監視他，以爲他知道某個祕密的水源。不過，這些動物都沒有什麼發現。直到有天，琴鳥看見他爬上一棵樹，用他的長尾巴倒掛在樹上，啜飲著樹枝分叉處的積水。琴鳥猜測那棵樹是空心的，裡面充滿了水。於是，他得意地走回安頓處，帶著打火棒折返原地，然後把那棵樹給燒了。當樹幹爆炸時，水向四處噴濺出來。他和其他動物雖然解了渴，卻也爲此付出了代價。大火將琴鳥的尾羽邊緣燒成褐色，火焰也吞噬了無尾熊的尾巴。

雖然各地的人都很喜愛無尾熊——牠們矮胖的身軀和圓臉，配上泰迪熊的毛茸茸耳朵，彷彿是在懇求我們：「抱我！」——然而牠們的數量卻持續下降，而罪魁禍首就是人類。原住民會獵捕無尾熊作爲食物，而在十九至二十世紀初的期間，更有數百萬隻無尾熊被射殺以獲取毛皮。如今，牠們的主要威脅則是棲地的零碎化與改變。據估，百分之八十的無尾熊原有棲地已被破壞殆盡。二〇一七年一月十七日是澳洲無尾熊基金會（Australian Koala Foundation）的三十一周年紀念日。該基金會是一個非營利組織，主要工作爲研究、保育與社區教育。其標語寫著：「沒有樹……就沒有我。」

一月十八日

人間天堂

地底火山脈從深藍的北太平洋升起，露出的山峰形成了群島，包含八個主要島嶼、許多小島，以及數個環礁。群島的景觀包括雨林、沙漠、沙丘、峽谷、瀑布、白沙灘、黑沙灘、珊瑚礁、活熔岩流、滔天巨浪，以及高聳峭壁。這就是夏威夷群島，世界上最孤立的一群島嶼。一七七八年一月十八日，英國探險家兼皇家海軍上校詹姆士·庫克（James Cook）和他的手下登陸夏威夷群島，他們是首度踏上此地的歐洲人。庫克將這些島嶼命名為「三明治群島」，藉以紀念他的資助者「三明治伯爵」（Earl of Sandwich）。

夏威夷群島有許多當地特有的植物和動物，在與世隔絕的環境裡演化。然而，人類的殖民活動已對當地造成衝擊。早期定居在群島上的玻里尼西亞人相信神與靈存在於大自然的各個層面。根據口述傳說的描述，夏威夷原住民是大地母親與天空父親現存的後裔，他們的祖先是掌管自然界的神祇，包括風、雨、森林，以及海洋。然而，玻里尼西亞人就和任何存在於生態系統裡的人類一樣，為周遭環境帶來了改變。他們引入豬和老鼠，並砍伐森林。後來，歐洲人和他們馴養的動物又使當地環境更加惡化，導致許多特有種滅絕，包括二十三種鳥類。如此警訊促使人們開始投入於維護群島上脆弱的生態系統，包括限制商業捕魚、防治入侵物種的引進，以及設立國家公園與野生動物保護區。對許多人而言，夏威夷群島是人間的一片天堂淨土。

一月十九日

龜祖（Cu Rua）

根據一則十五世紀的越南傳說，金龜神賜給黎朝開國皇帝黎利一把神奇的寶劍，用來驅逐中國的駐軍。

黎利收復國土後，有天泛舟湖上，一隻金色的巨龜浮出水面，取回了那把劍。從此以後，這片位於河內中部的湖泊被改名爲「還劍湖」（Hoan Kiem），而巨龜則成爲大家口中的「龜祖」，象徵著越南的獨立與堅毅。在一八八〇年代，一座用來紀念龜祖的塔興建於湖中。

近數十年來，人們相信一隻在湖中出沒的斑鱉是傳奇巨龜的後代，因此也稱牠爲龜祖。二〇一六年一月十九日，這隻龜祖的屍體遭人發現漂浮在湖面，顯然死於自然因素。據《紐約時報》報導：「在這個極度迷信且深受儒家思想影響的國家，龜祖在宗教與文化上的重要性不容小覷。巨龜的死訊引發了強烈的悲傷與絕望。」這隻重達三百七十三磅（一百六十九公斤）的巨龜據估約爲八十至一百歲。

龜祖的屍體被冷凍安置在越南自然博物館裡。西元二〇一六年四月，專家開始進行龜祖屍體的塑化（一種保存技術，作法是以塑膠取代屍體中的水和脂肪），過程預計要花上一年半的時間。由此可見，由於龜祖象徵著河內抵抗中國入侵的頑強精神，因此十分受到重視。

一月二十日

花語

我們不僅有誕生石，也有生日花。民間智慧告訴我們，生日花代表著在該月出生的人所擁有的特性。生日花的概念很可能源自羅馬帝國，因爲古羅馬人據說是最先將當季花作爲生日禮物的人。維多利亞時代（一八三八至一九〇一年）民風保守，當時的禮儀規範禁止人們公開示愛或表現情感。於是，一套廣泛複雜的「花語」就此發展出來，以作爲情人互通浪漫信息的手段。每一種花，有時甚至是同一種花的每一款顏色，都象徵著一種情感或心願，等著被傳達出去。而生日花的象徵意義就是從花語開始演變而來。

一月的生日花是康乃馨，象徵愛、魅力、讚美、純眞與卓越。康乃馨的天然（原始）顏色是淡粉、粉紫或蜜桃色；栽培品種的顏色則主要爲黃、紅與白色。每一種顏色都與特定的信息有關。黃色康乃馨象徵失望與拒絕。紅色康乃馨代表深摯的愛與情感。白色康乃馨象徵純眞的愛。粉紅色康乃馨則代表不朽的母愛，因爲傳說中，當瑪利亞看見耶穌背負著十字架而流淚時，眼淚滴下的地方長出了世界上第一朵粉紅色康乃馨。傳統上，粉紅色康乃馨會在母親節時用來送給媽媽。

一月二十一日

防盜保全機制

二〇〇一年，北卡羅萊納州的復育員克莉絲蒂・麥克恩（Christy McKeown）爲了感謝松鼠在我們生活中扮演著重要角色，因此將一月二十日訂爲「松鼠感謝日」，一個非官方的節日。每年，自然中心、自然歷史博物館，以及其他重視野生動物的機關，仍會慶祝這個節日。我們感謝松鼠，因爲有時牠們會忘記自己把堅果埋在哪裡，而那些種子就會發芽生長成森林大樹。但除此之外，松鼠對我們來說也是很有趣的動物，牠們的偷竊與防偷竊行爲就是個很好的例子。

松鼠會去挖掘其他松鼠的埋藏處，替自己賺一頓免費的午餐。事實上，松鼠所埋藏的堅果可能有四分之一都被其他松鼠偷走。爲了保護自己的食物，灰松鼠會假裝在埋松果，以欺騙那些可能正在偷看的小偷。這種被稱爲「假貯藏」的欺騙行爲不只有一種形式。在賓州，有時灰松鼠會在埋堅果之前，用牙齒咬住堅果，挖洞，然後奮力把洞掩蓋起來，不斷重複這個程序，而沒有眞的將堅果埋入洞裡，結果造成在眞正的寶藏前面有一連串空無一物的埋藏處。在康乃狄克州，有時灰松鼠則會在埋堅果之後，到其他地點挖洞和把洞重新掩蓋住，或是只有假裝掩埋，而沒有眞的埋藏堅果。

怪不得設計一個防松鼠偷竊的餵鳥器有多麼困難！下次看見大膽的松鼠偷鳥飼料時，與其用噓聲趕走牠，不妨欣賞牠巧妙的手法和佩服牠堅定的決心吧！

一月二十二日

無徑森林有一種愉悅

無徑森林有一種愉悅，
荒涼海岸有一份驚喜，
無人打擾，樂得寂寥相伴，
深邃大海，濤聲樂起：

我並非不愛世人，只是更愛自然，
從我們的這些會面，從我將去或曾經之地
悄悄化為己有，
與天地融為一體，感受體驗
我永遠無法表達，卻也無法完全藏匿的奧秘。

——拜倫勳爵（Lord Byron），《恰爾德・哈羅爾德遊記》（Childe Harold's Pilgrimage）

喬治・戈登・拜倫（George Gordon Byron）生於一七八八年一月二十二日，注定要成爲一位偉大的英國詩人，以及浪漫主義運動的代表人物。浪漫主義時期爲一七〇〇年代後期至大約一八五〇年間，著重情感表達，也強調要欣賞大自然的美和奧妙，而非從科學角度去解釋自然現象。浪漫主義企圖重新拉近人與自然的距離，並反對工業化，認爲工時長和工作環境惡劣導致人民生活痛苦。作家、音樂家、知識分子和視覺藝術家擁護浪漫主義。他們彼此支持，互相鼓勵。舉例來說，費立克斯・孟德爾頌（Felix Mendelssohn）與羅伯特・舒曼（Robert Schumann）都曾把拜倫的詩轉化爲動人樂曲。

以上收錄的詩節反映出拜倫與自然環境的深刻連結，以及他熱愛獨自探索大自然，並從中獲得樂趣。拜倫並非厭世之人——他只是享受大自然勝過人的陪伴。對於生活在二十一世紀的許多人來說也是如此，在無徑森林中同樣能感受到喜悅。在那裡，我們能不受世俗打擾，體驗天人合一的感受。

一月二十三日
驚人的可食用蟋蟀

二〇一二年的秋天，蓋比・路易斯（Gabi Lewis），羅德島普羅維登斯市（Providence）的布朗大學大四生，絞盡腦汁想找出好吃又健康的超完美蛋白能量棒。某天，路易斯的室友格雷格・塞維茨（Greg Sewitz）在參加完一場會議後，熱切地談論著昆蟲蛋白質的好處。有了！就把蟋蟀烘烤成美味的蛋白能量棒吧！

二〇一三年一月，這兩位室友訂購了兩千隻蟋蟀，烘乾後磨成蟋蟀粉。他們調製出一種配方，能製造出「完美」的蛋白能量棒。他們於五月畢業後，搬到了紐約市，將夢想付諸實現。到了二〇一六年，數十萬支Exo蛋白能量棒——可可豆、花生醬加果醬、藍莓香草及蘋果肉桂——都已銷售一空並獲得熱烈好評。

蟋蟀是一種完整的蛋白質來源，其所含的鐵質相當於菠菜的兩倍。飼養一磅的蟋蟀只需要用到一加侖的水，相較之下，生產出一磅的牛肉卻需要將近兩千加侖的水。二〇一四年，凱文・巴庫柏（Kevin Buchhuber）創立了大蟋蟀農場（Big Cricket Farm），那是美國第一座獲得FDA食品級認證的昆蟲農場。二〇一五年一月二十三日，他在俄亥俄州楊斯鎮（Youngstown）的TEDx大會上演講時，對於這種可食用蟋蟀讚譽有加。嘎吱嘎吱地把昆蟲嚼碎，再從牙縫中拔出昆蟲腳——如果這些想像畫面不太吸引人，不妨品嚐看看用蟋蟀粉做的布朗尼、高蛋白冰沙和巧克力豆餅乾吧！

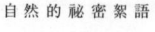

一月二十四日

你可以不一樣

一月是「你可以不一樣月」（It's OK to Be Different Month），強調的是接納彼此間的差異，包括興趣、才能、外表、生理與心理能力、種族與族群背景，以及哲學與價值系統。不過，就讓我們延伸這個想法，也試著接納與我們極其不同的其他動物吧！

我們對晝行性動物最有好感，因爲牠們的活動範圍清楚可見——不是在地面，就是在空中。我們欣賞那些我們認爲美麗、優雅、聰明、勇敢和勤勞的動物，也尊重那些對我們有益處的動物，例如吃掉花園害蟲的食蟲動物、替我們的植物傳授花粉的鳥與蝴蝶，以及馴養作爲友伴或駝獸的動物。我們對盡責照顧子女、行一夫一妻制或展現利他行爲的動物，容易產生同理心。我們也特別喜歡有大眼寬額和圓鼓鼓臉頰的年輕動物，例如小貓、小狗和海豹寶寶，因爲牠們令我們聯想到自己的小孩。

相反地，我們似乎較難理解夜行性動物和那些住在地底或深海的動物，以致對牠們產生恐懼和缺乏信任。我們厭惡那些我們認爲醜陋、笨拙、遲鈍、膽小和懶惰的動物，認爲那些從事「噁心」活動的動物令人作嘔——像是食腐肉的紅頭美洲鷲和食糞的甲蟲——即便那些行爲至關重要。我們也會殺死那些有可能傷害我們的動物，例如蠍子和黑寡婦蜘蛛。

今天或許很適合重新評估我們的觀念是否正確。每一個生物都有生存的權利，和人類不同並沒有不對。

一月二十五日

田鼠（vole）：愛（love）的重組字

一八四二年，普魯士國王腓特烈．威廉四世（King Frederick IV）委任費立克斯．孟德爾頌，爲莎士比亞的戲劇《仲夏夜之夢》譜寫配樂。孟德爾頌爲劇中的婚禮一幕寫下了《結婚進行曲》。英國的維多利亞女王非常喜愛孟德爾頌的音樂，她的長女維多利亞公主於一八五八年一月二十五日嫁給普魯士王儲時，在婚禮上演奏的就是《結婚進行曲》。在那之後，這首曲子變得很受歡迎，如今更是廣泛用來作爲婚禮的退場音樂。

婚姻通常背負著人們對一夫一妻制的期望，然而，哺乳動物的單一配偶關係其實很少見，通常只發生在百分之三到五的物種上。一個顯著的例子就是草原田鼠，牠們的單一配偶關係通常會維持一輩子。儘管壽命短暫（一至兩年），這些小型齧齒動物每個月能生下一窩幼鼠。究竟是什麼神奇魔法使牠們能從一而終呢？答案就是賀爾蒙。根據實驗顯示，催產素會促使雌性田鼠依偎在伴侶身邊，而抗利尿激素則會促使雄性田鼠待在原地不動。按照研究學者的假設，如果草原田鼠在交配時，體內釋放出催產素和抗利尿激素，就會更加鞏固牠們的關係。這其實是因爲草原田鼠有這兩種賀爾蒙的受體，就位於大腦中控制獎勵與上癮的區域。換句話說，草原田鼠會將特定伴侶與交配的獎勵連結在一起。雄性田鼠之所以會留下來照顧自己的子女，就是因爲單一配偶制會帶來美好的感覺。

不難想像，草原田鼠的花心表親「草甸田鼠」有著截然不同的大腦運作。牠們在交配時不會產生溫暖愉悅的感覺，而且雄性田鼠會拋下自己的配偶與子女，再去尋找其他的對象。

一月二十六日

英勇的鳥

想像你正在為自己的新國家挑選國徽：你的國家應該向人民和全世界展現出怎樣的形象？如果用一種動物來代表這個國家，應該會是溫和的鳴哀鴿（安圭拉），還是強而有力的雪豹（阿富汗）？

一七八四年一月二十六日，即白頭海鵰被採用作為美國國徽的兩年後，班傑明・富蘭克林（Benjamin Franklin）寫信給他的女兒，表示火雞才是美國國徽更好的選擇。「就我個人而言，我不希望白頭海鵰當選為我們國家的代表。他是一種道德品格低劣的鳥，並沒有用正當的手段謀生。事實上，火雞這種鳥相對來說可敬多了。不僅如此，他也是一種英勇的鳥，雖然有些自負糊塗，但面對穿著紅外套、膽敢入侵我家園的英國衛兵，肯定會毫不猶豫地進攻。」

富蘭克林真的很了解這些動物。儘管白頭海鵰有能力自己捕魚，但仍會從魚鷹那裡偷取食物。而任何觀察過火雞的人都知道，這種好鬥的鳥很適合看守家園。不過也幸好火雞不是美國的象徵動物。如果是的話，感恩節時可能就吃不到這道主菜了。

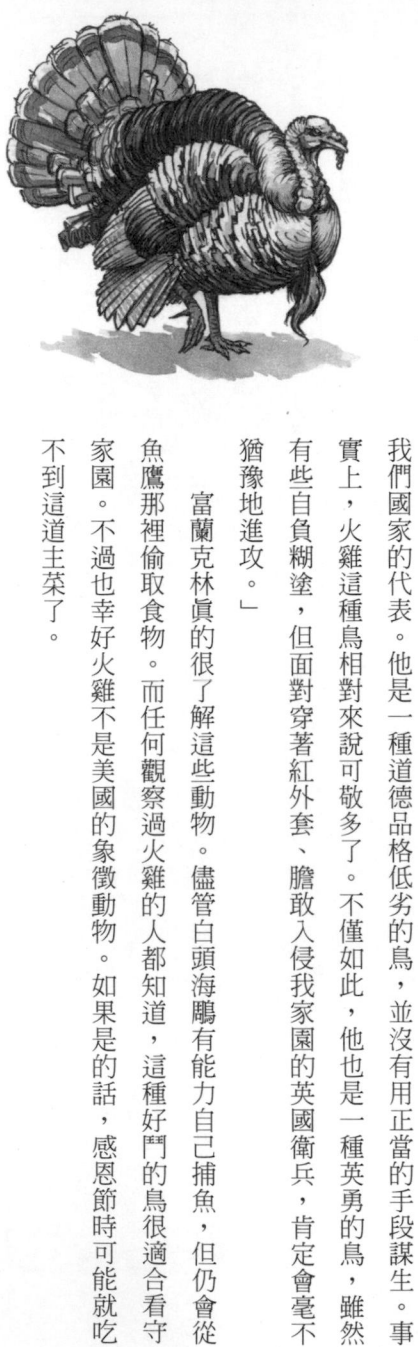

一月二十七日

宛如身歷其境的探險之旅

大多數人沒有機會在坦尚尼亞研究黑猩猩；在馬丘比丘發掘古物；尋找古老的沉船遺骸；調查火山、地震或冰河；在東非挖掘原始人的遺骨；或是探索海洋深處。然而多虧了美國國家地理學會（National Geographic Society），我們得以身歷其境般地體驗這些探險旅程。

一八八八年的一月中，熱愛旅行的三十三位學者、科學家、探險家和有錢的贊助人，聚集在華盛頓特區的宇宙俱樂部（Cosmos Club），準備創辦一所「提升與傳播地理知識」的學會。兩星期過後，國家地理學會於一月二十七日成立。學會的首任會長是加德納・格林・赫巴德（Gardner Greene Hubbard），他是一位金融家，同時也是貝爾電話公司的創辦人兼首任總裁。他的女婿亞歷山大・格拉漢姆・貝爾（Alexander Graham Bell）則繼他之後成為第二任會長。

國家地理學會迄今已頒發超過一萬兩千筆補助金給科學家與探險家。透過《國家地理》雜誌、電視節目、著作及其他媒介，學會得以將受領者的研究成果分享給全世界。對不甘於只是看別人冒險的人，國家地理學會在世界各洲也都有贊助考察活動。國家地理學會相信「科學、探險、教育及說故事的力量能改變世界」。透過講究的攝影與絕佳的文筆，國家地理學會鼓勵我們要關懷大自然、愛護我們的地球。

一月二十八日

戰舞

兩隻草原響尾蛇環繞著對方移動，身體向上豎起。較大的那隻蛇纏繞著牠的對手，畫面看起來就像一條麻花繩。牠們一下子分開，一下子下頜碰下頜，纏住對方又分開，動作一再重複。兩隻蛇都企圖要將對手壓制在地，以佔上風。最後，較大的那隻蛇聳立於對手之上，並將其擊倒。輸的那方很快地滑行離開。這兩隻蛇在對戰過程中，並沒有咬傷或意圖殺死對方。這表示附近很可能有母蛇，贏家能與之交配，而輸家則必須到他處另覓對象。

加州洛杉磯的國家動物與社會博物館（National Museum of Animals & Society）將一月二十八日訂爲響尾蛇感謝日。響尾蛇以牠們最擅長做的事改善我們的生活——吃齧齒動物。齧齒動物對農作物和儲糧會造成數百萬美金的損害。他們也會傳播疾病，例如漢他病毒（hantavirus）。傳播萊姆病的蜱蟲會寄生在齧齒動物身上，因此藉由吃掉齧齒動物，響尾蛇能降低我們感染該疾病的機率。二〇一三年，馬里蘭大學的研究學者指出，一隻成年的森林響尾蛇每年能除掉高達四千五百隻蜱蟲。此外，響尾蛇專家勞倫斯・克勞伯（Laurence Klauber）亦從美學角度，給了我們另一個欣賞響尾蛇的理由：「牠們是技藝精湛的演奏家，儘管牠們聽不見自己發出的聲音。」

一月二十九日

巴迪

莫里斯・法蘭克（Morris Frank）因兒時的一場意外而導致一隻眼睛失明。十六歲時，他在一場拳擊賽中又失去了另一隻眼睛的視力。三年後，也就是在一九二七年時，法蘭克回應了《週六晚郵報》（Saturday Evening Post）中由桃樂絲・尤斯提斯（Dorothy Eustis）所寫的一篇文章。尤斯提斯是瑞士的狗繁殖業者兼訓練師，在該文章中，她提到德國牧羊犬是如何幫助失明的一戰退伍軍人。法蘭克寫信給尤斯提斯：「數千名像我一樣的盲人痛恨依賴別人。只要妳幫助我，我就能幫助他們。只要妳訓練我，我一定會帶我的狗回來，讓這裡的人了解盲人也能夠完全靠自己生活。」

尤斯提斯邀請法蘭克前往瑞士。根據當時的法規，由於法蘭克在旅途中無法照顧自己，因此必須被歸類為「包裹」。結果法蘭克就以「美國運通包裹」的身分，從田納西州的納許維爾（Nashville）搭乘輪船來到瑞士。在接受訓練後，法蘭克帶著他的德國牧羊犬「巴迪」一起回到田納西州。一九二八年，尤斯提斯和法蘭克成立了「看得見的眼」（The Seeing Eye）導盲犬學校，這也是美國歷史最悠久的導盲犬訓練機構。法蘭克和巴迪（以及後任的其他巴迪）一起走訪各地，努力打破藩籬，並協助訂立法規，讓導盲犬能夠帶領盲人到他們需要去的地方。

一月二十九日是美國導盲犬日。許多視覺受損的人都得感謝莫里斯・法蘭克、桃樂絲・尤斯提斯與巴迪，使他們有辦法靠自己暢遊世界。

一月三十日

誰是你的導師？

一月是美國的全國師友日——在這段期間很適合問問自己：「是誰教你要關心大自然？又是誰向你分享他或她對大自然的熱情，將觀察、提問、假設和尋找答案的樂趣傳承下去？」

對我來說，那個特別的人就是我父親，一位硬岩開採地質學家。在我小時候，爸爸和我會花很多時間「與大自然漫步」。我們會在家後方的森林裡，也就是紐約上州的阿第倫達克山脈（Adirondack Mountains），尋找延齡草和粉紅杓蘭，並對它們精緻的美讚嘆不已，每一株都美過於前者。我們也會收集紅雀和冠藍鴉的羽毛。爸爸還會幫我捉蝌蚪，然後我們會一起觀察豹蛙奇妙的變態過程（metamorphosis）。他總是鼓勵我要多觀察與提問。

我也將自己對大自然的愛傳承給了我女兒。在我寫下這些話的同時，凱倫正從她在愛爾蘭的家傳訊息給我。她和她的六歲女兒費歐娜忙著孵化五顆鴨蛋。今天凌晨一兩點鐘的時候，她們正在觀察第一隻小鴨破殼而出。如此興奮之情不言而喻。學徒最終又會成爲導師。

一月三十一日

漢姆

他在一九五七年夏天出生於非洲的喀麥隆（Cameroon）。在遭捕捉後，他被送到佛羅里達州邁阿密的稀有鳥農場（Rare Bird Farm）。一九五九年，美國空軍買下他，將他運送至新墨西哥州的霍洛曼空軍基地（Holloman Air Force Base），並稱他爲第六十五號。在基地裡，他和其他四十隻黑猩猩競爭，學習在燈光與聲音的提示下壓下推桿。藉由香蕉作爲獎勵，第六十五號的反應速度無懈可擊，而且也學得很快。最後他脫穎而出，獲得爲美國太空人升空計畫鋪路的機會。

一九六一年一月三十一日，第六十五號黑猩猩從佛羅里達州的卡納維拉角（Cape Canaveral）升空。他在太空任務中的表現優異，壓下推桿的反應時間只比在陸地時慢了不到一秒，顯示出在太空中也能有效地執行動作。太空艙後來著落在大西洋中，被搜救船打撈上岸。第六十五號安然渡過十六分又三十九秒的太空之旅，看似平靜且精神很好，只有鼻子瘀傷而已。

如今第六十五號成爲了英雄，也因而獲得了一個正式的名字。「霍洛曼航太醫學中心」（Holloman Aerospace Medical Center）是負責訓練他完成歷史性任務的實驗機構，因此美國太空總署取其名稱縮寫，將他命名爲漢姆（Ham）。漢姆的平安歸來代表人類也能做到，而就在一九六一年五月五日，艾倫・雪帕德（Alan Shepard）成爲了第一位進入太空的美國太空人。

February

二月

二月一日

一起來餵鳥

二月對北半球的鳥來說非常難熬，不僅天氣寒冷、食物稀少，也很難找得到水。一九九四年二月，伊利諾州衆議員約翰・波爾特（John Porter）宣讀了一項決議，並將其列於《國會議事錄》（US Congressional Record）中。該決議認定二月爲全國餵鳥月，並鼓勵民衆提供食物、水和遮蔽處，以幫助野鳥渡過冬天。

民衆以行動呼應了這項決議。如今，有超過四成的美國人會餵食自家後院的鳥。有些人的餵食方式很簡單，會在自製的木頭平臺撒上混合好的種子；有些人則會用各類食物塡滿不同高度的多個餵鳥器，以吸引他們所喜愛的鄰近鳥類。種類包括爲金翅雀、山雀、茶腹鳾、紅雀和家朱雀準備的黑油葵花籽和尼日爾草籽；爲草鵐和麻雀準備的小米；爲北美鶉、環頸雉、鴿子和松鴉準備的碎玉米；爲黃鸝、黃柏連雀和唐納雀準備的水果；爲蜂鳥準備的花蜜；以及爲啄木鳥和茶腹鳾準備的餅狀板油。

美國奧杜邦學會（National Audubon Society）提供了餵食後院鳥類的小秘訣：留意餵鳥器的設置處，以減少鳥撞上窗戶和遇見戶外貓的機會；勤於清洗餵鳥器，以避免長出致命的黴菌；只在天氣涼爽時提供餅狀板油，因爲板油在氣溫高時可能會變質，且油脂若滴到鳥的羽毛上，可能會破壞其天然的防水作用。餵鳥確實會將大自然帶到你的窗前。

二月二日

靠天氣預測節令的專家

你可以隨個人喜好，把今天當作是土撥鼠日（Groundhog Day）或刺蝟日（Hedgehog Day）來慶祝。在美國，相傳賓州旁蘇托尼鎮（Punxsutawney）的著名土撥鼠「菲爾」在二月二日鑽出地面時，如果是陰天，春天就會早點到來。如果是晴天，菲爾看見自己的影子後，就會回到地洞裡。如此一來，冬天將會再持續六週。

自一八八七年起，土撥鼠日就已被視爲是正式節日。

土撥鼠預測節令的傳統起源不明。其中一項說法是古羅馬人會在二月初觀察刺蝟的行爲。如果刺蝟從洞穴往外瞧見自己的影子，匆匆竄回洞裡，這就表示當時月光皎潔，也因此還會再渡過六週的冬天。征服歐陸的羅馬人將這項信仰帶到了北歐，在一千五百多年後，德國移民又將其帶到了美國賓州。雖然他們在這裡沒發現半隻刺蝟，不過卻看到許多外表很像刺蝟的土撥鼠。於是，這些移民就宣布土撥鼠從此成爲他們的節令預報員。另一個說法則表示旁蘇托尼鎮的土撥鼠日是從古凱爾特人（Celtic）的聖燭節（Imbolc）演化而來，因爲這個在二月初的節日也與天氣預測有關。人們在當天會觀察土撥鼠的巢穴與刺蝟的地洞，看看牠們探出頭時會不會被自己的影子嚇到。如上所述，如果牠們看到影子後逃回洞裡，就表示春天還要很久以後才會來。

世界各地的人會觀察不同的徵兆，以預測春天的到來，例如在斷開的樹幹上尋找新芽，或是留意知更鳥何時返巢。觀察土撥鼠、刺蝟與獾的行爲也是其中一種方式。

二月三日

山中的傳教士

「每個人都需要美麗的事物相伴，就如同他們需要食物，也需要玩樂與祈禱的地方。在那裡，大自然或許能為相似的身體與靈魂帶來療癒、鼓舞及力量。」

——約翰・繆爾（John Muir），《優勝美地》（The Yosemite，一九一二年）

一九九八年二月三日，在美國發行的三十二分錢郵票上印了某個人的頭像，那就是來自加州優勝美地谷的約翰・繆爾。而郵票上的提詞則寫著：約翰・繆爾，保育人士。

一八四九年，即在他十一歲時，繆爾和家人從蘇格蘭移民至美國威斯康辛州。他在一八六八年首次造訪優勝美地後，便愛上了這裡的山景。繆爾在一年後返回此地，成爲了一位牧羊人，負責帶領兩千隻綿羊的羊群到高另嶺（High Sierra）的草地。在趕羊的路途中，他會畫下周遭的景色，並記下關於植物和動物的筆記。到了一八七〇年代，繆爾成爲了一位荒野保育運動家，致力於保護他所深愛的這片自然景觀。一八八〇年代晚期，繆爾利用他的著作與影響力遊說立法機構，促成了優勝美地國家公園的誕生。這座公園創建於一八九〇年十月。

一八九二年六月，繆爾與其他相關人士在加州舊金山會面，一起爲塞拉俱樂部（Sierra Club）撰寫章程。該俱樂部的任務之一就是協助維護內華達山脈的自然環境。一週後，俱樂部的創始會員推選繆爾成爲首任會長，直到一九一四年去世前，他一直都擔任該職。塞拉俱樂部持續在環境保育方面維持領導地位，是「山中傳教士約翰」留給世人的著名遺產。

二月四日

填滿餡料吧！

今天是「全美鑲蘑菇日」（National Stuffed Mushroom Day）。只要能塞進菇傘裡，任何的食材組合幾乎都能成爲烹飪點子：香腸、米與紐奧良肯瓊香料（Cajun spices）；蟹肉、蝦肉與帕瑪森乾酪；菠菜、胡桃與酪梨；西班牙辣香腸（chorizo）與奶油玉米；羅勒與鷹嘴豆泥；櫛瓜與藜麥；培根、焦糖洋蔥與藍紋乳酪。

蘑菇是眞菌的子實體。眞菌界的有機體能使土地恢復健康、維持生態運作，也能保護土壤。依據養分的吸收方式，眞菌基本上可分爲四類：腐生菌、寄生菌、菌根菌與內生眞菌。腐生菌（例如秀珍菇、香菇與白蘑菇）會分解死去的有機物質。如果沒有他們，地球就會變成一個大垃圾場。雖然寄生菌（例如蜜環菌）會從宿主的組織中吸取養分，不過他們也會帶給其他有機體營養。比起活的樹木，有寄生菌生長的腐木通常能提供更多元的生物多樣性。菌根菌（例如雞油菌、牛肝菌和松露）能與植物形成一種互利關係。不論是鑽入植物根部細胞或包覆住根部，菌根菌能爲植物帶來更多水分與養分，並吸收宿主所產生的糖以作爲交換。內生眞菌（例如木蹄層孔菌）會入侵植物的組織以獲取養分。然而，他們並不會傷害到宿主，而是會增強其吸收養分的能力，並且可能會製造毒素，保護宿主不受昆蟲、細菌或其他眞菌的侵害。

今天當你在享用鑲蘑菇時，別忘了感謝蘑菇帶給我們這些好處。

二月五日

撫慰受傷的心

如果你誕生於二月，紫羅蘭就是你的生日花。紫羅蘭的花語是忠誠、謙遜、羞怯、純眞、希望與愛。

紫羅蘭的民間傳說起源久遠。根據一則希臘傳說所述，衆神之王宙斯愛上了一位美麗的仙女。爲了保護她不遭到妻子報復，宙斯將他的愛人化身爲一頭白色的牛。當她爲了牧草地上乾枯的草而哭泣時，宙斯將她的眼淚變成了只有她能吃的紫羅蘭。另一則羅馬傳說則描述某天，愛與美的女神維納斯和她的兒子邱比特在爭論誰比較美——是她，還是一群正在跳舞的少女？她兒子表示那些女孩長得比較漂亮，於是在盛怒之下，維納斯將那些少女毒打了一頓，直到她們的皮膚都變成紫色。後來邱比特就把那些膚色發紫的少女變成了紫羅蘭。古希臘和羅馬人都會在墳墓附近撒上紫羅蘭，尤其是孩童的墓，因爲紫羅蘭象徵著天眞無邪。

紫羅蘭有超過兩百種常見的別名，其中許多都間接指涉愛：「擁抱我」、「在入口與我會合」，以及「在花園門前親吻我」。而「羞怯之花」（flower-of-modesty）這個稱呼則反映出花朵的生長位置，因其部分躲藏於心型的葉子之中。有些常見的名稱，例如「舒心」（heartease），代表的是紫羅蘭爲人所知的療效。紫羅蘭過去被用來治療心臟疾病，甚至被當作是一種愛情靈藥。某些人相信將花瓣浸在熱水中，可用來舒緩內心的傷痛。

二月六日

鳥兒、蜜蜂與跛鴨

所以說，鳥兒會做這種事，蜜蜂會做這種事
就連受過教育的跳蚤也會做這種事
我們也來做這種事吧，讓我們墜入愛河

——柯爾・波特（Cole Porter），《讓我們開始吧，讓我們墜入愛河》（Let's Do It, Let's Fall in Love）

一九二八年二月六日，柯爾·波特的音樂劇《巴黎》（Paris）在大西洋城開演。受人喜愛的劇中歌曲《讓我們胡作非為》（Let's Misbehave）沒多久就遭改名為《讓我們開始吧，讓我們墜入愛河》，而其歌詞的特色就是使用了「鳥兒與蜜蜂」這個婉轉說法，用來表示性交。

動物出現在我們日常生活的許多表達用語中。我們會形容別人是忙碌的蜜蜂、貪婪的豬、賣力的海狸、冷淡的魚、狡猾的蛇，和滑頭的鰻魚。我們會用「天鵝之歌」比喻「告別作」、用「毛茸茸狗故事」比喻「不著邊際的冗長笑話」、用「紅鯡魚」比喻「轉移焦點的事物」、用「老鼠賽跑」比喻「激烈競爭」、用「孤獨之狼」比喻「獨來獨往的人」、用「黑馬」比喻「出乎意料的獲勝者」、用「好戰之鷹」比喻好鬥份子、用「和平之鴿」比喻愛好和平之士、用「獻祭之羊」比喻「被犧牲的人或物」、用「聖牛」比喻「不可侵犯的人或物」，以及用「白象」比喻「累贅」。我們會使用與動物有關的片語，例如pony up（付清）、play cat and mouse（欲擒故縱）、go cold turkey（突然戒掉癮頭或習慣）、share bear hugs（與人熱烈擁抱）、take the lion's share（獨佔最大、最好的那一份）、wolf down dinner（狼吞虎嚥地吃著晚餐）、gather like flies（一大批人聚集在一起）、weasel out of obligations（推諉責任）、horse around（胡鬧）、have kittens（焦慮）、make a beeline（直奔）、chicken out（臨陣退縮）、clam up（保持沉默），以及drink like fish（大口狂飲）。我們也會使用與動物有關的俚語，例如feel sick as dogs（吐得一蹋糊塗）、happy as clams at high tide（快樂得不得了），還有like fish out of water（渾身不自在）。你可以說自己be in the doghouse（惹人生氣）、have a cow（氣炸）、avoid the elephant in the room（逃避問題），以及have ants in your pants（坐立難安）。你也可以說自己的「舌頭給貓叼走了」，即「啞口無言」，或是說我們的國會裡有「跛鴨」，即「失去影響力的政治人物」。試想若少了這些與動物有關的明喻與隱喻，我們的語言會有多扁平無趣。就像比目魚一樣扁平吧！

二月七日

暫停與判罰

如果你不是NFL球迷，那就加入超過兩百萬名超級盃星期天的觀眾，一起觀賞「狗狗超級盃」（Puppy Bowl）吧！這個狗狗版的美式足球賽是長達兩小時的預錄節目，於二〇〇五年開始在《動物星球頻道》播放。狗球員會分成兩隊，在足球場模型裡玩耍打鬧。過程中也會使用足球術語進行賽事評論，並搭配即時重播畫面。

所有參與狗狗超級盃的球員皆來自收容所，每一隻都能領養（也都很可愛），且通常在比賽過程中就會全被領養走。一名獸醫會在狗狗超級盃的現場待命，來自數個動保組織的成員也會留意狀況，以確保比賽符合動物福利的相關標準。當狗狗玩得太激烈時，裁判會喊暫停。當狗狗在球場上大小便時，則會被判罰。當一隻小狗拖著球進入得分區時，裁判也會宣布達陣。裝在玩具裡的攝影機使觀眾能從狗狗的視角看到動作，塗在鏡頭周圍的花生醬則使攝影機能拍到額外的特寫鏡頭。畢竟，有哪隻小狗能忍住不舔鏡頭？

比賽到一半時，還可以欣賞貓咪中場秀：收容所的貓（同樣都能領養，也都很可愛）追逐雷射筆的光點和玩毛線球。貓草經巧妙安排撒在球場四周，以幫助貓咪保持活力。對某些觀眾來說，貓咪中場秀甚至比超級盃的行進樂隊、流行音樂和「珍娜・傑克森走光事件」還要精彩多了。

二月八日

大自然的騙術

想像你是一位英國博物學家，在十九世紀中身處於巴西的亞馬遜雨林。你打擾到一隻棲息在樹葉上的碩大毛毛蟲，結果它伸展身體，露出位於兩側的大黑點。這些黑點看起來就像蛇的眼睛。這隻毛毛蟲將外形改變成毒蛇的樣子，接著向後傾，緩慢地擺動它像蛇一般的頭。你推測這種模仿其他動物外型、讓自己看起來不好吃的行為，或許能保護美味的毛毛蟲不被吃掉。你，就是亨利・沃爾特・貝茨（Henry Walter Bates），第一個對動物擬態進行科學描述的人。

貝茨出生於一八二五年二月八日，是一位探索家兼博物學家。在他二十三歲時，他和友人阿爾弗雷德・羅素・華萊士一起，從英國利物浦搭船到亞馬遜河的河口，並在巴西的貝倫上岸。貝茨接著花了十一年的時間（一八四八年至一八五九年）探索亞馬遜盆地。回到英國後，他寫了許多科學論文，並將他的熱帶冒險之旅寫成一本廣受喜愛的書：《亞馬遜河上的博物學家》（The Naturalist on the River Amazons）。在他其中一篇極其重要的論文中，貝茨探討了美味與不美味的蛾與蝴蝶之間的擬態。據他所述，這些擬態行為表現出「明顯刻意的相似之處，極為驚人」。在世界各地，生態與演化學學生都會學到如今我們所稱的「貝氏擬態」

（Batesian mimicry），也會認識到這位揭穿大自然騙術的著名人物。

二月九日

十二生肖的力量

中國新年是從傳統農曆上的一月一日開始算起，一直到該月的十五日爲止。由於陰曆的月份比陽曆少兩天，因此每隔幾年，陰曆就會額外多算一個月份，以彌補兩者間的差異。如此一來，每年新年的第一天都會落在不同的日子，從一月二十三日到二月二十日都有可能。

每一年都會有一個新的生肖作爲代表，每十二年循環一次：鼠、牛、虎、兔、龍、蛇、馬、羊、猴、雞、狗、豬。你的生肖會依據農曆上的出生年份而決定。一般認爲出生年份對個性與命運都有深遠的影響，因爲我們會反映出所屬生肖的特性。舉例來說，在狗年（一九四六年、一九五八年、一九七〇年、一九八二年、一九九四年……）出生的人優點包括眞誠、負責、果斷、聰明與適應力強；缺點則包括固執與情緒化。

十二生肖是在兩千多年前發明而來，目的是爲了占卜與計算時日。這也是另一個將動物融入我們生活中的例子。有些人對生肖左右性格的力量深信不疑。舉例來說，在二〇一四年，中國有數個省份傳出在接近馬年年底時出生率飆高（屬馬的人個性外向、獨立且有活力），以避開在較不討喜的羊年產子（屬羊的人個性溫和，但膽子有點小）。

祝大家農曆新年快樂！

二月十日

駭人的獨角獸

獨角獸……具有馬的身體，雄鹿的頭、大象的腳、山豬的尾巴，前額中央有一根三英呎長的角。牠的叫聲是低沉的嘶吼。

——老普林尼

西元前四一六年，希臘御醫克特西亞斯（Ctesias）寫下對獨角獸最早的描述：一種野驢，身材與馬相似，有著白色身軀、深紅色頭部，前額長了一根十八英吋的角。亞里斯多德（西元前三八四年至三二二年）與《自然史》（Naturalis Historia）作者老普林尼（西元二三年至七九年）都相信有獨角獸的存在。根據中世紀的動物寓言集所描繪，獨角獸長得就像小型的馬、驢或山羊，前額上有一根筆直的角，是一種兇猛的野獸，只有處女才能捉得到牠們。

將時間快轉到二十一世紀。二〇一六年二月十日，一篇報導西伯利亞獨角獸的論文被《美國應用科學期刊》（American Journal of Applied Sciences）採納（期刊於五天後發行）。根據一處位於哈薩克的化石挖掘地點所示，板齒犀（Elasmotherium sibiricum）存在於兩萬九千年前（以放射性碳定年法測得的結果）。那是一種已絕種的獨角犀屬動物，據說前額上有一根長角。過去，研究學者以爲牠們在超過三十五萬年前就已滅絕。而這樣的發現則意味著人類曾與這些獨角動物在中亞北部一起生活。這些西伯利亞獨角獸並沒有亮白的身軀、粉紅或紫色的鬃毛，以及銀色或金色的角，而是高達六英呎（一點八公尺）、重達四噸，頭上裝配著武器，對我們的祖先來說可能十分嚇人。

二月十一日

從《大白鯊》（Jaws）作者變身為鯊魚保育人士

一隻大白鯊在紐約長島上的（虛構的）度假小鎮艾米蒂（Amity）引起恐慌，殘忍地肢解離岸不遠的裸泳客與一般泳客。於是，一名專業的鯊魚獵人和另外兩人出動去獵殺那隻殺人鯊。聽起來很耳熟吧？這就是《大白鯊》，由彼得・本奇利（Peter Benchley）於一九七四年所寫的小說。

本奇利曾是一名努力奮鬥的獨立記者。然而，他一直想做的，是寫一本殺人鯊恐怖襲捲海邊度假村的小說。於是，本奇利完成了小說，最終與雙日出版社簽下合約。這本書在《紐約時報》暢銷書排行榜上待了四十四週，而本奇利也成爲一九七五年電影《大白鯊》的共同編劇。任何看過電影的人一定都會記得那令人不安的配樂。作曲者約翰・威廉斯（John Williams）運用兩個音符交替彈奏，預示著危險伴隨大白鯊即將逼近——赤裸裸的恐懼使人陷入驚駭與恐慌的深淵。

在人生的稍晚時期，本奇利爲自己曾寫下對鯊魚的聳動描述感到後悔，因其加深了民眾對這些關鍵掠食者的非理性恐懼。而他在一九八〇年代初期於哥斯大黎加沿海一帶的潛水經歷，更是令他後悔到不行。當時他看見缺了背鰭的鯊魚屍體遍布於海底，那些都是因全球魚翅湯市場而被切斷魚鰭的犧牲者。這駭人的發現令本奇利轉變成為勇於直言的海洋保育擁護者與教育工作者。從那時起，一直到他於二〇〇六年二月十一日去世前，本奇利持續為保護鯊魚而奮戰。

二月十二日

生日快樂，查爾斯・達爾文（Charles Darwin）

查爾斯・達爾文是生物學領域中極具影響力的人物。他於一八〇九年二月十二日出生於英國的舒茲伯利（Shrewsbury），在家中六個孩子中排行第五。他的父親是內科醫生，同時也是金融家，而他的母親則是威治伍德家族（Wedgwood）的成員。他的祖父伊拉斯謨斯・達爾文（Erasmus Darwin）是醫生也是自然哲學家，曾寫下「物種能變異（transmutate）成為其他物種」這樣的異端論述。小時候，達爾文熱衷於收集昆蟲、礦石及其他大自然的寶物。十六歲時，他開始在愛丁堡大學（Edinburgh University）研讀醫學，但他非常討厭解剖，也無法忍受外科手術。兩年後，他放棄了醫學，轉而進入劍橋的基督學院（Christ's College）接受神職訓練，並認為這樣的工作讓他能在閒暇之餘研究大自然。在劍橋期間，達爾文最大的樂趣就是收集甲蟲，正如他的自傳所述：

有天，當我撕開一些老樹皮時，看到了兩隻稀有的甲蟲，於是用雙手各捉住一隻；接著我又看到了第三隻甲蟲，那是從未見過的種類，我實在無法錯失良機，所以就把右手裡的那隻迅速放進嘴裡。哎呀，那隻甲蟲突然噴出嗆人的液體，我的舌頭感到一陣灼熱，只好把甲蟲吐出來，結果它就這麼不見了，第三隻也沒捉到。（第二章）

達爾文最後並沒有成為醫生或神職人員。一八三一年十二月，他以博物學家的身分加入了英國海軍的小獵犬號（HMS Beagle），到世界各地進行考察，並在接下來的人生歲月中，致力於描述與解釋大自然的種種現象。

二月十三日

犛牛的價值

今天是「西藏獨立日」（Tibetan Independence Day），是為了表達西藏欲脫離中國統治而訂立的特別日子。在全球的各個城市中，支持西藏的團體會升起西藏的雪山獅子旗，並舉辦活動表達他們與西藏同心一致。許多人一想到西藏，立即浮現在腦海中的就是聖母峰、達賴・喇嘛、神祕的失落山谷香格里拉，以及犛牛——長滿粗毛的牛家族成員。

西藏人放牧犛牛，並將犛牛當作是自身文化中重要的一環，這些傳統已維持了至少兩千年。他們將馴養的犛牛當作是運輸工具，並用犛牛毛編織傳統的長袍、毛毯和帳篷。乾燥的犛牛糞可用來作爲火種，而賽犛牛則是他們最喜愛的運動。西藏人會食用犛牛的肉、血、乳酪、酸奶和奶油。犛牛奶油可作爲燈油，而酥油茶則是一種高熱量的西藏主食。

依據西藏的傳統，佛教僧侶會向佛祖供奉他們從家畜那裡獲得的食物或用品。每一隻母犛牛產出的第一塊奶油最爲珍貴，因此應該要拿來奉獻。在過去的四百年間，西藏僧侶運用上色的奶油雕刻出精美的花卉、動物及其他事物，有些作品甚至需要花上數月時間完成。他們認爲這些雕像能產生正向的業力，爲世界帶來和諧。

二月十四日

一生摯愛

爲什麼婚禮蛋糕的頂端會以塑膠白鴿作爲裝飾？這是因爲他們象徵著「一生摯愛」，反映出許多種類的鴿子其實是一夫一妻制，其他種類則至少在繁殖期會維持單一配偶。爲了創造特別的回憶，有些新人會在婚禮上放出受過訓練的鴿子（白色的信鴿）。這些白鴿會先環繞著新人，接著飛向天空，象徵著新婚佳偶離開自己的家，攜手邁入他們接下來的人生旅程。

鴿子與愛情的關聯至少可追溯至古希臘時期，當時的人認爲鴿子與愛神阿芙蘿黛蒂（Aphrodite）有關。鴿子時常互相親近磨蹭，因而令人聯想到愛情。一般對阿芙蘿黛蒂的描繪通常是有一或兩隻鴿子停在她的手上或肩膀上，又或是有鴿子振動著翅膀在她身邊飛翔。她的金色戰車據說是由一組白鴿負責拉動。根據希臘神話的描述，阿芙蘿黛蒂是從海中的鴿子蛋誕生而來，被一隻魚帶到了岸上。在希臘人眼中，阿芙蘿黛蒂具有兩種形象，一種是「阿芙蘿黛蒂・烏蘭尼亞」（Aphrodite Ourania），純愛女神（烏蘭尼亞意指「神聖的」）；另一種則是「阿芙蘿黛蒂・潘德瑪斯」（Aphrodite Pandemas），情慾女神及妓女的守護者（潘德瑪斯意指「為了所有的人」）。希臘哲學家柏拉圖將這兩種形象闡述為愛的兩面。鴿子就象徵著這兩種愛，在婚禮上同時代表阿芙蘿黛蒂・烏蘭尼亞與阿芙蘿黛蒂・潘德瑪斯。

情人節快樂！

二月十五日

生態恐懼症

一九九九年二月十五日，教育家大衛・索伯（David Sobel）出版了《戰勝生態恐懼症》（Beyond Ecophobia），一本徹底翻轉自然教育的關鍵著作。當時，教室裡的老師與環保教育工作者都在教二、三年級的學生認識酸雨、雨林破壞及油輪漏油等議題。然而，索伯認為聚焦在這些災害上可能會導致幼童罹患「生態恐懼症」，也就是對大自然與生態問題產生畏懼。他表示如果幼童無法理解與控制環境惡化的情況，他們可能會藉由遠離自然的方式來逃避痛苦。與其反覆叨唸著環境問題，我們反而應該要鼓勵幼童在自家庭院中探索自然。在他的書中，索伯寫道：「重要的是在要求孩童去改善問題之前，能讓他們有機會與大自然建立連結、學習去關懷，並自在地處於自然環境中。」

一九九八年，露易絲・喬拉（Louise Chawla）出版了一篇論文，在當中她檢視了以往的研究，以找出是什麼原因使環保人士與教育工作者抱持著他們現有的環境價值觀。其中最重要的兩個影響因素是：（一）在孩童或青少年時期花了多少時間待在戶外的自然棲息地，以及（二）父母、老師或其他成人榜樣是否曾培養他們對大自然的興趣。認識環境惡化議題對他們造成的影響則相對小了許多。由此可見，最好的方式是強化孩童固有的好奇心，以及他們對大自然的連結，藉以鼓勵下一代體察環保的必要。

二月十六日

基因與突變

雨果・馬里・德弗里斯（Hugo Marie de Vries）生於一八四八年二月十六日，是阿姆斯特丹大學的植物學教授。在一八八〇與一八九〇年代期間，德弗里斯利用植物進行了一連串的遺傳實驗。當時他對孟德爾已發表的遺傳研究並不知情，畢竟後者的豌豆實驗並未受到重視。他得到與孟德爾同樣的遺傳相關結論，並於一九〇〇年發表了自己的成果。除了他以外還有兩位科學家，分別是卡爾・柯倫斯（Carl Correns）與伊律克・

馮・謝馬克・賽塞內格（Erich von Tschermak-Seysenegg），他們三人各自於一九九〇年「重新發現」了孟德爾定律。

孩童時期的德弗里斯熱愛植物。長大後，他進入萊頓大學（Leiden University）研究植物學。在那段期間，他變得熱衷於實驗植物學，並對達爾文的天擇演化論產生興趣。一八八九年，德弗里斯提出假設，認為遺傳特徵是藉由某種他稱為「泛生子」（pangenes）的微小顆粒傳承給下一代。而這項發現——如今我們稱之為「基因」——正是令他成名的其中一個原因。德弗里斯對泛生子導致物種產生變化的現象深感興趣。他注意到野生與人工栽培的月見草大不相同，且偶然會出現新的類型。德弗里斯的第二項重大貢獻就是他的突變理論。他認為經由遺傳特徵的突然改變，物種得以從其他物種演化而來，並將這個過程稱為「突變」。如今我們知道基因突變能提供原料，即「遺傳變異」（heritable variation），使天擇得以作用。

德弗里斯的理論為二十世紀的基因學帶來了重大突破，也拓展了我們對演化過程的見解。

二月十七日

美味、迷人又不可或缺的存在

二月十七日是美國的「螃蟹感謝日」（Crab Appreciation Day）。提到螃蟹，許多人第一個聯想到的就是食物：熱蟹肉蘸醬；蟹肉巧達湯、秋葵濃湯與奶油濃湯；辣味炸蟹球；蒸藍蟹；蟹肉餅；蟹肉鹹派；紐堡螃蟹；蟹肉燉飯、千層麵與通心麵；炸軟殼蟹；以及咖哩炒蟹。不過除了好吃以外，這些甲殼綱動物還有什麼

令人讚賞之處嗎？

首先，螃蟹的習性十分有趣。寄居蟹爲了尋求庇護，會爬進腹足綱軟體動物的空殼中；他們還會將海葵推到自己的殼上，利用海葵的刺細胞保護自己。當陸棲寄居蟹長大需要更多空間時，有時會很難找到更大的空殼。不過沒關係。他們會使勁將別的寄居蟹從他們貪圖的殼裡拉出，就這麼偷走對方的家。公招潮蟹爲了保衛自己的洞穴，會在例行的打鬥中善用他們主要的那隻大螯。如果招潮蟹不幸失去了自己的大螯，另一邊較小的螯會開始長大，而新的小螯也會代替那隻斷掉的大螯重新長出。牙買加樹蟹住在樹棲鳳梨科植物裡累積的小雨水坑內。母樹蟹會用馬陸的屍體碎屑和豆娘的幼蟲餵飽幼蟹，將殘骸從育兒處移走，然後使水流通以增加氧氣含量。他們會將空的蝸牛殼置於水中，藉以調節酸鹼值和增加鈣質。

除此之外，許多種類的螃蟹都扮演著清道夫的角色。少了螃蟹，這個世界會顯得沒那麼可愛，海邊對我們來說也變得沒那麼有趣。如此看來，加州洛杉磯的國家動物與社會博物館鼓勵我們去欣賞螃蟹，可是一點都不奇怪了。

二月十八日

後院數鳥

在美國據估有六千萬個賞鳥人。有些人會將來到自家後院吃飼料的鳥記錄下來；另外也有許多人會將自己觀察到的鳥編輯成生涯鳥種名錄。如果你喜歡賞鳥，即將展開的「後院數鳥活動」（Great Backyard Bird Count）或許會很適合你——從二月的第二個星期五持續到下個星期一。這項活動是由康乃爾鳥類學實驗室（Cornell Lab of Ornithology）與奧杜邦學會於一九九八年所發起，並在世界各地舉行。

數鳥活動既簡單又好玩。在這四天的活動期間，選一個場所（任何地方都可，不管是你的後院，或是充滿異國情調的度假地點）進行觀察，然後記錄你在至少十五分鐘內所看到的各種鳥類與數量。你可以只記錄一次，也可以多玩幾次，看你想花多久時間、去多少地點都可以。每一天、每一個地點都要交出一張獨立的觀察表；即使是在同一天同一個地點，也得依時段不同而各交一張（詳情見後院數鳥活動網站：http://gbbc.birdcount.org）。

你不但能獲得樂趣，也能同時提供有用的資訊給研究鳥類族群型態的科學家。二〇一七年，一百四十九個國家的活動參與者共觀察到六千兩百二十三種鳥類，總計數量爲兩千九百六十一萬三千九百七十九隻。後院數鳥活動邀你加入全世界超過兩萬一千人的行列，一同參與這一年一次的賞鳥盛會。

二月十九日

滿足味蕾的佳餚：生殖腺

義大利薩丁尼亞島的西北部有一個叫「阿爾蓋羅」（Alghero）的沿海小鎮，每年二月或三月會舉辦「海膽節」（Sea Urchin Festival），吸引世界各地的海鮮愛好者前來。確切的舉辦時間會根據天候狀況而訂，以確保海膽維持最佳品質——微甜微鹹。

海膽的可食用部位是生殖腺。雖然常有人把這美味的食物稱爲卵，但其實雄性與雌性的生殖腺都包含在內。生殖腺會依據海膽種類不同而呈亮黃、橘或紅色，而海膽的體內共有五個這種顏色明亮、味道甘美的器官。不同國家的人有不同的海膽吃法。在日本，uni（海膽的日文名）會以生食的方式做成生魚片或壽司，搭配醬油和山葵享用。在地中海地區，ricci（義大利文名）或oursin（法文名）也會以生食的方式搭配檸檬汁，或是僅用橄欖油和奶油煮過，再加進燉飯、義大利麵、披薩、歐姆蛋以及魚湯。我在智利吃到的生erizos（西班牙文名）則是加在醃海鮮中，並佐以洋蔥碎、芫荽、橄欖油和檸檬汁。我覺得海膽的生殖腺有一種如奶油般的滑順口感，幾乎入口即化，就如同布里（brie）或藍紋乳酪一般。海膽生殖腺就像生蠔，有一種鮮明、強烈、「來自大海」的味道。如果你是講究飲食的老饕，這個薩丁尼亞的特有節慶你應該不會想錯過。

二月二十日

晚餐時的雀躍之舞

每天傍晚五點，當我走向狗食儲存箱時，我家的長毛臘腸「柯南」就會興奮地騰躍和轉圈，彷彿在晚宴上展現舞步。柯南在兩歲前渡過了兩次生死之關，一次是胰臟炎發作，另一次是動手術在停止生長的腿骨上嵌入金屬針。在中年時期，牠差點出現椎間盤突出的狀況。強體松（Predisone，一種類固醇）使牠得以脫離苦難，但從此我們也必須禁止牠跳下床。柯南是勇敢的生命鬥士。

在超過十年的歲月中，柯南每天最開心的時刻，就是在亞歷桑那州弗拉格斯塔夫（Flagstaff）的聖弗朗西斯科峰（San Francisco Peaks）健行。夏天時，牠就像在挑戰不可能的任務一般，和我們一起在科羅拉多州的錫弗爾頓（Silverstone）健行十二哩路。在那裡，牠最愛的就是追逐土撥鼠，直到牠們鑽進地道為止——很適合牠的活動，畢竟臘腸狗就是用來將獾追趕出巢穴而培育的犬種。柯南盡情地享受著生活。

柯南生命中的最後四年在猶他州的羅根市（Logan）渡過。牠不再長距離健行，而是改成在後院探索，吃花園彩椒和掉落的蘋果。在活著的最後一年，牠必須要有人抱著才能下樓，但回去時牠總是自己努力爬上去。儘管柯南幾近全聾又有白內障，但牠從不埋怨。

我們的愛犬最後在我丈夫和我的陪伴下，躺在地毯上的窩裡安詳離去。當時牠還差三個月就十七歲了。每年到了二月二十日的愛寵物日，我都會為緬懷柯南而舉杯，以紀念我忠實的夥伴，在我迄今過了四分之一的生命旅程中悲喜與共。

二月二十一日

後院的鳥巢

當你看到鳥兒在廚房窗外築巢時，會不會很興奮？假設你能吸引更多鳥兒到院子裡築巢呢？這的確做得到，只要架設巢箱就行了。

築巢箱活動在英國已成為一年一度的盛事。每年的二月十四日至二十一日是「全英巢箱週」（National Nest Box Week），這是由英國鳥類信託組織（British Trust for Ornithology）於一九九七年所發起的活動。隨著森林與其他自然棲息地不斷消失，鳥類的築巢地點也越來越少。而這項活動的目的就是要鼓勵民眾在自家後院提供巢箱，以幫助那些經常出入當地的鳥類，並吸引更多的鳥類到後院築巢。多虧了全國巢箱週，據估全英國共設立了五到六百萬個巢箱，等候築巢的鳥兒大駕光臨。

位於紐約伊薩卡（Ithaca）的康乃爾鳥類學實驗室設計了一個互動式網站，上面有為一系列北美鳥類所設計的巢箱與平臺結構圖可供下載，從侏鴞到加拿大雁都包含在內。你也能找到許多鳥類的相關資訊，包括築巢的地理範圍、季節與棲息地。你可以買現成的巢箱，或是自己動手做。各地的鳥類都能從設有巢箱的築巢地點獲益，而你將會因為觀察到鳥爸媽帶食物給幼鳥，以及那些幼鳥長羽毛的過程，而感受到無比的興奮。

二月二十二日

野牛鎳幣

一九〇〇年代早期，美國發起了一項美化硬幣設計的活動。雕刻家詹姆斯・厄爾・弗雷澤（James E. Fraser）被選來設計一款新的五分鎳幣。弗雷澤希望他的作品能反映出眞正的美國精神，因此選擇將北美野牛（舊西部的象徵）刻在一面，另一面則是一位美洲原住民的側面頭像。這些五分鎳幣鑄造於一九一三至一九三八年期間，經常被稱爲「野牛鎳幣」。弗雷澤獲得了三千一百六十六點一五美金作爲設計酬勞。這隻野牛的模特兒很有可能是布朗克斯動物園（Bronx Zoo）的野牛群首領「布朗克斯」（Bronx），或是居住在中央公園動物園的黑鑽（Black Diamond）。

一九一三年二月二十二日，也就是喬治・華盛頓生日當天，總統威廉・塔夫脫（William Taft）爲紐約史坦頓島的國立美洲印地安紀念館（National American Indian Memorial）主持破土典禮。當時，最先鑄造出的四十枚野牛鎳幣在現場被分送出去，大多獻給了參加典禮的三十二位原住民首領。然而紀念館始終沒蓋成，原因是缺乏資金，加上第一次世界大戰於一九一四年到來。如今，在超過一個世紀之後，一個名爲「赤風暴鼓舞團」（Red Storm Drum & Dance Troupe）的美洲原住民團體正極力呼籲川普總統重啓興建計畫。

找找看你的錢包裡有沒有野牛鎳幣吧！如果你不想要，一定也會有其他人想要。野牛鎳幣的價值取決於鑄造年分、保存狀況與鑄造廠印記，但狀況良好的話可値零點四到四百美金不等。更重要的是，這些鎳幣所展現的美國意象對收藏家而言彌足珍貴。

二月二十三日

跳躍的兔子

根據一則傳說所述，幾個依洛魁族（Iroquois，北美原住民）的獵人在聽見很大的「碰」一聲後，看到一隻體型碩大的兔子。不久後，數百隻兔子跟著現身。那隻巨兔用腳踏著節奏，其他兔子則圍繞著他進進出出地跳舞。過了一會兒，巨兔用腳重踏了兩下，其他的兔子便跟著彼此排成一列，沿著小路逐漸消失在遠方。獵人對兔子的表演陶醉不已，於是跑回部落向女族長轉述所見。她告訴獵人，兔子向他們展現舞蹈，是爲了讓伊洛魁族人以同樣方式，對兔子給予他們的一切表達感謝。自此之後，依洛魁族人總會以傳統的兔子舞向兔子族群表達謝意。

如今兔子仍維持著跳舞的習慣。他們開心時會突然開始「兔子跳」（bunny binkies），也就是旋轉跳躍與踢腿。兔子的行爲實在太有趣了，這也是牠們在美國和英國的排名僅次於貓和狗，成爲第三受歡迎寵物的原因之一。二月在美國是領養流浪兔月，你可以挑選自己喜歡的兔種：長毛垂耳兔、法國安哥拉兔、佛萊明巨兔、荷蘭侏儒兔，或其他近六十個兔子品種。兔子不需要每天帶出去散步。牠們能接受便盆訓練，而且抱起來很舒服。在辛苦的一天結束後，向兔子傾訴你的煩惱和挫折，然後讓牠的舞蹈逗你開心吧！

二月二十四日

熱愛植物的男人

喬瑟夫・班克斯（Joseph Banks）於一七四三年二月二十四日出生於倫敦，是一名博物學兼植物學家。小時候他漫步於林肯郡鄉間，對當地的植物深深著迷。班克斯在牛津大學基督堂學院（Christ Church）研讀自然歷史，但在他父親於一七六一年去世後，他繼承了家族在林肯郡的地產，未曾從牛津大學畢業。

然而班克斯仍舊很熱愛植物，最終成爲了十八世紀英國著名的植物學家。人們將永遠記得他在促進跨國合作研究上的貢獻。到了一七六〇年代晚期，班克斯開始與卡爾・林奈（Carl Linneaus）通信。林奈是瑞典植物學家，也是制定出二名法（binomial nomenclature）命名系統的人。班克斯針對邱園（Kew Garden）的管理爲英王喬治三世提供建議，並遊說他贊助海外考察之旅，以採集植物標本。在班克斯的努力下，邱園躍身成爲世界首屈一指的植物園。在一七六八年至一七七一年期間，班克斯加入詹姆士・庫克（James Cook）船長在南太平洋的首次科學考察之旅。他在一七九〇年認識了德國博物學家亞歷山大・馮・洪保德（Alexander von Humboldt），不久後，洪保德就前往南美洲北部進行爲期五年的探索之旅了。兩人爲洪保德的標本作好了安排，只要標本被英國人扣押，就會送到班克斯那裡。之後，他們再一起分享和交換植物標本。一七九五年，班克斯受封巴斯勛位（Knight Commander of the Order of the Bath）。如今，世人得以透過不同形式紀念喬瑟夫・班克斯爵士，包括以他命名的地理特徵（例如加拿大西北地區的班克斯群島）以及植物（例如班克木屬（Banksia），其中包含了約一七〇種植物）。

二月二十五日

鯊魚小姐

尤金妮・克拉克（Eugenie Clark）九歲時參觀紐約水族館後，就被鯊魚深深吸引住了。當她凝視著水族箱時，會幻想自己和鯊魚一起游泳是什麼感覺。後來，她眞的將人生大多數時間都投入在與鯊魚共泳。克拉克於一九五〇年代開始進行研究，當時鯊魚普遍被視爲愚蠢又致命的吃人武器。而她在之後六十年間的研究顚覆了這樣的看法。

著名海洋生物學家克拉克（又稱「鯊魚小姐」）於二〇一五年二月二十五日辭世，享年九十二歲。她是最先使用水下呼吸裝備展開科學研究的人，並利用水肺進行了超過七十次的深海潛水。她還培育出史上第一批「試管魚寶寶」，並首次發現了有效的驅鯊劑——一種生活在紅海的比目魚所產生的天然分泌物。她訓練鯊魚推動標靶，並在一九六五年訪日時，將一隻受過訓練的鯊魚送給當時的皇太子明仁，即日後的日本天皇。兩年後，明仁到佛羅里達州拜訪她時，她又教他浮潛。（明仁本身是一位知名的魚類學者。）或許克拉克最大的貢獻是她與大眾之間的聯繫吧！她致力於消弭我們對鯊魚的恐懼，藉由著作、講座與電視特輯分享鯊魚的奧妙之處，並積極提倡海洋生態保育。對同一世代的女性海洋生物學家而言，她是値得效法的榜樣。克拉克最後一次潛水是在她邁入九十歲後，一直到人生盡頭，她仍舊對海底生物著迷不已。

二月二十六日

狗狗救援明星

一八一四年四月，歐洲各強依據《楓丹白露條約》，強迫拿破崙・波拿巴放棄法國皇帝的稱號，並將他驅逐至地中海的厄爾巴島。在一八一五年二月二十六日的深夜，拿破崙伺機逃走。當洶湧的海浪將他打下船時，一名漁夫所養的紐芬蘭犬跳進海裡，拯救了這位逃犯。拿破崙回到巴黎後重登王位，直到一百天後，他在滑鐵盧戰役慘敗，被英國流放至南大西洋偏遠的聖海倫娜島，在那裡生活到一八二一年去世爲止。

紐芬蘭犬原產於加拿大紐芬蘭島，是漁夫的工作犬，負責將沉重的魚網和落海的漁夫拉出水面。紐芬蘭犬有著寬大如蹼的腳掌和帶油又防水的披毛，是天生的游泳健將。這種大型犬（公犬可重達一百七十五磅／七十九公斤）以聰明、溫和、強壯、堅忍和忠心著稱。

儘管需投注大量訓練才能使紐芬蘭犬成爲正式的救生犬，然而牠們似乎天生就能辨識出溺水的人，而且會主動幫忙，就如同拿破崙的例子所述。一九九六年，美國紐芬蘭犬俱樂部（Newfoundland Club of America）頒發獎章給「布」（Boo），一隻十個月大的紐芬蘭犬，以表揚牠的英勇事蹟。布和牠的主人在北加州的尤巴河（Yuba River）沿岸健行時，看到一名男子在湍急的河流中拚命掙扎。於是布跳入河裡，將那名因聽障而不會說話的男子拉到岸邊。布從未受過水中救難訓練，牠只是憑直覺行事罷了。

二月二十七日

國際北極熊日

二〇〇八年，北極熊成爲第一種因全球暖化而被列入《瀕危物種法》（Endangered Species Act）的動物。北極熊賴以生存的海冰棲地正在融化。二〇一六年，國際自然保護聯盟估計北極熊的全球數量約爲兩萬至三萬一千隻之間。到了二〇五〇年，可能只會剩下原數量的三分之一。

北極熊的生命起始與結束都在冰緣上，這也是牠們捕食環斑海豹的地方。在二〇一六年春天，大氣層中二氧化碳（將熱困在地球大氣層中的主要溫室氣體）的平均濃度創下當時的歷史新高。由於當年冰層的結冰時間來得較晚，融解時間又較早，因此北極熊獵食海豹與儲存脂肪的時間也跟著變少。有些北極熊正在尋找替代的食物來源——馴鹿、雪雁、雁蛋，甚至海星。然而長期下來，僅靠雁蛋和海星，這些重達超過一千磅（四百五十五公斤）的大型熊類能夠維生嗎？

如果我們希望自己的後代能住在有北極熊的世界裡，我們每一個人就必須要減少碳足跡。二月二十七日是「國際北極熊日」，很適合大家從這天開始，宣誓盡己之力，降低每日的能源使用量，以減緩地球暖化的速度。減少能源使用量意味著降低對化石燃料的依賴，因爲化石燃料會提升大氣層中的二氧化碳含量，導致全球暖化加劇。

二月二十八日

站在巨人的肩上

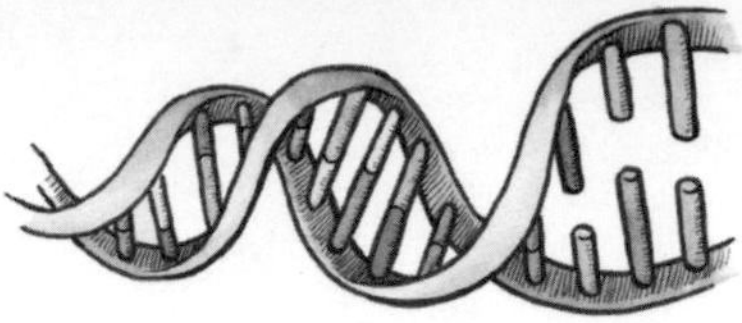

DNA（去氧核醣核酸）攜帶著基因指令，令每一種生物都獨一無二。這種分子是於一八六九年由瑞士化學家弗雷德里希．米歇爾（Friedrich Miescher）所發現，但一直到數十年後，我們才開始理解DNA的生物功能。在那之前，我們得先認識其分子結構。一九五〇年代早期，英國化學家羅莎琳．富蘭克林（Rosalind Franklin）拍攝出DNA的X光衍射圖片，爲DNA結構的發現提供了基礎。一九五三年二月二十八日，美國分子生物學家詹姆士．威杜．華生（James D. Watson）與英國分子生物學家弗朗西斯．哈利．康普頓．克里克（Francis H. C. Crick）提出了DNA的立體結構——一個雙股螺旋體。由於他們的重大發現，華生與克里克，加上紐西蘭裔的英國分子生物學家莫里斯．威爾金斯（Maurice Wilkens），共同於一九六二年獲得了諾貝爾生物學或醫學獎。

雙股螺旋結構包含了兩條繞著彼此旋轉的長鏈，看起來就像一個扭曲的梯子。每一條長鏈的骨架都是由醣類與磷酸基團交互排列而成。螺旋結構上每一個完整的旋圈都包含十個「梯級」，而每一個梯級則是由十對以氫鍵連結的鹼基所組成（有可能是腺嘌呤與胸嘧啶，或是胞嘧啶與鳥嘌呤）。而每一條長鏈上的鹼基順序決定了用來攜帶基因指令的密碼。

華生與克里克立足於許多前人的研究之上，而他們的發現也只是一個開始。其他科學家後來更研究出從DNA到蛋白質合成的過程。新的發現總是以其他發現作爲基礎，正如艾薩克．牛頓於一六七六年寫給羅伯特・虎克的信中所述：「我之所以能看得更遠，是因為我站在巨人的肩上。」

二月二十九日

超自然力量與月蝕

克里斯多福・哥倫布與他的手下登陸牙買加後，當地的原住民阿拉瓦族（Arawaks）不但向這些入侵者表示歡迎，還送來食物餵飽他們……直到這些水手欺騙他們並偷取財物。由於缺乏糧食，情急之下，哥倫布查看了他的星曆表，發現月蝕即將來臨。於是，他告訴阿瓦拉族的人，他的神對他們撤回食物感到很生氣，三天後，神會在月亮的臉上顯露自己的不滿。屆時，滿月會幾乎被抹滅，「因憤怒而燃燒」，預示著即將降臨在阿拉瓦族身上的苦難。一五〇四年二月二十九日，月亮開始消失。阿拉瓦族的人驚慌失措，趕緊送上大量食物給哥倫布，央求他向他的神求情。哥倫布回到自己的小屋裡。等到月亮又露臉後，他便宣布神已經原諒阿拉瓦族了。

如同上述哥倫布的例子一般，蟾蜍也令人聯想到超自然力量與月蝕。中國人看到月亮時，想到的不是虛構的人物，而是蟾蜍。傳說中，過去曾有九個假的太陽威脅要將大地燒成灰燼。於是，一位名叫后羿的神射手用有神力的弓箭，把那九個太陽射了下來。天神為了獎

勵他，賜給他長生不老藥。然而，后羿的妻子嫦娥卻把藥偷走自己吞下。爲了躲避憤怒的丈夫，她飛到月亮上，在那裡變成了一隻三腳蟾蜍。每個月，那位神射手都會去月亮上的宮殿探望自己的妻子一次，這也說明了當天的月亮爲何會特別皎潔。直到今日，蟾蜍還是很愛惹麻煩，偶爾會嘗試把月亮給吞下肚——導致月蝕的現象發生。

自 然 的 祕 密 絮 語

March

三 月

三月一日

是寵物還是食物？

席瑞斯（Ceres）是羅馬神話中掌管農業與穀物的女神，而她的代表動物則是豬。這或許是因爲豬很會翻土吧！羅馬人在播種之前，會將豬的內臟獻給席瑞斯，並在收穫慶典中獻祭豬以表感恩。

如今家豬不論死活都還是很珍貴。三月一日是「全美愛豬日」（National Pig Day），一個源自一九七二年的慶祝活動。在某些慶典中，民衆會在豬的尾巴上纏繞緞帶，讓牠們環繞著市鎭廣場遊行；這些慶典的主要目的是想讓豬放假一天，因此街上小吃供應的是牛肉或雞肉熱狗，以及波特菇迷你漢堡。在紐約的中央公園動物園裡，會有豬寶寶迎接小朋友。其他的愛豬日慶典則頌揚豬肉料理的多變與風味，並提供豬肋排、炸豬皮、脆豬鼻與煙燻豬尾巴。在賓州的阿倫敦（Allentown），愛豬日慶典會供應免費的培根裹巧克力給前五百名購票民衆。儘管回教、猶太教和其他基督教教派嚴禁吃豬肉，然而豬肉在全球仍是最普遍的消費肉類，占肉類產量的百分之三十八。

有些人純粹只是愛豬。大肚豬在一九九〇年代是很受歡迎的寵物，而如今迷你豬則掀起了一股熱潮。前英國職業足球員大衛・貝克漢、在哈利波特系列電影中飾演榮恩・衛斯理的魯伯特・葛林特（Rupert Grint），以及其他名人都跟上了養豬潮流，吹捧著體型近似巴吉度獵犬的寵物豬有哪些優點。溫斯頓・邱吉爾爵士有次曾嘲諷地說：「我很喜歡豬。狗尊敬我們，貓瞧不起我們，豬則視我們爲同類。」

三月二日

死亡與智慧

昨日屬於夜晚的鳥兒確實駐足於此，
即使是正中午，仍舊於市場的上方
嗚嗚地尖聲鳴叫。

——威廉・莎士比亞，《凱薩大帝》（Julius Caesar）

貓頭鷹的種類多達約兩百二十五種，長久以來一直被視爲死亡的象徵。我們對貓頭鷹的恐懼應該能追溯至人類起始之初。想像自己是早期的智人。夜晚令人生畏，因爲充滿了未知數。想像你在黑暗中聽見刺耳的尖叫聲，擔心著發出聲音的生物何時會找到你，把你給吃了。你無法辨識那是什麼聲音，因爲在黑暗中看不見。後來在人類歷史中，我們發現貓頭鷹就是那詭異叫聲的主人，並將其假想爲死亡的信使。在伊莉莎白時代，由於墓地附近的樹上經常會傳出貓頭鷹叫聲，因此人們仍將貓頭鷹與死亡聯想在一起。由此可見，莎士比亞用貓頭鷹預示著羅馬皇帝的死亡將近，可是一點都不令人意外。

貓頭鷹也令我們聯想到深遠的智慧，如此現象至少可追溯至古希臘時期。雅典娜原爲希臘神話中掌管夜晚的女神，後來則成爲了智慧之神。一隻貓頭鷹棲息在她身邊，令她有能力看到「一切的眞相」。或許貓頭鷹令我們同時聯想到智慧與死亡，是因為我們認為牠們有超自然的力量。牠們能做到我們做不到的事：在黑暗中能看得見。

一起來參加明尼蘇達州休斯頓縣（Houston）的慶祝活動吧！當地每年都會在三月的第一個周末主辦「國際貓頭鷹節」。這場節慶的目的是為了消弭所有關於這些夜行性禽鳥的迷思。相關活動包括講座、巢箱建造教學，以及解剖「貓頭鷹丸」（owl pellets，經反芻且未消化的食物團塊）。

三月三日

世界野生動植物日

一九七三年三月三日，《瀕危野生動植物國際貿易公約》（Convention on International Trade in Endangered Species of Wild Fauna and Flora，簡稱CITES）獲得通過。這項國際公約以保護野生動植物為宗旨，宣告販賣瀕危物種給另一個國家是非法行為，不論該物種是生是死。此一公約同時也藉由限制貿易，保護潛在的瀕危動植物；只有持有合格的許可證，才能收集與販賣這些物種。重要的是，消費國同意與出產國共同分擔動植物的貿易責任。到二〇一七年八月為止，共有一百八十三個國家加入並簽署該公約。CITES是世界上最有力的工具，用來確保國際貿易不會進一步威脅瀕危動植物的生存。藉由二〇一七年通過的CITES規定，超過三萬五千種動植物得以受到保護。

二〇一三年十二月，聯合國大會宣布三月三日為世界野生動植物日，旨在表揚CITES與提高對瀕危動植物的關注。每年的主題皆不同。舉例來說，二〇一六年的主題是「野生動植物的未來在我們手中」，強調我們每一個人都背負著捍衛野生動植物的責任，藉以讓下一代也能欣賞到我們現在享有的生物多樣性。你也能盡一己之力，拒絕購買用瀕危物種所製成的商品，包括龜殼、魚翅湯、象牙雕刻品，以及用熊、獅子與老虎的身體部位所做成的中藥。

三月四日

在死亡中結合

柴可夫斯基的《天鵝湖》於一八七七年三月四日在莫斯科首演。初次演出並未獲得熱烈迴響，雖然一部分是因製作粗糙所致，然而評論家也表示該劇的音樂過於複雜。隨著時代改變，如今《天鵝湖》成爲了世界上最常演出的芭蕾舞劇。

《天鵝湖》很可能源自德國民間故事，而該故事則可能是受到一則俄羅斯傳說的影響。某天，一名邪惡的巫師將一位名爲奧黛塔（Odette）的美麗女子變成一隻天鵝。她在白天是天鵝，到了晚上則變回人類。只有透過永恆忠貞的愛，奧黛塔才能永遠恢復原形。後來，奧黛塔與年輕王子西格弗利

（Siegfried）墜入情網。然而巫師從中阻擾，將自己的女兒奧吉莉亞（Odile）化身成奧黛塔的模樣，西格弗利因而上當。等意識到自己被騙之後，他請求奧黛塔原諒。不過，儘管她原諒了他，如今他們的愛卻再也無法實現，因為她將永遠成為一隻天鵝。與其分離，奧黛塔與西格弗利選擇跳入湖中，在死亡中結合。

民間故事將天鵝與眞愛連結在一起，是因為在現實生活中，天鵝會與固定對象形成長期的配偶關係。天鵝經常化身為被施魔法的少女，因為牠們的優雅、美麗、沉著與雪白羽毛，帶給人一種超脫世俗的形象。然而，由於天鵝同時也代表力量與權力，因此在某些民間故事中，遭邪惡巫師變成天鵝的是王子與男主角，漢斯・克里斯汀・安徒生的《野天鵝》就是一例。不論如何，這些故事一定都會牽涉到愛與忠誠。

三月五日

一個時代的結束

二〇一五年三月五日，玲玲馬戲團（Ringling Bros. and Barnum and Bailey Circus，簡稱RBBX）宣布到二〇一八年時，他們將不會再提供大象演出。一百四十五年來，大象一直都是美國馬戲團的象徵，然而，動物權運動人士的抗議與民衆觀感的轉變，導致這些表演逐漸被淘汰。大象生活在關係緊密的母系家族中，通常一個家族會有六到二十隻大象。母象終其一生會待在這些團體中，公象則會持續與牠們生活十二至十五年。大象智商高又情感豐沛，不僅會犧牲奉獻，也具有同理心，因此，馬戲團大象經常會表現出侵略性和情緒低落，這一點也不令人意外。牠們似乎心靈受創，很可能渴望家人陪伴。

厚皮動物昂首闊步的場景提早於二〇一八年前在鈴鈴馬戲團劃下句點。二〇一六年五月一日於羅德島普羅維登斯市的巡演中，可以看到牠們的最後一場大象表演。六隻母的亞洲象表演伐木、跳舞和轉圈。指令一下，牠們就會站上臺座或搭在彼此身上。在最後一次歡快的演出後，牠們鼻子牽著尾巴地連成一列，消失在紅色布幕後。之後，牠們便搭乘火車，前往位於佛州中部、占地兩百英畝的玲玲兄弟大象保育中心。

不過故事到此尚未結束。一部分歸咎於觀眾減少，以致玲玲馬戲團決定在二〇一七年五月永久停業。此一發展不僅終止了對大象的剝削，也意味著老虎、獅子及其他受過訓練的動物不再需要忍受鞭打、電擊和被牛鉤（bullhook）戳傷。觀賞野生動物表演特技已不再爲社會大眾所接受了。

三月六日

此處有龍

想像你是一名中國水手，在數千年前來到印尼的小巽他群島（Lesser Sunda Islands）。爲了抵達那崎嶇難行的島嶼陸地，你必須先渡過浪濤洶湧的大海。到了陸地後，一隻高達十英呎（三公尺）的蜥蜴向你衝了過來。在你腦海中那些逃離垂涎巨獸的驚險故事，此時就成了虛構出中國龍神話的素材了。相隔許久後，杭特萊諾克斯地球儀（Hunt-Lenox Globe）在大約一五〇三至一五一〇年間於歐洲建構完成。在該地球儀的亞洲東南海岸上方標示著拉丁文的警語：hic sunt dracones，意思是「此處有龍」。

一九一〇年，一位名爲馮・漢斯布魯克（van Hensbroek）荷蘭水手航行至科摩多島（Komodo Island），以調查這些龍的相關傳說是否屬實。他開槍射中了一隻動物，將其表皮送至爪哇的博物館館長那裡。這隻體型碩大的動物是一隻巨蜥，最終被命名為Varanus komodoensis，也就是科摩多巨蜥，世界上最大的蜥蜴。只有在小巽他群島的那五座島嶼上，才找得到科摩多巨蜥的蹤跡。一九八〇年三月六日，科摩多國家公園創立完成，藉以保護這些巨蜥及其棲息地。

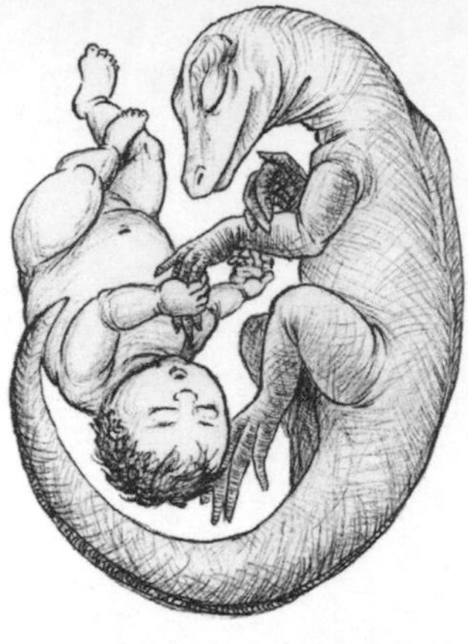

普提・娜娜（Putri Naga）的傳說反映出科摩多島民對這些巨蜥的尊敬之情：名為普提・娜娜的龍公主嫁給了一名男子，並生下一對雙胞胎。其中一個男孩名叫希・杰隆（Si Gerong），在人類的陪伴下長大。另一個孩子則是一隻名為歐拉（Orah）的母龍，在森林中長大。他們都不知道彼此的存在。數年後，希・杰隆射中了一隻鹿。一隻巨蜥奪走了那隻鹿，齜牙咧嘴地發出嘶嘶叫聲。正當希・杰隆舉起長茅準備殺了那隻巨蜥時，普提・娜娜現身警告他：「住手！那隻蜥蜴是你的雙胞胎妹妹歐拉，和你有著相同的地位。」於是從那之後，科摩多島民都很尊敬當地的巨蜥，甚至會餵食因年邁而無法自己進食的「手足」。某些島民仍相信若巨蜥受到傷害，牠們的人類親屬也會跟著受苦。

三月七日

種植毛髮

有一種甲殼綱動物體長五點九英吋（十五公分），眼睛極小，很可能看不見，毛茸茸的淺色棘毛像毛髮似的覆蓋其螯足與鉗。這種動物住在深達七千兩百英呎（兩千兩百公尺）的南太平洋深海溫泉區，位於復活節島（Easter Island）的南方。牠就是俗稱「雪人蟹」（Yeti Crab）的基瓦多毛怪（Kiwa hirsuta），在二〇〇五年被發現，並於隔年三月七日向全世界發表——隸屬於甲殼綱底下，一個新的科、屬與物種。基瓦是玻里尼西亞神話中的海神，而hirsuta則為拉丁文，意思是「多毛的」。雪人蟹這個稱呼的由來顯然是取自傳說中的生物「喜馬拉雅山雪人」（Abominable Snowman，也被稱作是Yeti）。

自二〇〇六年起，又有另外兩個雪人蟹的新物種被發現：Kiwa puravida生活在哥斯大黎加海域，而Kiwa tyleri則存在於南極洲南冰洋的東斯科舍洋脊（East Scotica Ridge）。雪人蟹如毛髮般的棘毛上寄生著化合細菌（chemosynthetic bacteria，這種細菌利用化學能而非光能來合成有機複合物）。雪人蟹會吃這種生長在自己身上的細菌，更神奇的是，牠們會「種植」這些微生物。雪人蟹藉由擺動螯足，將可能會限制碳固定（carbon fixation）的邊界層（boundary layers）移開，藉以提升細菌的生長量。

行蹤神祕的雪人總算被發現了！只是不是我們所想的喜馬拉雅山雪人。

三月八日

運送陸龜

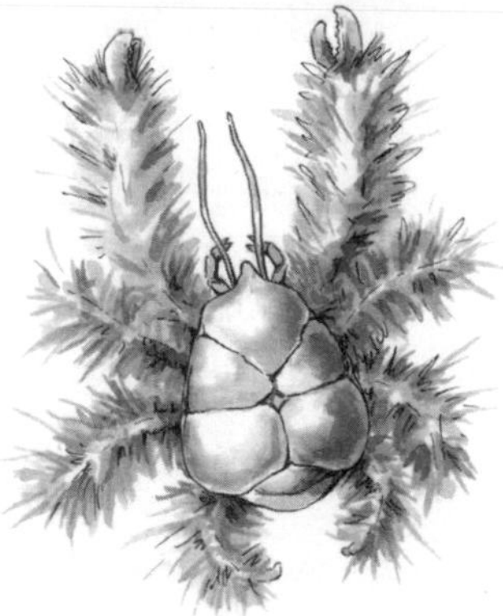

美國海軍陸戰隊計畫擴展其空中暨地面作戰中心（Air Ground Combat Center），地點在加州聖博納迪諾郡（San Bernardino County）的二十九棕櫚村（Twentynine Palms）。為了保護當地的沙漠陸龜，海軍陸戰隊據估將花費五千萬美元，利用直升機將大約一千五百隻陸龜從家鄉移送至莫哈維沙漠（Mojave Desert）。

這項計畫聽起來值得讚許，然而根據生物學家的預測，遭移送的陸龜有高達半數將無法生存。之前將沙漠陸龜運至他處的案例顯示，搬移所造成的壓力可能會導致牠們更容易生病或遭掠食。遷移會擾亂陸龜的社交網絡。有些陸龜會因而失去方向感，試圖要返回家鄉。當牠們到處走動時，有可能會被車子輾過，也可能會被渡鴉和郊狼吃掉。二〇一六年三月八日，生物多樣性研究中心（Center for Biological Diversity）發出意向通知（notice of intent），質疑海軍陸戰隊的計畫。額外的影響力研究開始進行，到了二〇一七年三月初時，移送計畫又重返軌道，因美國魚類及野生動物管理局認定移送並不會危及「該物種的存活」。同時，作戰中心又指出，這些陸龜將被移送到陸龜逐漸消失的地方——而我們並不瞭解原因為何。

有時我們會為野生動物採取行動，儘管立意良善，結果卻傷害到我們想幫助的那些動物。有時我們對於自己帶給野生動物的問題，會不知道怎樣才是最佳的紓解做法。可惜的是，有時我們的行為只是出自政治動機或法律義務，而非真心關懷動物。

三月九日

鯨魚節

賞鯨在世界各地已成爲一種熱門的觀光活動，每年約有超過一千三百萬人參與。我們喜歡觀賞鯨魚在我們面前展現的任何舉動：噴水、玩耍、躍身擊浪與上下拍尾。我們對鯨魚的了解越多，就越懂得欣賞牠們的聰穎天性。舉例來說，有些種類的鯨魚會利用複雜的溝通模式與團隊合作，將魚群趕在一起。

加州海岸是觀賞灰鯨的絕佳地點，因爲牠們會從楚科奇海與白令海冰冷水域中的聚食場，遷徙至墨西哥下加利福尼亞半島的溫水瀉湖，在那裡交配與繁殖。一年一度的鯨魚節在三月的頭兩週於加州達納角（Dana Point）舉行。這個慶祝灰鯨年度遷徙的盛事已舉辦了超過四十五年之久，每個人都能在當中找到自己喜歡的活動：遊行、淨灘、音樂、BBQ、賞鯨之旅、古董車展示、兒童釣魚課程、蛤蠣巧達湯烹飪比賽，以及海洋哺乳動物相關講座。

今日的鯨魚保育口號——鯨魚活著比死去更有價値——促使全球各地的海岸提供更多的賞鯨機會，包括加拿大到阿根廷、挪威到南非、印度、菲律賓、日本、澳洲、紐西蘭，還有其他地區。希望民眾一旦看到這些雄偉的哺乳動物在浪裡玩耍的樣子，會懂得欣賞牠們，支持牠們的保育活動。

三月十日
「陸龜之地」

加拉帕哥群島座落於太平洋，距離南美洲海岸約六百二十英哩（一千公里），經常被稱爲「著魔群島」

（Las Islas Encantadas）。目前生長於島上的許多動植物，都是經由風吹或纏繞於木筏上的植物所帶來的。而人們就和這些動植物一樣，踏足這座群島純屬偶然。一五三五年，巴拿馬主教弗瑞・托馬斯・德・柏蘭嘉（Fray Tomás de Berlanga）欲前往祕魯，在西班牙征服印加帝國後，爲其中兩位征服者弗朗西斯科・皮薩羅（Francisco Pizarro）與迪亞哥・德・阿爾馬格羅（Diego de Almagro）調解糾紛。途中遇到強勁的洪保德海流（Humboldt Current），導致他的船從厄瓜多海岸向西飄移，最後於一五三五年三月十日登陸加拉帕哥群島。

這座群島在大約一五七〇年時出現在地圖上，之後，尋寶的加勒比海盜（buccaneers）與一般海盜利用該地作爲基地，向運送印加財寶返國的西班牙大帆船（Spanish galleons）發動襲擊。到了一八〇〇年代初期，捕鯨船開始在這座群島附近的海域獵捕抹香鯨及其他海洋哺乳動物。一八三五年，在距離柏蘭嘉發現這座群島剛好三個世紀後，達爾文也踏上了這片土地，開啓了極具歷史意義的篇章。達爾文了解到這座群島眞正令人「著魔」之處：當地不僅是大量特有物種的家，也是演化歷史的展示舞台。

到了一九〇〇年代初期，島上的居民人口數開始成長。一開始來的是囚犯和社會邊緣人，後來還有企業家。一九五九年，這座群島被列爲國家公園。如今，在嚴格的法規保護下，加拉帕哥群島——「陸龜之地」（land of tortoises）——歡迎生態旅遊者前來欣賞當地令人驚奇的象龜、海鬣蜥、陸鬣蜥、藍腳鰹鳥、莎莉飛毛腿蟹、加拉帕哥海狗及其他生物。

三月十一日

重新發現？

此一物種站在整個啄木鳥種類的最頂端，不論力氣或體型都很雄偉且令人生畏，至此遭人發現。
——亞歷山大・威爾森（Alexander Wilson），《美國鳥類學》（American Ornithology，西元一八〇八年至一八一四年）

象牙喙啄木鳥身長二十英吋（五十一公分），親眼目睹的人想必會讚嘆不已。到了一九六〇年代早期，這種冠毛深紅、喙呈亮澤象牙色的鳥類，據報只有少數幾次遭人發現蹤跡。數量銳減主要是因為南北戰爭的發生，導致其原生森林經歷了大規模砍伐。一九六七年三月十一日，象牙喙啄木鳥被列為瀕危物種。許多人以為這種鳥類已經滅絕。

沒想到在二〇〇五年四月，獵鳥者通報在阿肯色州的廣大沼澤森林中看見象牙喙啄木鳥，並拍到了數秒鐘的畫面。某些鳥類學家分析影片後，認為這是體型較小的北美黑啄木鳥。在接下來的五年間，與康乃爾鳥類實驗室及其合作夥伴有聯繫的田野生物學家投入了搜尋工作。他們找遍美國八個州的森林，總面積超過五十萬英畝，仍一無所獲。

長久以來被視為已滅絕的物種，如今有可能被重新發現，這個消息吸引了世界各地獵鳥者的關注。二〇〇八年十二月，大自然保護協會（The Nature Conservancy）宣布不論是誰，只要能帶領其旗下生物學家找到活著的象牙喙啄木鳥，就會提供他五萬美元獎金。目前象牙喙啄木鳥被列為極危物種，而前述的懸賞獎金仍然有效。對一名貪婪的獵鳥者來說，沒有什麼比重新發現疑似滅絕的物種，還要更具挑戰。

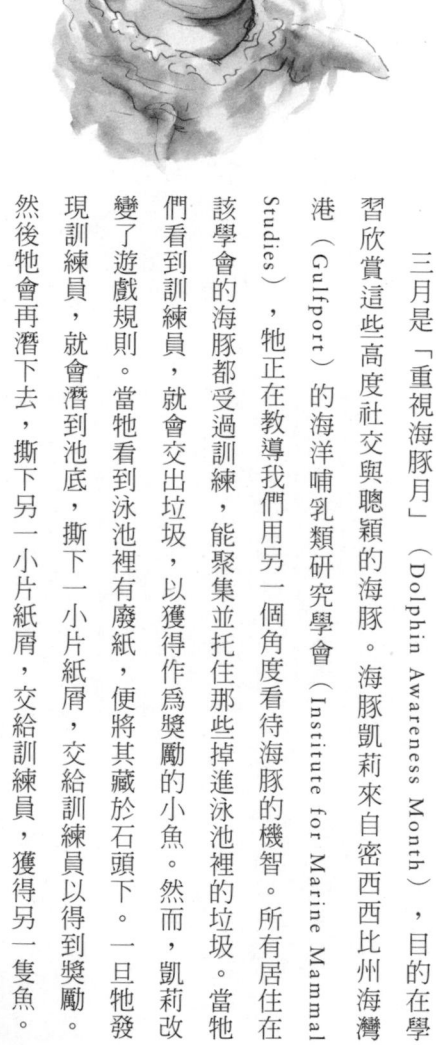

三月十二日

凱莉

三月是「重視海豚月」（Dolphin Awareness Month），目的在學習欣賞這些高度社交與聰穎的海豚。海豚凱莉來自密西西比州海灣港（Gulfport）的海洋哺乳類研究學會（Institute for Marine Mammal Studies），牠正在教導我們用另一個角度看待海豚的機智。所有居住在該學會的海豚都受過訓練，能聚集並托住那些掉進泳池裡的垃圾。當牠們看到訓練員，就會交出垃圾，以獲得作爲獎勵的小魚。然而，凱莉改變了遊戲規則。當牠看到泳池裡有廢紙，便將其藏於石頭下。一旦牠發現訓練員，就會潛到池底，撕下一小片紙屑，交給訓練員以得到獎勵。然後牠會再潛下去，撕下另一小片紙屑，交給訓練員，獲得另一隻魚。牠會持續這麼做，直到交出最後一片紙屑爲止。凱莉能預想到未來，並學會如何操縱獎賞系統。

牠會的還不只這些。某天，一隻海鷗飛進牠的池子裡。凱莉捉住了牠，並等訓練員現身後，將獵物交給了對方。那隻海鷗的體型很大，所以訓練員給了凱莉很多魚。等下次凱莉被餵飽後，牠將最後一條魚藏在石頭下面，也就是之前藏匿廢紙處。當海岸上空無一物時，凱莉便把這條魚當成誘餌，吸引海鷗上門。於是訓練員又獎勵牠更多的魚。牠把這招傳授給自己的小孩，而牠的小孩又傳授給其他小海豚。如今，誘捕海鷗已成爲海灣港海豚的熱門遊戲了。

三月十三日

我們神祕且珍貴的腎

所有的胎生四足動物皆有腎，然而在卵生四足動物中，只有烏龜有腎。

——老普林尼，《自然史》（西元七七年至七九年）

或許有人會好奇，老普林尼究竟是從哪得到這種錯誤的資訊，不過他並不是唯一一個搞錯的人，畢竟腎臟長久都被視爲一種神祕的器官。在古埃及，唯一被留在木乃伊身體裡的器官就是心臟和腎臟。根據某些學者的說法，埃及人認爲腎臟與判斷力有關，因此才把它們完整留下，讓死者在來世還能使用。reins 一字在猶太教與基督教的書寫中，經常用來作爲腎臟的隱喻。此外，reins 也代表良知、渴望與情感的所在之處。據《塔木德經》所示，人其中一邊的腎臟負責建議何謂善，另一邊負責建議何謂惡。聖經則提到上帝會藉由審視一個人的腎臟和心臟，評斷他是否善良：「因爲公義的上帝察驗人的心與腎」（詩篇第七篇第九節）。

自二〇〇六年起，三月的第二個星期四被訂爲「世界腎臟日」，目的是要幫助我們了解腎臟對身體健康有何影響，以及減少腎臟疾病的發生有多重要，並讓民衆知道，器官捐贈是能夠拯救他人的珍貴禮物。你可以用享受美食的方式慶祝這天，多吃一些據稱能提升腎臟健康的食物，包括櫻桃、小紅莓、橄欖油、洋蔥與大蒜。如果你尚未報名捐贈器官，或許也能考慮這麼做。

三月十四日

蜘蛛的生命之網

三月十四日是「拯救蜘蛛日」（Save a Spider Day），適合在這天感謝蜘蛛爲我們吃掉家裡的蒼蠅、蚊子和蟑螂，以及花園裡的蚜蟲、毛蟲和蚱蜢。幾乎在所有文化中，都有試圖解釋世界與生命如何誕生的起源故事。或許一個文化能賦予動物的最高榮譽，就是創造者這個角色。而蜘蛛在世界上許多地方的神話中，都擁有這樣的地位，因爲牠就是自然界的創作家。位於腹部尖端的紡絲器（spinnerets）作用就像人類的手指一般，會從腺體噴出蜘蛛絲。許多蜘蛛接著會把絲編織成精細又「危險」的蜘蛛網。

美國西南部的霍皮族（Hopi）以蜘蛛作爲起源故事的主角。起初，天地間只有蜘蛛女和太陽神龍（Tawa）存在。蜘蛛女掌控大地，太陽神龍則掌控天空。

蜘蛛女在創造出植物與非人動物後，將黃、紅、白、黑色的土與她的唾液混合在一起，做出人類。她用智慧的斗篷覆蓋住他們，把他們放在搖籃裡，並吟唱生命之歌。一旦人有了生氣後，她開始傳授他們傳統的生存之道。她教導人們如何打獵、種玉米，以及向神獻祭。女人應該要保護自己的家，領導自己的家人。她也教人們編織的藝術。蜘蛛女把一切有生命之物都用絲編織在一起，創造出我們相互連結的生命之網。

三月十五日

致命光源關注計畫

「碰」。又一隻雪松太平鳥撞到你家窗戶，現在正倒臥在露臺上。窗戶撞擊在北美各地是造成鳥類死亡的首要原因，據估每年有一億至將近十億的鳥類因此死亡。鳥看到樹、雲或天空在玻璃上的倒影，就會直接飛向窗戶。就算沒有死於內傷，昏迷的鳥倒在地上也很容易成為附近貓咪的獵物。

我們喜歡餵鳥，但我們的餵鳥器有可能導致鳥撞上窗戶。你可以站在你的餵鳥器旁邊，模擬鳥看著你家窗戶的視角。如果你能在玻璃上看到樹、雲或天空的倒影，就表示鳥也看得到。你可以試著將餵鳥器移至他處，也可以利用視覺線索或記號切割窗戶上的倒影，以警告鳥不要撞上玻璃。

加拿大的「致命光源關注計畫」（Fatal Light Awareness Program，簡稱FLAP）於一九九三年成立，是第一個關切鳥撞建築物問題的組織。你可以到他們的網站www.flap.org搜尋能讓窗戶透視的方法，以避免當地和遷徙的鳥類撞上。當你點進網站後，你會看到一個小區塊，上面有不斷攀升的數字。那個數字代表著從你打開網頁的那一刻起，北美各地據估有多少隻鳥死於窗戶撞擊。二〇一六年三月十五日，光是在我瀏覽FLAP網站的第一個六十秒內，北美各地估計就有兩千三百七十五隻鳥死於窗戶撞擊。

三月十六日

保育代言人

隱約出現在竹林後的是一隻母的大貓熊，她靜靜地倒在雪地上，背靠著一棵矮樹。她將身體傾向一邊，伸出手，用前掌的象牙色爪子勾住竹莖，把竹莖折彎後，流暢地從靠近根部處咬斷竹子。接著，她穩穩抓住竹莖，嗅了嗅味道，確認竹子聞起來很好吃後，像吃芹菜似地從尾端開始品嚐。

——喬治・夏勒（George Schaller），《最後的貓熊》（The Last Panda）

今天是「貓熊日」，目的是要讚揚這些黑白相間、擄獲各地人心的熊類。貓熊坐在地上進食的樣子，以及處理竹子的驚人熟練動作，都讓我們覺得很像自己，只是多了層皮毛而已。牠們的黑眼圈令眼睛看起來很大，讓我們聯想到動物寶寶，包括人類嬰兒。儘管大貓熊的數量曾一度達到十萬隻，然而最近的統計（二〇〇四年）顯示在野外只剩下一千八百六十四隻。如今，由於森林砍伐與棲地零碎化的緣故，導致牠們被迫遷離低地，改為居住在山區裡。

在中國之外的地區，大貓熊一直到一八〇〇年代前都鮮為人知。西方世界首次得知大貓熊的存在是在一八六九年，當時法國傳教士兼博物學家佩爾・阿蒙・大衛（Père Armand David）根據四川省獵人所射殺的貓熊標本，描繪出這種動物的模樣。如今在世界各地，學步幼童懷裡抱的是毛茸茸的貓熊玩偶，萬聖節時也有小孩扮成貓熊。由於貓熊實在是太討喜了，牠們甚至成為了所有動植物與生態系統的保育代言人。

三月十七日

具象徵意義的蛇

西元第五世紀的某一天，愛爾蘭盜匪擄走了一位名爲派翠克的十六歲男孩，將他從羅馬英國（Roman Britain）的家鄉帶到愛爾蘭，並把他當成奴隸負責牧羊。六年後，派翠克逃走並返回英國，後來到法國研讀神學。最後，他又回到了愛爾蘭，發誓要使當地異教徒皈依基督教。根據傳說，派翠克在愛爾蘭某座山的山頂專心進行四十天的禁食，結果遭蛇攻擊。於是，派翠克將這些蛇趕入海裡，愛爾蘭從此就再也沒有蛇了。（當然這並不是眞的，愛爾蘭本來就沒有蛇，這是由於其地理位置與冰河歷史所致。）

聖派翠克的傳說是一則寓言，其中蛇代表的是隨著入侵外族與商人傳至這座島上的早期異教信仰。蛇崇拜對早期的基督徒是一種無法容忍的異教儀式，因爲教會將蛇塑造爲魔鬼的化身：在伊甸園中，誘惑夏娃吃下禁忌之果，導致「人類墮落」的罪魁禍首就是蛇。相反地，在凱爾特人的種種信仰中，蛇則象徵富饒、知識、治癒、重生與永生——全都是好的意義。雖然派翠克並沒有眞的將蛇驅趕出愛爾蘭，但他確實對愛爾蘭的異教信仰——蛇所象徵的意義——造成相當大的侵害，以壓制其勢力增長。

三月十七日是「聖派翠克日」（St. Patrick's Day），除了是傳聞中派翠克去世的日子，也是一場宗教與文化的慶典。這天在北愛爾蘭與愛爾蘭共和國都是國定假日，藉以紀念具象徵意義的蛇遭驅逐的這段歷史。

三月十八日

絲線

根據一則古老的中國傳說所述，某天黃帝的妻子嫘祖在樹下喝茶時，一顆蠶繭從樹枝落了下來，掉進她的茶杯裡。她將蠶繭撈起後，蠶繭因泡了熱茶而漸漸鬆開，於是她將絲線繞在手指上。當絲線繞完後，她發現手上有一隻小小的幼蟲，才明白絲線是這隻蟲吐的。她將這段經歷告訴她的人民，而這就是中國人學會採集蠶絲的由來。

中國人養殖桑蠶（人工飼育的絲蛾毛蟲）以產絲的習俗已維持了至少五千年。中國皇帝為了獨佔蠶絲生產技術，牢牢守護著相關知識，然而到了大約西元前二〇〇年，祕密還是外洩並傳至韓國。後來這項技術又流傳到日本、印度，最終傳入了西方世界。家蠶幼蟲會持續不停地進食，並且會脫皮四次，接著會吐絲結繭，將自己包覆在內以化成蛹，而蠶繭則是由一條長達三百英呎（九百公尺）的絲所繞成。蠶蛹會釋放出蛋白分解酵素，在繭上製造洞口，等羽化成蛾後就能破繭而出。由於這些酵素會破壞蠶絲，因此，為了維護蠶絲以利採收，蠶農會及時煮繭殺死蠶蛹。

在三月出現滿月的那天，柬埔寨金邊附近會舉辦「桑蠶節」（Silkworm Festival）。屆時會有時裝秀，展示當地男女及孩童用蠶絲製作的華美服飾。此外，更重要的是，民眾也能藉由這場慶典，對前年所犧牲的桑蠶表達感謝。

三月十九日

回到聖璜卡皮斯川諾（San Juan Capistrano）

據卡皮斯川諾的傳說所述，一位旅館老闆破壞了崖燕的泥巢後，崖燕在該座城市的西班牙大教堂找到了新的容身之處。每年，崖燕都會在三月十九日（聖約瑟日，St. Joseph's Day）重返加州的聖璜卡皮斯川諾重新築巢，並在教堂遺跡的庇護下養育幼燕。傳說接著也提到每年的十月二十三日（聖璜日），崖燕就會離去並再度往南前進。

事實上，崖燕的確會在二月底或三月時回到南加州。牠們在阿根廷度過了七個月的南國夏天後，向北飛了六千英哩（一萬公里）。年復一年，成群的崖燕總會降落於大教堂。然而，自二〇〇九年起，崖燕不再出現，而是在聖璜卡皮斯川諾以北找到了合適的築巢地點。當地都市化與教堂修補工程很可能是造成地點轉移的原因。二〇一六年，民眾開始將人造泥巢黏於大教堂的牆上，希望能吸引燕子回來。時間會證明這項策略管不管用。

不論崖燕歸來與否，每年聖璜卡皮斯川諾的村莊都會舉辦為期一週的燕子節

（Fiesta de la Golondrinas）。在烤肉、遊行和街頭市集的歡樂氣氛下，參與民眾將心思都放在這些小型候鳥上，也就是象徵著對家忠誠與奉獻的崖燕。

三月二十日

繁殖青蛙的百種方法

三月二十日是「世界青蛙日」（World Frog Day）。欣賞青蛙的原因有很多，包括牠們有吃蚊子和蚱蜢的習性。然而身爲一名兩棲類行爲生態學家，我特別喜歡向人誇耀青蛙繁殖的許多方法。

玻璃蛙會在水面的葉片上產卵；剛孵化出的蝌蚪會掉進水中，然後繼續成長。箭毒蛙會在陸地上產卵；孵化後，蝌蚪會爬到雌蛙或雄蛙身上，由對方揹負著回到水中。雄性產婆蟾會用後腳裹著一串受精卵，等孵化時間一到，雄蟾就會跳入池溏或水坑中。雄性達爾文蛙會在牠們的聲帶裡孵化蝌蚪，而雌性囊蛙則在牠們背部的育兒袋中孵化蝌蚪。雌性胃育蛙（共有兩個物種，一般認爲皆於一九八〇年代滅絕）會吞下受精卵，幼蛙會在母親的胃裡孵化與變態完成。卵齒蟾會在陸地上產卵，牠們沒有蝌蚪期，陸生卵會直接發育成幼蛙。某些卵齒蟾的雌蟾或雄蟾會保護受精卵，並利用其膀胱的水分濕潤卵團。至少有九種蛙類的雌蛙會將受精卵留在輸卵管中，直到發育成幼蛙再排出體外。

兩棲類必須經歷從水中到陸地的轉變，也因此牠們在四足脊椎動物中演化出最高的繁殖多樣性。這點很值得拿出來在世界青蛙日吹噓吧！

三月二十一日

用漂亮的雞取代響尾蛇

不怕死的挑戰者親吻響尾蛇，將身子擠進滿是響尾蛇的睡袋裡。圍觀群眾目瞪口呆地看著圍場裡遍地的響尾蛇蠕動。攤販兜售著響尾蛇肉和蛇皮，還有用響尾蛇做的鑰匙圈。這些全是在「圍捕響尾蛇節」（rattlesnake roundup）中能看到的場景。

爲了舉辦這個慶典，捕蛇人搜遍野外的蛇窩、蛇洞，捕捉他們找到的所有響尾蛇，而這些蛇大多都難逃被屠殺的命運。圍捕響尾蛇節是由膚淺的市民機構或慈善組織所推動的募款活動。他們打著便民服務的口號，宣稱這些活動能「控管」響尾蛇的數量，減少民衆被蛇咬的意外發生。然而事實上，響尾蛇的數量越少，就表示鼠害會越嚴重。這些活動不但當衆處決無辜蛇類，更利用了民衆對毒蛇的恐懼。圍捕響尾蛇節源自一九三九年，一直以來盛行於美國的十幾個州內。不過，這些殘忍行徑所引發的強烈反彈，已促使某些團體開始發展出其他賺取觀光收益的方式。

喬治亞州的菲茨傑拉德（Fitzgerald）想出了一個獨特的節慶，用以取代圍捕響尾蛇節——那就是「菲茨傑拉德野雞節」（Fitzgerald Wild Chicken

Festival），舉辦時間爲三月的第三個週末。野雞節的主角是這個鎮上特有的緬甸雞。一九六〇年代，喬治亞州自然資源部（Georgia Department of Natural Resources）在該州各地引進了非本土的緬甸雞，作爲引人注目的鬥雞品種。結果，菲茨傑拉德是唯一成功繁殖這種漂亮鬥雞的地方，經常可以看到牠們在當地人家的後院和花園裡閒晃。菲茨傑拉德野雞節每年都會吸引約一萬名遊客前來，遠超過圍捕響尾蛇節歷年來的參與人數。

三月二十二日

移形者

海豹的悲淒叫聲和生動表情令牠們幾乎就和人類一樣。這些特質很可能就是愛爾蘭、蘇格蘭與冰島神話中「海豹精」（selkie）的靈感來源。海豹精是一種被施了魔法的生物，白天是海豹，晚上卸下海豹皮後就成了人類。海豹男化成人形時，據說具有誘惑女性的神奇魔力。海豹女則對男性有無法抗拒的魅力。

三月二十二日是「國際海豹日」。除了爲海豹慶祝外，何不藉機宣揚海豹精的傳說故事呢？準備好邊看故事邊擦眼淚吧，因爲大多數海豹精傳說都是悲劇收場的浪漫愛情故事。海豹精一旦返回海裡，幾乎不會回到陸地或人類伴侶身邊，正如蘇格蘭奧克尼群島（Orkney）的故事所述。

某天傍晚，一名年輕男子看見一群海豹來到岸邊。牠們卸去外皮後，變成了

迷人的年輕女子。這名男子撿走了其中一塊海豹皮，而海豹皮的主人只能跟著他回家，成為他的俘虜。這名女子很快就忘了在海裡的生活，滿足於自己的人類形體。後來這對男女結了婚，有了三個小孩。許多年後，最小的孩子在家裡發現一個奇怪的包裹，將它交給自己的母親。她認出這是她的海豹皮，並想起了過去在海裡的生活。於是，她爬回自己的外皮裡，向家人告別，然後返回海裡，再也不曾回到岸上。

三月二十三日

荒野

世界知名的自然攝影大師艾略特・波特（Eliot Porter，一九〇一年至一九九〇年）在一九一二年時，以一台布朗尼盒式相機開啓了攝影之路。據他所述，他在家族私有的小島上「發現了荒野所帶來的振奮力量」。該座小島位於緬因州的佩諾布思科特灣（Penobscot Bay），名為「大斯普魯斯黑德島」（Great Spruce Head Island）。而波特也是在那裡首次閱讀了梭羅的《湖濱散記》。從醫學院畢業十年後，波特放棄了醫學與科學，選擇成為一名攝影師。他的畫家妻子艾琳建議他將自己的作品與梭羅的寫作結合，因為她發現兩者十分相稱。波特聽從了她的建議，在之後的十年間於各個季節拍攝了美國東北部的森林、溪流、池塘與沼澤。

一九六二年，塞拉俱樂部出版了波特的名作《世界存乎野性》（In Wildness Is the Preservation of the World）。該書將波特於新英格蘭拍攝的彩色照片，與梭羅《湖濱散記》的篇章相互搭配。梭羅在一八五六年三月二十三日的那篇文章中寫道：「我欲結識大自然——試著了解她的心情與習性。」這段話同時總結了梭羅想達成的心願，以及波特透過攝影想反映出的意念。而波特的隨文照片則捕捉到深紅色的延齡草從枯葉堆中向外延伸。在該書的引言中，環保人士大衛・布羅爾（David Brower）提到波特和梭羅儘管相隔了一世紀，卻像是緊密伴隨著彼此旅行一般。梭羅於一八六二年五月去世的一百年後，波特的書才發行。然而，他的攝影作品卻能映證梭羅在那麼久以前的發現——即荒野之於人類心靈健康是不可或缺的提振劑。

三月二十四日

新世界的自然生態

想像自己是一位十八世紀初的歐洲博物學家，對於大海另一頭的「新世界」可能存在著哪些生物充滿了幻想。某個人註定要揹負著探索異地奇景的任務，並向舊世界分享自己在新世界的所見所聞。那號人物就是馬克・蓋茨比（Mark Catesby）。

蓋茨比於一六八二年或一六八三年的三月二十四日出生於英國，是一位自學藝術家兼博物學家。他曾於一七一二年至一七一九年間以及一七二二年至一七二六年間，兩度踏上北美東部的土地。他四處探索，留下大量筆記，而且一有機會就執筆寫生，藉圖說明自己在新世界看到的動植物。在一七二六年返回英國後，他耗費二十年投入於自己的兩卷本著作《卡羅萊納州、佛羅里達州與巴哈馬群島的自然歷史》（Natural History of Carolina, Florida, and the Bahama Islands），而這也是第一本記錄北美動植物群的出版書籍。蓋茨比是首位在自然歷史書中使用對開印刷色版的人，不過這並不容易。為了印出他在北美所製的水彩畫，必須要先將那些圖畫刻在銅版上才行。在缺乏資金、無法請專家協助的情況下，蓋茨比學會了這項技術，靠自己完成了兩百二十幅手工著色刻畫。

我們必須感謝蓋茨比所做的貢獻，某些人甚至稱他爲當代最偉大的英國自然歷史探索家。他對北美東部自然生態的生動描述與驚人藝術演繹，促成了更進一步的科學探索活動。北美有許多動植物的學名都是依蓋茨比而命名，使其名能永垂不朽，包括美洲牛蛙的學名Lithobates catesbeianus。

三月二十五日

彩色節慶

> 顏色是大自然的微笑。
>
> ——雷夫・杭特（Leigh Hunt），十九世紀英國詩人

有誰能不愛色彩呢？古老的印度色彩節慶「侯麗節」（Holi）盛行於印度、尼泊爾及南亞的其他地區，是個以色彩、友誼、音樂和舞蹈迎接春天到來的歡樂時刻。節慶日期依據印度曆法而訂，通常落在三月。參與民眾會穿著色彩鮮豔的衣服，互潑彩色的水以及互抹彩色的粉末。

當大自然爲某些動物披上大膽的顏色時，想必忍不住微笑吧！不過她這麼做有她的理由。山魈臉上的顏色——紫色與藍色的鼻側隆起處襯托著紅色的鼻梁——是爲了搭配臀部的紅色與藍色。孔雀翠綠色尾羽上展

現的藍、金與紅色「斑眼」，則是爲了引起雌性注意。變色龍和烏賊會反覆變色，與彼此溝通時，會變成引人注目的藍、綠、紅和黃色，僞裝自己時，則會變成低調的灰、棕、深褐和黑色。味道差或有毒的裸鰓類動物會用鮮艷的顏色警告潛在掠食者勿靠近：藍、綠、黃與黑色；粉紅色與紫色；紫色與黃色。有毒的青蛙同樣會爲了嚇跑敵人而變換粒狀皮膚的顏色，包括藍、紅、橘、藍綠、綠與金色，這些顏色經常會與黑色並置。人類相較之下就顯得單調許多，但至少我們還能用不同顏色的服飾打扮自己。

三月二十六日

動物目錄

康瑞德・格斯納（Conrad Gesner）於一五一六年三月二十六日出生於瑞士蘇黎世，是一名醫生，同時也是十六世紀最重要的博物學家。他的五卷本巨著《動物史》（Historiae animalium，出版於一五五一年至一五五八年間，以及一五八七年）被視爲「現代」動物學的先河。格斯納當時加入了少數幾人的行列，企圖讓直接觀察大自然的作法重新流行起來。在那之前，學者在寫作時，都十分仰賴經典思想家的作品，例如亞里斯多德、老普林尼與埃里亞努斯（Aelian）。

格斯納希望《動物史》——四千五百頁的動物百科全書——能提供精準且廣泛的動物王國編目。他設法從神話動物的故事中——包括獨角獸、人魚和蛇怪——辨別眞實動物及觀察眞相。他的書包含了超過一千幅手工著色的木刻版畫，而這些皆來自他與同事的觀察及其他參考來源，包括阿爾布雷希特・杜勒（Albrecht

Dürer）著名的「犀牛」版畫。該書也是史上首次利用插畫介紹自然界動物的分類書，其中有許多畫的描繪極其細膩，甚至能讓人分辨出畫中動物的物種。

據說格斯納知道自己大限將至時，要求別人帶他到自己最愛的圖書館，希望能死在書堆中。結果他在一五六五年死於瘟疫，享年四十九歲，剛好在他晉升為貴族階級的一年後。

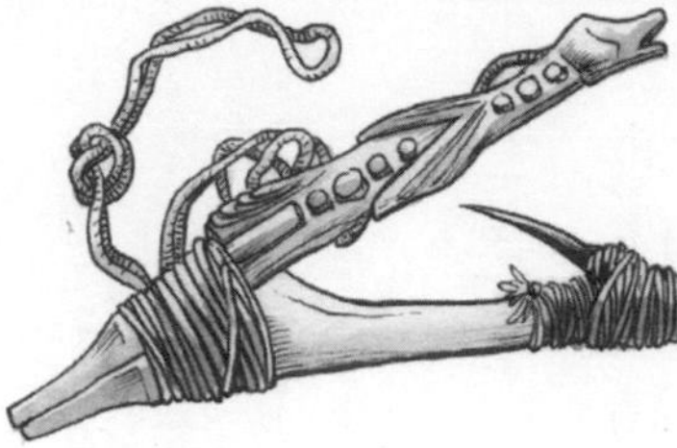

三月二十七日

神聖領域

在過去，許多居住於阿拉斯加東南沿海的特林吉特族（Tlingit），生活都圍繞著捕撈漁獲，包括魚類、貝類、海藻及海洋哺乳類。每到三月下旬，他們會開始捕撈大比目魚。在這場進入神聖領域前的考驗中，他們得冒險離岸數英哩來到外海，而在那裡很可能會遭遇巨浪襲擊。捕撈大比目魚很危險的另一個原因是這種魚體積大、力量也大，可重達一百二十磅（五十四公斤）或甚至更多。

為了確保能安全通過並順利捕到魚，特林吉特族的漁夫會借助於超自然力量，也就是刻有象徵圖案的魚鉤。他們將兩根雪松樹枝綑綁成V字形，長度約十二英吋（三十公分）。其中一根樹枝上裝有鐵鉤，另一根則刻上強壯動物的圖像，通常為渡鴉、河獺、潛鳥、章魚、大比目魚或人類，以象徵精神上的庇佑。在刻上圖像後，魚鉤就變成有效力的護身符了。漁夫相信動物圖像的靈魂會吸引大比目魚上鉤。他們會向魚鉤祈求能捕獲大比目魚，且一旦上鉤即緊緊鉤牢。

今日，特林吉特族的漁夫仍十分尊重傳統習俗，不只是捕魚，在料理魚的時候也是如此。在特林吉特族眼中，大比目魚特別珍貴，因爲那是他們在一年中首次吃到的新鮮魚類。對整個冬天都在吃魚乾的他們來說，這是很棒的改變。

三月二十八日

地位崇高的貓

有什麼是比貓對你的愛還要更棒的禮物？

——查爾斯・狄更斯（Charles Dickens）

逃離生活苦難的方法有兩種——音樂和貓。

——亞伯特・史懷哲（Albert Schweitzer）

在大約西元前二六〇〇年，埃及人馴養了受鼠類吸引而來到城裡的野貓。當時的人很可能刻意放置食物，吸引貓留下來保護糧倉免受鼠害。最終貓進入了室內，發現房子裡不但溫暖，又有穩定的食物來源。

埃及人崇拜貓，視其爲巴斯特（Bastet）的化身，即象徵生育、保護與母性的女神。巴斯特通常被描繪爲貓首女身，手持四弦叉鈴以驅逐邪靈。埃及人認為貓的地位神聖，對牠們無比尊敬。巴斯特的廟裡不僅有貓居住，木乃伊化的貓也被留下當作供品，以求獲得富饒與庇護。

儘管在今日，大多數人並不會眞的崇拜自己的貓，但許多人都認為牠們是最好的陪伴。據美國人道主義協會（Human Society of the United States）估計，美國有八千六百四十萬隻寵物貓。將近百分之三十五的家庭中至少會有一隻貓。三月二十八日是尊重貓日，不妨在這天多給你的貓一些特別的關注吧！

三月二十九日
與水仙共舞

我孤獨地漫遊，像一朵雲
在山丘與谷地上飄蕩，
突然間我看見一群
金黃色水仙成簇綻放；
在樹蔭下，在湖水邊，
迎著微風起舞翩翩。

——威廉・華茲華斯（William Wordsworth），
〈我孤獨地漫遊，像一朵雲〉（I Wandered Lonely as a Cloud）

如果你在三月出生，那麼可愛的金黃色水仙就是你的生日花了。水仙（水仙屬）用喇叭狀的花瓣宣告著春天的到來，令我們聯想到重生與嶄新的開始。水仙象徵快樂、尊重與友誼。作爲生命的象徵，它們也代表著癌症治癒的希望。每年三月，世界各地的癌症協會，包括加拿大防癌協會（Canadian Cancer Society）與美國癌症協會（American Cancer Society），在募款活動中都以水仙作爲主角，號召民衆支持防癌。

在古希臘與羅馬神話中，水仙代表單戀。根據其中一則神話所述，仙女艾可（Echo）看見十六歲少年納西瑟斯（Narcissus）獨步森林中。納西瑟斯是河神賽非瑟斯（Cephissus）之子，以美貌聞名，於是艾可立刻瘋狂迷戀上他。然而，納西塞斯輕蔑地拒絕了她，令她心碎到形影消逝，只剩下自己的回音留存於世。後來有一天，納西瑟斯在池邊喝水時，首次看見自己的倒影，對其美貌驚訝不已，結果愛上了自己。由於在情感上無法得到回報，他日漸憔悴而死。最後在他死去的地方，長出了一朵黃色的納西瑟斯，也就是水仙。

三月三十日

兔子的腳印

小時候當我在賓州時，感恩節當天，我的鄰居會在破曉前就起床，帶著一杯麵粉躡手躡腳地走到屋外。她會用指尖沾麵粉，在車道上畫出兔子來回移動的小腳印，假裝復活節兔子來了又走的足跡。

每到復活節，兔子就會帶著巧克力蛋和畫上裝飾的水煮雞蛋來送給小孩。這聽來荒謬的想法很可能是在一七〇〇年代時，由德國的新教徒移民傳入美國。在德國，孩童會在復活節到來前製作鳥巢，放在他們的鴨舌帽和無邊軟帽內。如果他們表現良好，被稱爲Osterhase的野兔就會把彩蛋留在鳥巢裡。在美國，看似較溫馴的復活節小兔子則取代了野兔，而且在復活節來臨時，除了會帶彩蛋外，還會有巧克力和其他糖果。兔子和野兔以繁殖能力著稱，因此長久以來都是富饒的象徵，而蛋則向來代表著新生。春天和復活節都是生機煥發、降臨新生、嶄新開始與恢復活力的時刻。因此，就象徵意義而言，兔子與彩蛋的組合似乎再自然不過，畢竟復活節也是基督教慶祝耶穌復活的節日。

復活節是春分滿月過後的第一個星期日。由於東西半球估算日期的結果會有所差異，因此復活節兔子會在不同天現身德國和拜訪賓州小孩。

三月三十一日

自然的音樂饗宴

大自然除了爲文學與視覺藝術提供靈感外，在音樂之中也無所不在。縱觀歷史，作曲家就曾在一些我們特別喜愛的古典樂曲中，融入大自然的聲音，以及那些聲音的音調、節奏和質感。約瑟夫・海頓（Joseph Haydn）的《青蛙四重奏》就是其中一例。這首作品編號50-6的《D大調第四十　號弦樂四重奏》經常被稱爲「青蛙」，因爲在終曲樂章中，第一小提琴手來回撥動兩根相鄰的弦，交替彈奏出同一個音符，聽起來就像青蛙呱呱的叫聲。三月三十一日正好是海頓的生日，他在一七三二年出生於奧地利。

其他出現在古典音樂中的自然寫照包括韋瓦第《四季》中吠叫的狗、夏天的雷雨、窸窣的落葉與飄落的白雪；貝多芬《月光奏鳴曲》中盧澤恩湖（Lake Luzerne）的月光倒影；韋瓦第《D大調長笛協奏曲》（別名《金絲雀》）中的鳥囀；德布西《大海》中的海浪。羅西尼的《威廉泰爾序曲》以奔馳的馬作爲特色，而林姆斯基高沙可夫的《大黃蜂的飛行》則模仿瘋狂、混亂的大黃蜂飛行情景。畢伯的《描繪奏鳴曲》表現出杜鵑、夜鶯、母雞、公雞、鵪鶉、青蛙與貓的叫聲。貝多芬的《第六號交響曲》又稱爲《田園交響曲》，其中的主角則是流水、鳥鳴，以及伴隨著強風閃電、逐漸來襲的暴風雨。另外，當然也少不了普羅高菲夫《彼得與狼》和聖桑《動物狂歡節》中各式各樣的動物擬聲。人類的創意總是自然地反映出我們的周遭環境。

April
四月

四月一日

愚人節快樂！

對某些動物來說，一旦遭掠食者察覺，最有效的防守方式就是嚇唬或矇騙對方。負鼠和豬鼻蛇會裝死。角蜥和兔子會蹲下不動，螳螂則相反：牠們會昂首挺胸，翅膀呈扇形展開，張開前腳擺出威脅對方的姿態，架勢令人印象深刻。臭鼬會噴出惡臭液體，管鼻　雛鳥會噴出腥臭胃油。蟾蜍會撒尿，襪帶蛇會排便。駱馬會口吐白沫，電鰻會釋放電流。螃蟹、海星和蜥蜴分別會斷腿、斷臂和斷尾，留下這些扭動的身體部位然後逃跑。

某些動物為了欺騙掠食者，會偽裝成難以下嚥的物體或大型、危險的動物。眼蝶幼蟲看起來就像一坨新鮮的鳥糞，螽斯的顏色和形狀則像小樹枝或被蟲咬過的樹葉。有些章魚看起來就像石頭，有些則會改變形狀和顏色，讓自己看起來像有毒的海蛇。某些西非的食蟲椿象幼蟲會將獵物的屍體堆在背上，例如螞蟻、白蟻和其他昆蟲。若是被掠食者識破，食蟲椿象幼蟲就會丟下自己的屍體背包落跑。貓頭鷹蝶、長尾水青蛾和四斑蝴蝶魚會閃現大大的假「眼點」，讓對方誤以為自己是體型大上許多的動物。

大自然有時會遵循尼可洛・馬基維利（Niccolò Machiavelli）的忠告：「靠欺騙能取勝時，絕不要靠武力」（《君主論》，一五三二年）。愚人節快樂！

四月二日

很久、很久以前

看一本書就像吃一片洋芋片一樣。

——戴安・杜恩（Diane Duane），《所以你想當一名巫師》（So You Want to Be a Wizard）

小時候你最喜歡的書是什麼？《愛花的牛》？《好餓好餓的毛毛蟲》？《如果你給老鼠吃餅乾》？《戴帽子的貓》？《小熊維尼》？還是《好奇猴喬治》？等你長大一點的時候呢？《杜立德醫生》？《小不點斯圖爾特》？《獅子、女巫、魔衣櫃》？《夏綠蒂的網》？《小豬奧莉薇》？《森林王子》？《野性的呼喚》？還是《安徒生童話故事》？在全世界，許多受人喜愛的童書都以動物作為主角，而這一點也不令人意外。孩童總是能與故事中的動物建立起恆久的友誼。

自一九六七年起，「國際童書日」（International Children's Book Day）每年都訂在四月二日——漢斯・克里斯汀・安徒生的生日——當天或前後，希望能喚起人們對閱讀的熱愛以及對童書的關注。童書日的主辦機構是國際少年兒童讀物聯盟（International Board on Books for Young People，簡稱IBBY），一個由世界各地的愛書人所組成的非營利組織，致力於拉近孩童與書本的距離。

IBBY於一九五三年創立於瑞士蘇黎世，目前在七十五個國家設有分會，座右銘為「每個孩子都有成為讀者的權利」。童書日當天會以各式各樣的方式慶祝，包括童書作者的相關活動與寫作比賽，而讀書給孩子聽當然也包含在內。

四月三日

健行去

目前，在這附近最好的一部分土地不是私有財產；風景不屬於任何人，而散步者則享有相對的自由。但很可能終有一天，這片土地會被分隔成所謂的遊樂場，在那裡只有少數人會獲得狹隘且排外的樂趣——屆時圍籬的數量將倍增，還會有人的牢籠，以及用來限制人於公共道路上的其他發明；行走於上帝的土地上，將被視為非法入侵某位紳士的領地。

——亨利・大衛・梭羅，《散步》（Walking，一八六二年）

梭羅每天至少會散步四小時。他發現只要沒散步，他就寫不出東西。令人遺憾的是，梭羅對民間地主攫取公共土地的預感已成眞。如今，超過六成的美國土地爲私人所有，在某些州內甚至超過九成。「禁止進入」與「私人土地」的告示警告著人們要離遠一點。

反觀某些歐洲國家，行經私人土地是完全可接受的行爲。蘇格蘭人甚至稱之爲「漫遊的權利」。二〇〇三年的《蘇格蘭土地改革法案》（Scottish Land Reform Act）開放了整個國家，供民衆騎登山車、騎馬、划獨木舟、游泳與露營所用，只要「負責任地」進行這些活動就沒問題。

四月的第一個星期三是「全美散步日」（National Walking Day），一項由美國心臟協會（American Heart Association）所發起的活動。你可以在這天呼吸點新鮮空氣，欣賞周圍的風景。不過萬一闖入私人土地，可得小心那些持槍的地主。在美國大部分的土地上，我們並沒有散步的權利。

四月四日

鼠老大

「老鼠專家」（Ratlist）是一個在一九九九年創立的線上論壇，讓民眾能針對他們的寵物鼠提問與答覆。至二〇一七年八月爲止，已經有超過兩千三百位飼主成爲會員。二〇〇二年，會員們發起了「世界老鼠日」（World Rat Day），以表揚老鼠這種既聰明又重感情的寵物。直到現在，世界老鼠日仍訂於每年四月四日慶祝。

印度拉賈斯坦（Rajastan）的卡爾尼瑪塔神廟（Karni Mata Temple）每天都由老鼠「管轄」。這間華麗的印度廟宇裡約有兩萬隻黑鼠（學名Rattus rattus）受人供養與崇敬。根據傳說，卡爾尼・瑪塔是屬於恰倫（Charan）吟遊詩人種姓的印度女戰神。爲了幫助家族中的一位吟遊詩人挽回已死的兒子，卡爾尼・瑪塔允諾死神，所有的男性吟遊詩人在死後，都將轉世成爲她廟裡的老鼠。而廟裡的每一隻老鼠在死後，又會重新轉世回到恰倫

這個種姓階層。印度各地都有民眾專程前來這間神廟朝拜。廟裡禁止穿鞋，而且訪客也希望老鼠從他們的腳上跑過，爲他們帶來好運。不過他們最大的心願是看到數量稀少的白老鼠，因爲他們相信那些白老鼠是卡爾尼・瑪塔與她家族成員的化身。訪客會注意不要踩到老鼠，因爲如果不小心把老鼠踩死了，肇事者必須購買銀製或金製的老鼠小雕像，留在廟中作爲補償。

四月五日

櫻花綻放時

自一九三五年起，華盛頓哥倫比亞特區每年都會舉辦櫻花節，以紀念美國與日本之間的友誼。開花高峰期的時間並不一定，但通常會在四月五日當天或前後。來自世界各地的訪客會在這段期間，前來欣賞這三千八百株開滿粉白嬌嫩小花的櫻花樹。

這些櫻花樹是來自日本的禮物。櫻花在日本代表著生命的美與脆弱——奇妙卻又如悲劇般的短暫。一九〇九年四月，高峰讓吉博士（發現「腎上腺素」的日本化學家）造訪華盛頓。他聽說來自賓州一間育幼院的櫻花樹即將移植到波多馬克河（Potomac River）沿岸，便詢問當時的第一夫人海倫・塔夫脫（Helen Taft），是否願意接受東京市捐贈額外的兩千株櫻花樹，作爲友好的表示。塔夫脫女士接受了這項提議，於是在一九一〇年一月初，兩千株櫻花樹從日本抵達華盛頓。然而，美國農業部發現這些樹感染了蟲害與線蟲病後，便將樹燒毀以保護當地樹農。東京市長再度提出捐贈——這次是三千零二十株。健康的櫻花樹最後在一九一二年三月抵達。（原本來自賓州育幼院的那些樹是栽培品種，很早就枯死了。）

扦插繁殖能用來維護日本櫻花樹的遺傳譜系。美國用一九一二年送來的樹成功繁植後，又在二〇一一年將大約一百二十株新樹送給了日本，以延續互相餽贈的傳統，達成櫻花樹作為友誼象徵的使命。

四月六日

向蝙蝠道謝

在德州奧斯汀（Austin）的夏天，每到日落的前一刻，超過一千五百萬隻墨西哥游離尾蝠（Mexican free-tailed bat）就會從國會大道橋（Congress Avenue Bridge）下蜂擁而出。這一大群蝙蝠飛進夜裡，捕食蛾、蚋、蚊子和其他會飛的昆蟲。拍著翅膀的暗黑大軍對比著灰藍色的天空，形成了一幅超現實的畫面。

四月第一個完整的星期是美國的「蝙蝠感謝週」（Bat Appreciation Week）。蝙蝠以破壞作物的昆蟲為食，減少我們所需的殺蟲劑用量。牠們也會吃蚊子，進而降低疾病的傳播，包括西尼羅河病毒（West Nile Virus）和茲卡病毒（Zika）。此外，蝙蝠會為香蕉、番石榴、芒果與龍舌蘭傳授花粉，也會散播種子，幫助森林再生。

蝙蝠值得感謝的原因還不只這些。對中國人而言，五隻蝙蝠聚集在一起代表「五福」：長壽、富貴、康寧、攸好德、考終命。從古至今，可見蝙蝠的圖案出現在中國的繡帷、藝品與家飾上，象徵幸福與好運。狐蝠（「會飛的狐狸」）在東加王國被視為一種神聖的動物，是國王的法定財產。芬蘭的民間傳說描述蝙蝠是睡著的人的靈魂，使其得以在夜間探索；蝙蝠的靠近被解讀為朋友或家人的靈魂前來探訪，因而受到歡迎。馬克・吐溫在自傳（第一卷）中甚至寫道：「蝙蝠既柔軟又光滑；用正確的方式對待牠時，我不知道還有什麼動物能比牠的觸感更好，或是摸起來更令人愉快。」

四月七日

與自然重新連結

這世界對我們來說太過沉重；不管在過去或未來，
總是忙著賺錢與消費；我們荒廢了自己的感官能力；
感受不到大自然其實屬於我們；
我們把自己的心都送出去了，這是多麼悲慘的恩惠啊！
——威廉・華茲華斯，〈這世界對我們來說太過沉重〉（The World Is Too Much with Us）

威廉・華茲華斯是受人愛戴的英國浪漫主義詩人，出生於一七七〇年的這一天。一七九八年，他和塞繆爾・泰勒・科勒律治（Samuel Taylor Coleridge）共同發行了《抒情歌謠》（Lyrical Ballads），一部為英國文學展開浪漫主義運動的詩集。這兩位詩人的目的是透過日常語言，讓大家能更親近詩。在這部詩集中，許多首詩的主題都是期望能藉由與自然重新連結，過一種更簡單的生活。

華茲華斯在後期的大部分詩作中，也延續著這個主題。在一八〇七年發行的〈這世界對我們來說太過沉重〉中，華茲華斯責怪自己的同胞在工業革命時期爲了消費主義而活，太沉溺於「賺錢與消費」之中，並暗示人們因爲無法擁有自然而與之疏遠。他鼓勵大家與自然建立情感，欣賞海、風和花的美。華茲華斯在這首詩裡所表達的哲學觀，與今日的我們甚至更爲貼近，畢竟被消費主義吞噬已變得如此容易，二十四小時都有線上商店隨時待命，準備向我們兜售任何一切商品。

四月八日

畫一隻鳥

根據澳洲原住民神話的描述，在很久以前，一道出現在大地上方的彩虹裂成了一千塊碎片。這些顏色、大小和形狀皆不同的碎片墜落時，變成了紅、橙、黃、綠、藍、靛、紫色的小鳥。鳥兒一邊拍打著翅膀，一邊歡樂地歌唱。笑翠鳥發出宏亮的笑聲，楔尾鵰則試著追逐太陽。四月八日是「畫一隻鳥日」（Draw a Bird Day）。如果你需要靈感，或許這則神話能激發你的創意。

一九四三年，七歲大的朵莉・庫柏（Dorie Cooper）到英國的一間醫院探視舅舅。她的舅舅被地雷炸斷了一條腿。爲了讓他開心，朵莉要他爲自己畫一隻鳥。看著舅舅畫的鳥，她笑說儘管不太好看，還是會把畫掛在自己的房裡。朵莉的坦率與接納令舅舅和其他受傷的士兵都打起了精神。每次只要她來探視，士兵們就會爲她畫畫。沒過多久，牆上就貼滿了色彩繽紛的鳥。三年後，朵莉因車禍而去世，於是那些原本在她舅舅病房裡由士兵、護士及醫生所畫的鳥，就全都移置到她的棺材裡了。

自從朵莉去世後，世界各地的人都開始在她生日這天畫鳥，除了藉此讚頌鳥類外，也爲了表揚這個帶給傷兵希望的小女孩。作法很簡單：只要畫一隻鳥，再和某人分享你的畫就行了。

四月九日

吵蚯蚓

歡迎來到歷史悠久的佛州索普喬皮（Sopchoppy）市中心，參加每年四月第二個星期六所舉行的「索普喬皮吵蚯蚓節」（Sopchoppy Worm Gruntin'Festival）。吵蚯蚓（亦稱爲「誘捕蚯蚓」〔worm charming〕）是一種收集蚯蚓作爲魚餌的古老技法，近來更演變成爲一種競賽活動。

要怎麼吵蚯蚓呢？首先把一根木樁打進土裡，接著用鐵片或鈍鋸來回摩擦木樁上方，造成的泥土震動會使蚯蚓逃離地道鑽出地面。這是因爲以蚯蚓爲食的鼴鼠挖地時也會產生震動，因此才引發蚯蚓的逃離反應。人類並不是唯一會吵蚯蚓的動物。許多種類的鳥會兩腳交替踩踏地面，例如海鷗。木紋龜也會用兩隻前腳重踏地面以捕食蚯蚓。

索普喬皮吵蚯蚓節自二〇〇二年起舉辦至今，除了吵蚯蚓以外，現場也有音樂表演、吵蚯蚓舞會、食物與手工藝品販賣，以及年度吵蚯蚓國王與皇后加冕典禮。如果去加拿大比較方便，也可以參加六月在安大略舉辦的「加拿大誘捕蚯蚓大型錦標賽」（Great Canadian Worm Charming Championship）。如果你住在歐洲，英國西南部的布萊考頓村（Blackawton）在五月初會舉辦「國際誘捕蚯蚓節」（International Worm Charming Festival），屆時將與「眞艾爾啤酒節」（Real Ale Beer Festival）同時進行。另外，英國的柴郡（Cheshire）在六月則會舉辦「世界誘捕蚯蚓錦標賽」（World Worm Charming Championship）。

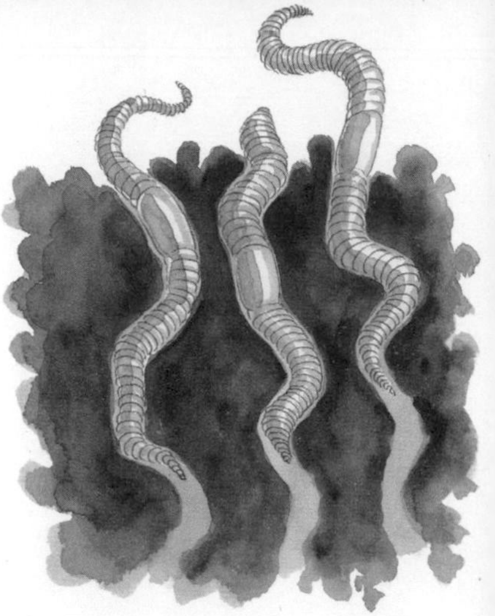

四月十日

植樹

樹是大地不斷向天空傾訴的成果。

……

樹是長了翅膀的靈魂，從種子的束縛中解放，穿越未知，追求著人生的冒險之旅。

——拉賓德拉納特．泰戈爾（Robindranath Tagore），孟加拉詩人與哲學家，《流螢集》（Fireflies）

樹能提供氧氣並吸收二氧化碳，減少地表逕流與沖蝕，減弱風勢，以及降低噪音汙染。樹也能爲動物提供住所，生產果實作爲野生動物和我們的食物。樹的優美、力量與長壽也是我們的靈感來源。

一八五四年，新聞記者朱利爾斯・斯特林・莫頓（Julius Sterling Morton）與他的新婚妻子從密西根搬到內布拉斯加。他們倆人都熱愛大自然，很快地就開始在他們一百六十英畝的土地上種起花、灌叢和樹木。莫頓成為內布拉斯加一流報社《內布拉斯加城市新聞報》（Nebraska City News）的編輯，定期撰文鼓勵民眾植樹防風，並預防平原因幾乎無樹而流失土壤。後來，莫頓在一八七二年四月十日創立了第一個「美國植樹日」（American Arbor Day），旨在種植樹木與欣賞樹木的價值。當天，據估內布拉斯加州共種植了一百萬棵樹。最後，美國五十州的居民也紛紛響應植樹日開始種樹，每年舉辦的日期視天候而定。

一九七〇年，尼克森總統宣布四月的最後一個星期五為「全美植樹日」（National Arbor Day）。從澳洲到尚比亞，世界各地都有類似的節日，包括韓國的「愛樹週」（Tree-Loving Day）、日本的「綠化週」（Greening Week）、坦尚尼亞與烏干達的「全國植樹日」（National Tree Planting Day），以及哥斯大黎加與墨西哥的「植樹日」（Dia del Árbol）。

四月十一日

喜悅與離別

香豌豆踮起腳尖等待綻放；
纖弱的白色翼瓣上泛著紅暈，

尖細的手指試圖抓住一切
再用微小的花環圈住。
——約翰・濟慈（John Keats），〈我踮著腳尖站在小山丘上〉（I Stood Tip-toe upon a Little Hill）

英國浪漫主義詩人濟慈（一七九五年至一八二一年）是第一個以sweet pea稱呼香豌豆（學名Lathyrus odoratus）的人。香豌豆是一種帶有清甜香味的攀緣植物，自十七世紀起開始培育。野生的香豌豆會開出深紫色的花，栽培品種的花色則包括紫、白、淡藍、粉紅，以及雙色相間。對四月出生的人來說，香豌豆是他們的生日花。

在維多利亞時期，香豌豆的花語是喜悅與離別。若是用香豌豆向接待賓客的主人道別，意思就是「謝謝你帶來這段美好的時光」。在這個禮俗保守的時期，一位淑女若是在身上穿戴香豌豆，就有可能是在向情人暗示「和我見面」而引發醜聞。如今，父母則會在女兒婚禮當天送她香豌豆，象徵「悲喜交集」的離別。

我們會用sweet peas稱呼自己的小孩、寵物和伴侶，以表示親密，就和honey bunch或sweetie pie的用法相同。這種用來表達情感的暱稱，也反映出香豌豆的芬芳與美麗。

四月十二日
大自然是靈感的泉源

毛蟲吐出絲囊
安息於其中的同時，基因
不斷閃爍，就像
彈珠檯上的燈光。若每個細胞內
蘊含了整組序列，
以決定這個生物的種類和身分，
特定的一簇細胞
是如何知道要排列在一起
轉化成翅膀，然後熄燈的同時
另一簇細胞點亮
為這個生物的血液注入
翠綠色素，一波波的顏色
湧入翅膀的鱗片——黑、橙、
白——每一區只接收一種
註定要成為的顏色……

——艾莉森・霍桑・德明（Alison Hawthorne Deming），《君主：詩序》（The Monarchs: A Poem Sequence）

科學的目標是發掘與解釋自然世界的眞相。詩則旨在探索想法、感受、體驗、感覺與情緒。在洞察與解析自然的過程中，兩者並非對立，而是互補。自然歷史中的主觀臆斷介於科學與詩之間，因爲觀察者的知識、先驗與價值信仰會「過濾」他對自然的觀察。科學家、博物學家與詩人，這三者皆關注於自然的形態與歷程。

四月是美國與加拿大的「全國詩月」（National Poetry Month），這是由美國詩人學會（Academy of American Poets）於一九九六年發起的活動。何不以全國詩月作爲契機，欣賞那些從大自然獲得靈感的詩人創作，例如黛安・艾克曼（Diane Ackerman）、艾莉森・戴明、拉爾夫・瓦爾多・愛默生（Ralph Waldo Emerson）、羅伯特・佛洛斯特（Robert Frost）、梭羅，以及華茲華斯？

四月十三日

活力無窮

在阿拉斯加最東南的城市凱奇坎（Ketchikan），整個四月都是「阿拉斯加蜂鳥節」（Alaska Hummingbird Festival）。此一節慶的目的是歡迎棕煌蜂鳥從美國南部和中美洲歸來，這趟遷徙之旅來回距離可達一萬兩千英哩（一萬九千三百一十二公里）。到了三月中，棕煌蜂鳥會陸續抵達，接著到四月中時，凱奇坎四處可見牠們在吸花蜜和餵鳥器的糖水。在這個節慶中，民眾有機會觀賞、描繪和拍攝這些看起來很快樂又靜不下來的小傢伙——倒著飛、長時間盤旋，甚至在空中跳舞。

數個世紀以來，蜂鳥一直爲我們帶來歡樂與驚奇。歐洲人初次見到蜂鳥時，以爲這些色彩斑斕的新世界珍寶，是大型嗡嗚昆蟲與微型鳥類雜交而來。蜂鳥對我們而言代表勇氣，因爲許多種類的蜂鳥都具有領域性，會強勢地捍衛自己的花圃。牠們會追逐其他蜂鳥，有時還會打架，不過通常只會掉一兩根羽毛而已。任何有蜂鳥餵食器的人都知道，有時一隻鳥會看守著餵食器，不願與其他糖水癮君子分享。牠們的耐力與堅持著實令人佩服。體型小約三至五吋（七・六至十二・七公分）的紅喉蜂鳥在北美繁殖，但每年秋天會飛到墨西哥南部或中美洲過冬。某些蜂鳥會直飛越過墨西哥灣，距離長達五百英哩（八百零五公里）——持續飛行十八至二十二個小時。如此看來，蜂鳥亦象徵「使命必達，即使面對的是看似不可能的任務」。

四月十四日

助人的快感

爲何有些動物喜歡伸出援手？草原犬鼠爲了警告同伴危險會發出叫聲，但這麼做反而可能使自己引起注意。吸血蝙蝠會反芻血液分享給群體中飢餓的同伴。由於這種蝙蝠二至三天內不進食就會餓死，因此分食共享對沒找到食物的倒楣鬼來說至關重要，然而捐贈者卻可能因此危及自己的健康。對許多物種來說，「利他行爲」——在可能會造成自身損害的情況下創造他人利益——較常發生在有親緣關係的個體之間，如此一來對利他者與受惠者的基因存續都有益處。某些物種則會展現「互惠利他行爲」——你幫我抓背，我也會幫你抓背。

四月是「全美志工月」（National Volunteer Month）。英國慈善援助基金會（Charities Aid Foundation）自二〇一〇年起，委託蓋洛普（Gallup）民調公司針對受訪者在前一個月內的三種善行——捐款、擔任志工、幫助陌生人——收集資料，藉以發表世界行善指數（World Giving Index）。一個國家的捐助指數就是這三種善行的百分比平均值。就二〇一七年的指數來說，來自一百三十九個國家共有超過十四萬六千人接受調查（平均一個國家就有超過一千人）。其中最樂於行善的國家分別爲緬甸（百分之六十五）、印尼（百分之六十）和肯亞（百分之六十）。

互助似乎是人類精神的一部分。樂觀的解釋是由於人類社會奠基於合作，因此幫助他人很可能是出自本能。另一種較悲觀的解釋則是人類爲了符合社會期望而互助。不論哪種說法是對的，只要自願爲他人付出時間、精力和才能，都能從中獲得「助人的快感」。

四月十五日

貓女神

每年的四月十五日，數千名古埃及人會搭船前往尼羅河三角洲（Nile Delta）東南的布巴斯提斯（Bubastis）朝聖，以紀念貓女神「芭絲特」（Bast或Bastet）。朝聖者會在河上以歌唱、跳舞、演奏音樂的方

式狂歡。一旦抵達布巴斯提斯，他們會盡情享用大餐，在慶典期間喝的酒也比這一年中的其他日子加起來還要多，因爲替這位女神慶祝的方式就是得喝醉。這就是「芭絲特節」（Festival of Bast），又稱爲「醉酒節」（Festival of Intoxication）。根據希臘歷史學家希羅多德（Herodotus，西元前四八四年至四二五年）所述，芭絲特節是最歡樂的古埃及慶典，吸引多達七十萬人前來縱酒狂歡。

四月十六日

插畫何其重要

在西元前三千年至兩千年間，人們不是將芭絲特描繪成強悍母獅，就是獅首女身。就其身分的眞正意義而言，她是一名女戰神，也是下埃及[01]的守護者。在西元前九四五年至七一五年間的某個時刻，這位女神的形象從母獅轉變成爲家貓，即貓首女身。在那樣的身分轉變下，她因而展現出家貓的嬉鬧、感情與狡猾——但仍保有獅子的力量。祭司會在芭絲特廟裡飼養地位神聖的貓，將其視爲貓女神的化身。每一隻貓在死後會被製成木乃伊獻給芭絲特。在一八八七年至一八八九年間，考古學家發掘出這座位於布巴斯提斯的神廟，同時也發現了超過三十萬隻木乃伊貓。此一木乃伊藏匿處反映出古埃及人對貓的尊敬，以及對貓女神的崇拜。

一幅圖畫確實勝過千言萬語，尤其是對童書而言。一九一二年四月十六日是童書插畫家加斯・威廉斯（Garth Williams）的生日。他出生於紐約市，父母皆爲全職藝術家。當威廉斯還是蹣跚學步的幼兒時，有天他的父親看見他在窗戶的凝結水氣上畫了一棵樹——早在當時，這個孩子就已顯露出繪畫天分。長大後，威廉斯替將近一百本書畫插畫，其中有許多都成爲美國兒童文學的經典著作。

威廉斯在《小不點斯圖爾特》、《夏綠蒂的網》、《弗朗西斯該睡覺了》（Bedtime for Frances）、《毛茸茸家族》（Little Fur Family）、《等待月圓的時刻》（Wait Till the Moon Is Full）等書中所描繪的動物，深受世世代代兒童的喜愛。老鼠、豬、浣熊、兔子、熊、小貓、蟋蟀和蜘蛛都成了孩子的好朋友。威廉斯希望能藉由自己的插畫，喚醒孩子的幽默感、對世界的興趣，以及對生命的感悟。

二〇一二年，社會學家J・艾倫・威廉斯（J. Allen Williams）和他的同事發表了一項研究，針對一九三八年至二〇〇八年間共兩百九十六本獲得凱迪克獎（Caldecott Prize）金牌獎與榮譽獎的童書，檢視當中的插畫。他們發現與自然相關的圖畫（野生動物與自然環境）明顯減少，與「建構環境」相關（人爲建築，例如家）的圖畫則變多了。根據這群社會學家的推測，此一趨勢反映出我們因電視、都市化及其他因素而與大自然越來越疏遠。這個世界需要更多像加斯・威廉斯這樣充滿熱情的藝術家，以鼓勵孩子擁抱大自然。

01 埃及在前王朝時期以孟斐斯（Memphis，即現今的開羅）為界，將尼羅河上游地區稱為「上埃及」，下游地區則稱為「下埃及」。

四月十七日

美洲黑熊

「泰許河口灣黑熊節」（Bayou Teche Black Bear Festival）在四月的第三個週末於路易西安那州的富蘭克林（Franklin）舉辦。過去曾有一段時間，當地的原住民奇蒂馬恰族（Chitimacha）仰賴路易西安那黑熊以取得皮草、肉與脂肪，而黑熊在他們的文化與宗教傳統中也具有崇高地位。隨著現代槍枝的引進，黑熊的數量銳減。如今，多虧了政府採取保護措施，數量才又開始回升。黑熊節能提供機會讓民衆去了解路易西安那黑熊，同時也能享受音樂、美食與郊遊。主辦單位更建議民衆帶著自己小孩最愛的泰迪熊前來。

爲什麼要帶泰迪熊參加黑熊節呢？原來是因爲黑熊是第一隻泰迪熊誕生的靈感來源。泰迪熊是依據美國總統西奧多．「泰迪」．羅斯福（Theodore Teddy Roosevelt）所命名。一九〇二年十一月，羅斯福在密西西比州獵美洲黑熊。當時，幾位狩獵成員已獵到黑熊，但羅斯福仍無所獲。爲了不讓他落後，這幾位獵人跟蹤到一隻黑熊，用棍棒打傷牠後，將牠綁在一棵柳樹上，好讓總統能射殺牠。但羅斯福看到那隻熊後拒絕開槍，認爲這麼做有失運動家風範。最後，他命令別人替那隻熊終結了悲慘的命運。這件事傳開後，羅斯福所展現的同情心爲玩具商莫里斯．米奇湯姆（Morris Michtom）（美國）與理察．史泰福（Richard Steiff）（德國）帶來靈感，使他們於一九〇三年分別設計出史上第一隻泰迪熊。

四月十八日

零錢救貓熊

大貓熊的食物中百分之九十九是竹葉。在一個生態平衡的世界裡，當竹子從貓熊的森林中消失時，牠們就會遷徙到更好的地點。然而在現實情況中，貓熊的森林正因爲棲地破壞與零碎化而逐漸縮水，而牠們通常也沒有別的地方可去。另外，由於竹子的生長周期落在三年至一百多年之間，造成開花時間不定，因此也導致問題加劇。大多數種類的竹子會「同步大量開花」（mass flowering），即一大片的竹子在數年或更短時間內集體開花。竹子開花後會生產種子然後枯死，而種子則需要許多年的時間才會發芽。因此，儘管竹子發芽後的生長快速，然而竹林的再生依舊十分緩慢。在一九八〇年代早期，中國西南部的竹林開始開花後，大貓熊也因而陸續餓死。

世界野生動物基金會（World Wildlife Fund）發起了一項名爲「零錢救貓熊」（Pennies for Pandas）的募款活動，並邀請美國第一夫人南西・雷根（Nancy Reagan）擔任全國榮譽主席。她呼籲學校孩童捐獻零錢，爲中國快要餓死的貓熊提供食物。一九八四年四月十八日，雷根女士收到了一張將近一萬美元的支票，而這筆款項全是由孩童所捐獻的。在接下來的一週，她與雷根總統前往中國時，將這張支票與兩台吉普車送給了中國野生動物保護協會（China Wildlife Conservation Association）。

持續進行的保育運動有了成效。一九八五年至一九八八年間的調查估計野生貓熊有一千一百一十四隻，到了二〇〇四年增加至一千五百九十六隻，而最近一次的統計（二〇一四年）則爲一千八百六十四隻。二〇一六年九月，大貓熊終於從國際自然保護聯盟的「瀕危」名單移至「易危」（Vulnerable）。

四月十九日

從滅絕的危機中挽回

加州神鷲不僅是北美最大，也是世界上極其稀有的鳥類，兩翼展開的寬度達九・五英呎（二・九公尺）。儘管這種雄偉的大鳥曾一度在北美多處的上空翱翔，然而牠們的數量到了一九五〇年代卻大幅銳減，原因包含棲地破壞、偷獵、輸電線，以及吃了含有鉛彈的動物屍體而鉛中毒。

到了一九八二年，僅剩二十三隻加州神鷲存活。爲了使其免於滅絕，生物學家在聖地牙哥動物園和洛杉磯動物園發起了圈養繁殖計畫。一九八七年四月十九日，最後一隻僅存的加州神鷲被帶離野外。神鷲在這兩間動物園裡下蛋，並且在定期圈養繁殖後再度野放。到了二〇〇八年，在野外自由翱翔的加州神鷲已經比仍在圈養的還要多。而到了二〇一六年底，野外的神鷲已達兩百七十六隻，圈養的則爲一百七十隻。

對加州原住民維約特族（Wiyot）來說，神鷲象徵「人類的重生」，而這樣的信仰也反映在他們所流傳的神話中：造物主（Gouriqudat Gaqilh）對人類的惡行感到憤怒，於是發洪水淹沒了整片大地。結果唯一倖存的神鷺創造出一個新的世界——已洗滌罪惡的人類也包含在內。維約特族因神鷺的拯救而翻轉命運，如今神鷺也因人類的介入而重獲新生……至少暫時是如此。加州神鷺目前仍列爲「極危」物種，主要是因爲一直都有神鷺食腐肉而鉛中毒的事件發生。

四月二十日

星期五是吃魚日

一九六〇年代早期，盧・格羅（Lou Groen）在俄亥俄州的辛辛那提（Cincinnati）擁有一間麥當勞加盟店。他的店位於一個百分之八十七都是天主教徒的社區，每到星期五，賣出的漢堡總是少得可憐，一天下來只賺進七十五美元。因此，他想出了賣魚堡這個方法。格羅向公司老闆推銷自己的點子，但老闆卻有自己的想法：「呼拉漢堡」（Hula burger），作法是將炭烤鳳梨圈放在融化的起司片和麵包上。老闆與他達成協議，在一九六二年四月二十日星期五當天，各自在選定的地點販售這兩種漢堡，賣得較好的就能加入麥當勞的菜單。結果，那天的比數是呼拉漢堡六個，麥香魚（Filet-O-Fish）三百五十個。於是，麥香魚在一九六五年成爲了麥當勞的主要產品。

二〇一三年一月，美國麥當勞（McDonald's USA）宣布將在全國所有據點販售的魚堡包裝上，貼出海洋管理委員會（Marine Stewardship Council，簡稱MSC）的藍色永續生態標籤。這意味著他們所使用的魚（捕撈的野生阿拉斯加狹鱈）能追蹤魚場來源，且該魚場需符合MSC對永續漁捕活動的嚴格標準。魚場若要獲得MSC認證，則必須確保經營方式能使漁捕活動無限期持續下去；其生態系統的架構、功能、生產力與多樣性都必須對環境造成最小衝擊；所有相關法令都必須遵守；其管理系統也必須在變動的環境中發揮效力與即時應對。由於麥香魚每年的銷售量都超過三億個，因此麥當勞使用永續漁捕的阿拉斯加狹鱈，對老主顧來說傳遞出一則很有力的信息。

四月二十一日

母狼育嬰

西元前七五三年四月二十一日相傳是羅馬創立的日子。根據傳說，阿穆留斯（Amulius）篡奪了哥哥努米多（Numitor）——亞爾巴龍伽國王（King of Alba Longa）——的王位。爲了避免子嗣威脅，阿穆留斯殺了努米多的兒子，並逼迫他的女兒雷亞（Rhea）成爲守貞女祭司。後來，或許是因爲破戒或被強暴的緣故，雷亞生下了一對雙胞胎男孩，羅穆路斯（Romulus）與雷穆斯（Remus）。而他們的父親據說是戰神瑪爾斯（Mars）。

阿穆留斯監禁了雷亞，並派一名僕人將這對雙胞胎丟進台伯河（Tiber River）中。結果僕人沒這麼做，而是將他們棄置在河邊。台伯河漲水將雙胞胎沖至下游，直到他們的籃子卡在一棵大樹的樹根上。結果一隻母狼發現並哺育了這兩名男孩，另外還有一隻啄木鳥爲他們帶來離乳食。後來，一位牧羊人發現他們後，將他們扶養長大。羅穆路斯一長大成人後，很快就殺了阿穆留斯，兄弟倆因而獲得亞爾巴龍伽的王位作爲獎賞。

然而他們並未接受，而是協助努米多復位，然後出發去建立自己的城市。這兩名十八歲大的雙胞胎為了新城市的地點爭論不休，羅穆路斯看中帕拉提諾山丘（Palatine Hill），雷穆斯則偏好阿文提諾山丘（Aventine Hill）。最後羅穆路斯殺了雷穆斯，將他所建的城市依自己的名字命名為「羅馬」，並稱自己為王。

羅穆路斯與羅穆斯是否真有其人？歷史學家對這點仍有爭議。而母狼真的有可能哺育人類嬰兒嗎？答案是不太可能，不過這則傳說反映出古羅馬人對狼的正面觀感。此外，他們也相信狼是戰神瑪爾斯的聖物。

四月二十二日

攝影與荒野維護

照片不是用拍的，是創作出來的。

——安瑟．亞當斯（Ansel Adams），攝影師

博物學家、環保人士、生態保育人士，以及其他為維護自然景觀奉獻己力的人，他們都憑藉著各自的能

力，以不同的方式努力達成目標。身為景觀攝影的先驅，安瑟．亞當斯透過令人驚豔的黑白照片捕捉荒野的宏偉與神祕，進而有助於維護美國西部某些最壯觀的景緻。他的攝影作品廣受歡迎，也使得他能持續投入於荒野維護並獲得支持。

一九〇〇年代早期，亞當斯成長於加州舊金山金門公園一帶尚未開發的地區。小時候，他會在沙丘和鄰近地區漫步。開始探索內華達山脈後，亞當斯知道他找到了最適合自己的路。除了健行、爬山之外，他也開始用父母在他十三歲時送的柯達一號盒式相機，記錄周遭的環境。

一九八〇年，美國總統吉米．卡特（Jimmy Carter）將美國最高的平民榮譽——總統自由勳章（Presidential Medal of Freedom）——頒發給亞當斯。勳章上的題字寫道：「透過（亞當斯的）遠見與堅毅，美國的許多風貌才得以保留給未來的人民。」亞當斯於一九八四年四月二十二日（世界地球日）逝世。隔年，優勝美地國家公園裡的一座山峰正式命名為「安瑟亞當斯山」（Mount Ansel Adams）。以此方式向這位內華達山脈的熱愛者致敬，眞是再適合不過了。

四月二十三日

探索的自由

最後，我們只會保育自己所愛的，只會愛自己所理解的，只會理解自己被教導的。

——巴巴．迪烏姆（Baba Dioum），塞內加爾的環保人士（一九六八年於新德里召開的國際自然保育聯盟

大會〔IUCN General Assembly〕上的發言）

全美環境教育週（National Environmental Education Week）於每年四月中舉行。二〇〇八年九月美國國會通過《沒有孩子落後法案》（No Child Left Inside Act，簡稱NCLI法案），成爲推動環境教育的助力。NCLI法案包含以國家層級贊助環境教育。到了二〇〇七年，已有超過兩千所學教、博物館、動物園、植物園及其他組織加入NCLI聯盟，成爲孩子堅強的後盾，協助他們了解環境議題與他們所需的能力，進而在將來做出思慮縝密的決策。

戶外是環境教育最棒的教室。一九五〇年代，「戶外幼兒園」（讓孩童大多數時間都待在戶外的學校）在瑞典和丹麥開始風行。到了一九六〇年代，相同的概念傳至德國，接著來到英國。自此之後，這股風潮又跨洋過海到了北美與其他地區。戶外幼兒園鼓勵孩童去觀察、提問、探索，以及與大自然建立連結。戶外教室的提倡者主張比起在室內學習，在戶外受教育的孩童較能記住資訊，較少產生行爲問題，也能學會自立和適應環境，培養出對學習的熱愛。對傳統學校的孩童而言，不論是在市中心或鄉下，每一個校園都能提供探究的機會，鼓勵孩童思考與學習，進而由衷地想保護大自然。

四月二十四日

尊重生命

耆那教（Jainism）是一個古老的印度宗教，對一切生物皆奉行「非暴力」與「不殺生」的戒律。所有的動物都是神聖的，即使是偷錢、吃穀物的老鼠，以及傳播疾病的蚊子。耆那教教徒爲避免踩到螞蟻或其他小型無脊椎動物，通常會先掃地再前行。全世界約有四百萬名教徒，大多生活在印度西北部。他們並不信奉單一神祇，而是崇拜二十四位祖師（Tirthankars），即在世間已達到覺悟狀態的人。祖師就如同人類精神嚮導，能指引通往頓悟（解脫）的路，以幫助那些想從生死輪迴中靈魂解脫的人。

對耆那教教徒來說，最重要的宗教節日就是「大雄節」（Mahavir Jayanti），旨在慶祝尊者大雄的生日。他誕生於西元前第六世紀，是第二十四代也是最後一代祖師。大雄節訂於印度曆一月（Caitra）的上弦月第十三天，通常是在格里曆（Gregorian calendar，即現行公曆）的四月。尊者大雄復興了現今所見的耆那教。他生爲王子，卻離開自己的王國，到森林裡尋求智慧、頓悟與解脫。在那裡，他體悟到所有的生命都是神聖的。大雄節的其中一個習俗是教徒捐款以作爲慈善用途，例如拯救牲畜使其免於被宰殺。不論個人宗教信仰爲何，今天對我們所有人來說，都是重申自己尊重生命的好時機。

四月二十五日
自信過頭的小矮人

「我們來看叢林企鵝的錄影帶吧，」我那五歲的孫女費歐娜（Fiona）提議。我向她解釋企鵝不住在叢林裡，她的錄影帶肯定是和其他某種黑白相間的鳥有關。她仍堅持那是企鵝沒錯。長話短說，我必須收回我先前的話。來自紐西蘭南島的毛利企鵝（tawaki，也就是峽灣企鵝〔Fiordland crested penguin〕）有別於其他企鵝，牠們確實會在茂盛的溫帶雨林中築巢。

全球民調顯示企鵝是許多人最愛的鳥類。世界上共有十七種企鵝，體型大小不一，有十六吋（四十公分）高的小藍神仙企鵝，也有三．六英呎（一．一公尺）高的帝王企鵝。牠們有著滑稽的動作、可愛的外表和呆呆的舉止，走起路來搖搖擺擺的樣子就像自信過頭的小矮人，總是逗得我們樂開懷。

今天是「世界企鵝日」（World Penguin Day），其淵源要從南極的麥克默多觀測站（McMurdo station）說起。那裡的研究學者注意到每年大約在四月二十五日，數百隻阿德利企鵝會回到同樣的地點覓食過冬。於是，研究學者每年會在他們所謂的「企鵝日」（Penguin Day）當天，聚集在海灘上迎接企鵝歸來。後來，這一天就演變成了世界企鵝日，吸引各地的人共同為企鵝慶祝，並支持牠們的保育活動。一起共襄盛舉吧——穿上黑白相間的衣服到處搖擺走動，吃點生魚片；觀賞紀錄片《企鵝寶貝》（March of the Penguins）；或是到本地的動物園或水族館向企鵝打聲招呼。

四月二十六日

黃金標準

今天是「全美奧杜邦日」（National Audubon Day）。一七八五年四月二十六日，知名鳥類畫家約翰·詹姆斯·奧杜邦（John James Audubon）出生於法屬聖多明哥（Saint Domingue，即現在的海地），他的父親是法國海軍軍官、冒險家兼農莊主人，母親則是克里奧爾人（Creole），是父親的情婦。他的母親生下他後很快就去世了，後來由繼母在法國扶養他長大。奧杜邦很喜愛鳥類、音樂、素描和繪畫，但他是個被寵壞的小孩，既排斥上學也不受管教。在他十八歲時，父親送他到美國賓州費城附近的家族莊園生活，主要是為了逃避拿破崙徵兵。在那裡，他天天以釣魚、打獵和畫鳥度日。

奧杜邦後來花了超過十年的時間創業，從乾貨店到鋸木場他都經營過，但全都失敗。在這段期間，他仍舊持續畫鳥。一八一九年，他結了婚有了兩個兒子，身上除了槍和鳥的畫作以外沒什麼積蓄，於是開始專心做自己擅長的事——繪製鳥類圖譜，目標是畫遍北美所有的鳥類。一八二四年，他接洽過一家費城的出版商，但運氣不好碰了壁。之後，奧杜邦於一八二六年渡海來到英國，希望能為他那超過三百幅且持續增加的水彩畫找到出版商。歐洲人對浪漫主義時期的自然歷史本來就相當著迷，自然十分欣賞他的作品。於是，奧杜邦在愛丁堡與倫敦找到了出版商，發行他稱爲《美國鳥類圖鑑》（Birds of America）的鉅著——一套共含四百三十五張插畫的圖冊，其中的最後一張插畫於一八三八年印製完成。直到今日，對其他的鳥類藝術作品而言，奧杜邦的精美畫作仍是用來衡量其優劣的黃金標準。

四月二十七日

拯救青蛙

青蛙的數量在全球各地正急遽下降，面臨滅絕危機，其中百分之三十二的物種被列入受威脅名單。青蛙在食物網中是不可或缺的一環，是獵物同時也是掠食者。假如全世界三分之一的青蛙消失了，多樣化的生態系統將會遭受衝擊。但人類眞的在乎嗎？二〇一〇年蓋洛普的一項民調顯示，在超過一千名受訪的美國成人中，只有百分之三十一關心動植物的滅絕。爲了對抗這種冷漠，許多保育組織都開始投入更多心力在公衆教育上。

「拯救青蛙」（Save the Frogs）就是其中一例。此一國際保育組織是由生態學家凱瑞．克里格（Kerry Kriger）於二〇〇八年所創立，成員包括科學家、博物學家、教育工作者、政策擬定者，以及一般的非專業人士，成立宗旨則是「維持兩棲類的數量，並鼓勵社會大衆尊重及欣賞大自然與野生動物」。該組織最主要的教育推廣活動是「拯救青蛙日」（Save the Frogs Day），定於每年四月的最後一個星期六。從二〇〇八年創建到二〇一七年間，「拯救青蛙」已贊助了一千九百多個教育計畫，分別在五十七個國家推行。

青蛙在東西方的民間傳說中皆象徵愛、幸福、好運與富饒。世界各地都有人隨身攜帶青蛙形狀的法寶、避邪物與護身符，以保護自己免於受傷、生病或死亡，同時帶來好運、幸福與健康。長久以來守護著我們、甚至改善我們生活的動物，如今卻必須面臨自己的死亡威脅，這是多麼矛盾的事啊！

四月二十八日

由蜥蜴唾液製成的藥物

鈍尾毒蜥一年中有百分之九十五的時間都待在地底或遮蔽處。牠們會連續數月不吃東西，而當牠們進食時，會消耗超過三分之一的身體質量。這種行動遲緩的蜥蜴是如何能一次應付這麼多食物？科學家發現在鈍尾毒蜥的唾液中有一種叫做exendin-4的賀爾蒙，會在牠們久久一次的進食過程中釋放，顯然有助於提升消化功能。

人體內有胰島素負責管理糖分及其他食物的運用。若胰島素的分泌量不足（第一型糖尿病），或是身體無法適當使用胰島素而形成「胰島素阻抗」（第二型糖尿病），都會導致血液中的葡萄糖飆高。生理學家發現當我們進食時，腸壁會分泌一種他們稱為GLP-1的賀爾蒙，能刺激胰臟釋放胰島素。於是科學家提出假設：若給予糖尿病患者GLP-1，是否能降低他們的葡萄糖濃度？答案是肯定的，不過這種賀爾蒙只能在人體內維持幾分鐘的作用，就會被酵素分解破壞。

當醫學研究人員得知鈍尾毒蜥體內有exendin-4後，他們發現這種賀爾蒙類似GLP-1，且更棒的是exendin-4能抵抗分解GLP-1的酵素。終於找到解藥了！二〇〇五年四月二十八日，美國食品藥物管理局批准了exenatide製劑（上市名稱為「降爾糖」〔Byetta〕）。這種藥物是由僅存於鈍尾毒蜥唾液中的exendin-4所合成，目前用於治療第二型糖尿病。

四月二十九日

避開與劫持毒素

一九九六年四月二十九日，三名加州廚師在食用了〇・二五至一・五盎司的受汙染河豚後送醫急救，而這尾河豚還是一位同事從日本買來的「預先包裝即食食品」。河豚（日文讀音為fuku）是一種危險的美食，其體內的共生細菌會產生河豚毒素（tetrodotoxin）——一種毒性很強的神經毒素，能造成掠食者中毒。日本的河豚師傅必須要完成三年以上的嚴格訓練，才能取得料理河豚的執照。最毒的部位（肝、卵巢和眼睛）必須在不汙染到魚肉的情況下移除。

自然界充斥著毒素。某些植物、蕈類和細菌會分別產生番木鱉鹼（strychnine）、毒傘肽（amatoxin）與肉毒桿菌素（botulinum）。動物利用各式各樣的毒素保護自己不被掠食者吃掉，然而就和河豚一樣，牠們不一定都能自行製造毒素。箭毒蛙（隸屬箭毒蛙科〔Dendrobatidae〕）會在顆粒狀的皮膚腺體內儲存防禦用的化學物質，當遇到襲擊時就會分泌這些毒素。箭毒蛙在吃蟎、螞蟻、甲蟲和馬陸的同時，能從這些食物身上取得毒素，而人類則從箭毒蛙身上「劫持」這些有毒物質。在哥倫比亞西部，原住民獵人會在他們的吹箭上，塗抹從三種箭毒蛙身上取得的有毒分泌物，用以殺死鹿、熊、美洲豹等獵物。

毒素並不總是能保護動物不被聰明的掠食者「智人」獵捕，不過我們可以想像，在人類能運用青蛙毒素增強武器和安全吃進河豚之前，得經過多少的嘗試與錯誤啊！

四月三十日

阿克哈塔克馬（Akhal-Teke）

四月的最後一個星期日是土庫曼斯坦（Turkmenistan）一年一度的「土庫曼賽馬日」（Turkmen Horse Day）。不過我們並不是土庫曼人，爲何要認識這個節日呢？那是因爲這些競賽馬是「阿克哈塔克馬」，現存最古老的品種之一。數千年來，這種馬因速度、耐力、智能及俊俏的外表而受到重視。一九九一年，土庫曼斯坦因蘇聯瓦解而獨立後，這種馬的地位躍昇成爲國徽代表動物，如今出現在盾徽、郵

票和紙幣上。阿克哈塔克馬很適合用來代表土庫曼的精神，畢竟賽馬是這個國家最受歡迎的運動。

儘管阿克哈塔克馬的祖先難以追溯，然而某些專家認為牠們是十三與十四世紀期間蒙古騎兵所騎的馬。這些馬體格結實又有韌性，能適應惡劣的沙漠環境。牠們只需極少的休息、食物和水，就能走上很長的距離。阿克哈塔克馬是當時部落居民——即現在的土庫曼人——的坐騎，陪伴他們與其他部落頻繁對戰，以及偷襲鄰近的波斯。

如今，土庫曼斯坦的阿克哈塔克馬用於競速賽馬、耐力賽馬與跳躍表演。在土庫曼斯坦，通常只有用來表揚國家及元首的大型活動才會獲得批准，然而賽馬是唯一的例外。如此看來，土庫曼賽馬日這項年度盛事會如此受重視，可說是一點都不奇怪。

自然的祕密絮語

May
五月

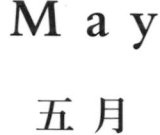

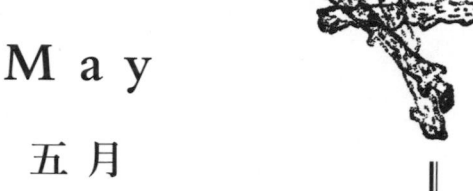

五月一日

春天來臨

今天是「五朔節」（May Day），其淵源可追溯至愛爾蘭、蘇格蘭與曼島（Isle of Man）的德魯伊教（druid）節慶「朔火節」（the festival of Beltane）。

篝火會在當天燃起，目的是要強化太陽的保護力量。住家和家畜以黃花裝飾，人們則盡情吃喝。羅馬人佔領不列顛群島（British Isles）時，爲當地帶來了「芙蘿拉」（Flora）的崇拜習俗。芙蘿拉女神掌管花、果實、蔬菜與生育。羅馬人會在四月二十八日至五月三日期間慶祝「花神節」（the festival of Floralia），希望能藉此取悅芙蘿拉女神，進而確保繁花盛開、大地富饒。參加慶典的人頭戴花冠，一起玩遊戲和觀賞戲劇表演，妓女則裸身跳舞。後來，朔火節與花神節的儀式在不列顛群島逐漸合而爲一。

歐洲與北美現今仍會慶祝五朔節，藉以迎接春天的到來。其相關習俗反映出舊時的歐洲傳統，而花朵幾乎一直都是節慶的主角。我在賓夕法尼亞州的西部長大，小時候會和朋友遵循地方習俗，帶著整籃的野花去鄰居家按門鈴，然後把花籃放下，趁被人看見前跑掉。在英國和德國的某些地區，人們會豎立以花朵裝飾的高桿；孩子一邊抓起與桿頂相連的長彩帶尾端，一邊繞著「五月柱」（maypole）唱歌跳舞。在希臘，民眾則以野花製作花圈，掛在陽台或前門上。不論在今日或那些早期的朔火節慶典上，花朵都代表著嶄新的開始。

五月二日

裸體園藝

願你多以肌膚迎接陽光和風，少依賴衣物。因為生命之氣息在陽光裡，生命之手在風裡。……別忘了大地喜歡感受你的赤足，風渴望與你的髮絲嬉戲。

——卡里・紀伯倫（Khalil Gibran），《先知》（The Prophet），〈衣服〉（On Clothes）

五月的第一個星期六是「世界裸體園藝日」（World Naked Gardening Day）。這是二〇〇五年華盛頓西雅圖發起的活動，後來在世界各地開始流行，特別是英國與歐洲其他地區。在這天要做的事就是花幾個小時一絲不掛地替花圃鬆土、種植花卉或蔬菜、除草，或是修整樹木和灌叢。根據經驗老道的裸體園藝家所言，慶祝當天與享受園藝的最好方式就是順其自然——以我們出生時的狀態見人。熱忱的園藝生手則表示，一旦他們拋開自覺，不再擔心因公共猥褻而遭捕後，裸露的肌膚對徐徐微風與溫暖陽光的感受立刻有所轉變。

不過在此想提醒各位：記得先調查裸體園藝在你居住的區域是否合法。在某些社區，如果鄰居看見你之後叫警察來，你可能會被罰款。另外也要小心玫瑰、荊棘、蕁麻與毒藤——還有蚊子、牛蠅、火蟻、恙蟲與跳蚤！

五月三日

戰爭中的動物

二〇一〇年五月三日，史蒂芬．史匹柏（Steven Spielberg）宣布將執導電影《戰馬》（War Horse），內容描述在第一次世界大戰期間，一匹受訓作戰的馬所發生的故事。大約有一億名軍人死於一戰，但鮮為人知的是，八百萬匹軍用馬同樣也死於那場戰爭中。

動物長久以來都被用於戰爭。西元前一九〇年，北非古國迦太基（Carthaginian）名將漢尼拔（Hannibal）下令將裝滿毒蛇的陶罐，朝貝加蒙（Pergamum）國王歐邁尼斯（Eumenes）的船投擲過去。國王與他的軍隊在驚慌恐懼下撤退，而漢尼拔的船儘管數量遠不及對方，但仍贏得了這場戰役。在一戰期間，士兵將歐洲的藍光蟲裝在罐裡，利用其所發出的螢光在漆黑的戰壕裡判讀地圖、審查情資報告，以及閱讀家鄉寄來的信。在一戰與二戰期間，駱駝在中東與北非被用於承載士兵與補給品。在越戰期間，越共士兵將凹紋頭毒蛇（pit viper）置於地下碉堡或小徑旁，用來作為活生生的動物陷阱。在越南和伊拉克，狗被用來偵測地雷、嗅出武器，以及拯救傷兵。在越戰與波斯灣戰爭期間，瓶鼻海豚則藉由其回聲定位的能力，協助士兵偵測與標示水下地雷的位置。

我們利用動物在戰爭中保護自己，因其擁有過人的感官（狗和海豚）、力量（駱駝和馬）、殺傷力（毒蛇），或是其他特性（藍光蟲）。不過，社會上卻仍存在著一種根深蒂固且頗具爭議的看法，認為和人類比起來，其他動物的生命較不珍貴，被犧牲了也較無所謂。

五月四日

不關籠

雞是我們獲得肉和蛋的來源，卻經常遭遇不人道的對待。「聯合家禽關懷」（United Poultry Concerns）提倡以憐憫與尊重的方式對待家禽。二〇〇五年，該組織爲提升全球對雞隻受虐問題的重視，將五月四日定爲「國際尊重雞隻日」（International Respect for Chicken Day）。

直到最近，美國多數用於產蛋的母雞仍被關在籠內飼養，平均每隻母雞的生活空間小於一張八乘十吋的紙——牠們成年後都在籠裡度過。許多雞蛋生產業者正轉型爲室內的「非籠飼」（cage-free）系統，讓母雞有空間走動、展開翅膀和在巢裡下蛋。某些業者採用「散養」（free-range）系統，使母雞在整個下蛋週期中能持續接觸戶外。「放養」（pasture-raised）這種無官方規定的貼籤則代表母雞能在牧場內自由走動與覓食。

許多餐廳與超市都已承諾只使用與販售非籠飼雞蛋。到了二〇一六年年底，塔可鐘（Taco Bell）的早餐只會提供非籠飼雞蛋。漢堡王宣誓在二〇一七年前會全面改爲使用非籠飼雞蛋；星巴克和溫蒂漢堡爲二〇二〇年前；麥當勞、Subway潛艇堡、Dunkin'Donuts甜甜圈、Trader Joe's超市、沃爾瑪（Walmart）和Target量販店則爲二〇二五年前。非籠飼雞蛋雖然較貴，但試想這麼做能對業者及消費者產生正向的因果循環。或許將來有一天人們在回顧過往時，會爲祖先對雞隻的野蠻剝削感到不寒而慄。

五月五日

動物的陪伴

五月第一個完整的星期是「全美寵物週」（National Pet Week）。根據二〇〇七年至二〇〇八年的全美寵物飼主調查，百分之六十八的美國家庭（八千五百萬個家庭）至少擁有一隻寵物。不論是狗或貓，馬或騾馬，倉鼠或天竺鼠，蛇或蜥蜴，蠍子或狼蛛，孔雀魚或神仙魚，我們都予以重視，因爲這些寵物滿足了我們的社交與情感需求。當我們去度假時，能把狗留在豪華的寵物旅館，讓牠們在那裡游泳，日出和日落時在沙灘漫步，享受按摩和泥巴浴，或是「寵物美甲」。我們的貓也能住進套房裡，裡面附有貓爬架、窗外餵鳥器、天窗，以及傍晚睡前的雞肉泥點心。由於寵物對我們來說是如此重要，以致美國有許多州開放部分墓地，讓民衆能安葬在最愛的寵物身旁。最早這麼做的是古埃及人，他們會將寵物狗、貓和猴子製成木乃伊，與牠們的主人一同葬在墓裡。

今日，如果你住在東京這個擁擠的大城市裡，房東很可能會禁止你在狹小的公寓裡養寵物。動物咖啡廳「爾果」（Ergo）在東京蔚爲風潮，顧客只要付費，就能抱和摸那裡的動物。首先登場的是貓咖啡廳，接著又有兔子和貓頭鷹咖啡廳的出現。二〇一六年更開設了一間刺蝟咖啡廳：平日抱三十分鐘須付一千元日幣（九·二〇美元），周末則須付一千三百元日幣。所以如果你住在能養寵物的地方，是多麼令人開心。

五月六日

仙女的茶杯

細長花梗上的白色珊瑚鈴
鈴蘭點綴了我的花園小徑。
噢，你難道不想聽聽它們的鈴聲嗎？
只有在仙女歌唱時才會響起。
——美國傳統童謠

民間傳說有時會稱鈴蘭爲「仙女之杯」，想像它們是仙女用來飲酒的白色小杯子，當仙女跳舞時，杯子就掛在細長的花梗上。其他傳說則描述仙女只要一唱歌，這些鈴鐺形狀的小花就會響起鈴聲，或是仙女會把這些花朵當成梯子，用來攀至高處以採集蘆葦編織成搖籃。

也有人稱鈴蘭爲「瑪莉的眼淚」，因爲傳說中瑪莉因耶穌被釘上十字架而哭泣，結果眼淚變成了這種杯狀的白花。另一則傳說則指稱這種花是夏娃和亞當被逐出伊甸園時，夏娃所流下的眼淚。據法國傳說所述，一位名爲「聖雷歐納德」（Saint Leonard）的聖人爲了與神交談，前往森林獨居，結果遇見名爲「試探」（Temptation）的龍，雙方展開了激烈交戰。龍的血不論滴落何處，那裡就會瞬間長出有毒的雜草。而聖雷歐納德的血濺到地面後，長出的則是鈴蘭。

這些「白色珊瑚鈴」的花語是幸福、甜美、純眞與謙遜。在維多利亞時期，將鈴蘭作爲贈禮所傳達的訊息則是：「你讓我的生命變得完整。」鈴蘭就是五月的生日花。

五月七日

優雅的「發炎反應」

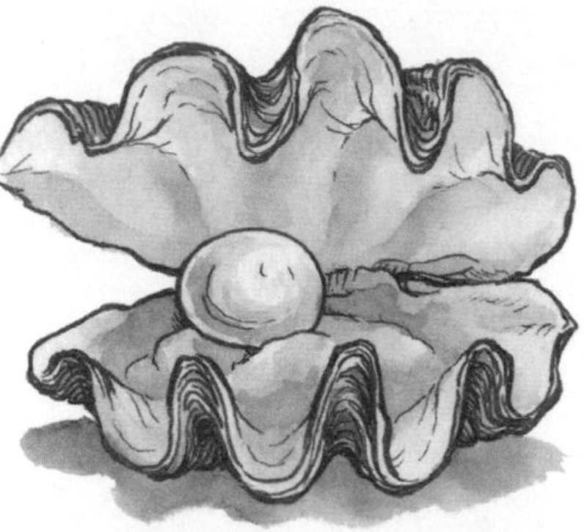

一隻微小的寄生蟲被困在軟體動物的殼裡，使其免疫系統產生反應，從細胞製造出「珍珠囊」（pearl sac），並分泌碳酸鈣將造成刺激的寄生蟲密封住。一層又一層的碳酸鈣包覆在寄生蟲上，形成了珍珠。寶石等級的天然珍珠難得一見，三噸的珍珠牡蠣可能只會產出三或四顆完美的珍珠。

一九三四年五月七日，一名菲律賓潛水客在巴拉望島的鄰近海域，發現了世界上最大的珍珠（十四・一磅；六・四公斤）——「老子珍珠」（Pearl of Lao Tzu），又名「阿拉珍珠」（Pearl of Allah）。這顆珍珠是在巨蚌中發現的，並不算是寶石珍珠，而是硨磲珍珠（clam pearl）。海水珍珠蠔和淡水珍珠蚌內形成的珍珠具有虹彩。相較而言，巨蚌內形成的珍珠則具有陶瓷般的表面。儘管如此，這顆巨大的珍珠仍舊價值不斐。二〇〇七年，一名寶石學家估算其價值爲九千三百萬美元。

天然珍珠是稀有的珠寶，價值依據光澤、尺寸、顏色、對稱性、表面品質而定。對古希臘與羅馬人來說，珍珠象徵財富、階級與地位。埃及的末代女王克麗奧佩托拉（Cleopatra，西元前六九年至三〇年）戴的就是珍珠耳環。羅馬皇帝卡利古拉（Caligula，西元一二年至四一年）也以珍珠項鍊裝飾他最喜愛的馬。英國女王伊莉莎白二世的「帝國王冠」（Imperial State Crown）則以兩百七十三顆珍珠點綴。英國演員李察・波頓（Richard Burton）曾於一九六九年的情人節，將世界上最有名的「漫遊者珍珠」（La Peregrina）送給妻子伊莉莎白・泰勒。漫遊者珍珠是在十六世紀中期由一名非洲奴隸於巴拿馬灣所發現，是一顆碩大且完美對稱的梨形珍珠。而這名奴隸所得到的報償就是他的自由。這不就是珍珠最大的價值嗎？

五月八日

海龜鬥士

二十年前，加勒比海岸大多是荒野或只有椰子樹叢；如今，鋁製屋頂在海邊灌木區清理出來的空地上閃閃發亮。人口增加太快，對海龜造成了衝擊。築巢地正以飛躍的速度不斷流失。這種流失的情況難以掌控，而這正是造成綠蠵龜滅絕的原因。

——**阿爾奇・卡爾**（Archie Carr），《迎風之路》（The Windward Road）

一九五〇年代中期，田野生物學家、生態學家兼保育生物學家阿爾奇・費爾利・卡爾二世（Archie Fairly

Carr Jr.）提出警訊，表示綠蠵龜（學名Chelonia mydas）的數量將大幅減少。阿爾奇一生致力於研究海龜，並透過研究與寫作使國際社會注意到海龜的困境。一九八七年五月八日，美國生態學會（Ecological Society of America）將「傑出生態學家獎」（Eminent Ecologist Award）頒發給阿爾奇，以表揚「他卓越的研究貢獻、為地球福祉所付出的努力，以及超凡的溝通能力，能向外行人士傳達生態學的樂趣及美妙」。

阿爾奇對海龜的情感或許要從他小時候說起。當他還是個小男孩時，有次他躺在溫暖的船塢上，邊打瞌睡邊等著魚兒上鉤。結果一隻巨大的赤蠵龜沿著船塢邊游泳，頭伸出水面，張嘴嘆了一口氣。阿爾奇醒來後，直直地凝視著海龜的眼睛，感受這神奇的一刻——而這次奇遇很可能就此燃起了阿爾奇的興趣，使他投入一生關切海龜的未來。

五月九日

漂泊不定

在大約九千九百三十種鳥類中，至少有兩千六百種（百分之二十六）會從築巢地遷徙至繁殖地，或至少展現出顯著的漂泊習性。斑尾鷸創下已知的遷徙直飛最長距離紀錄——九天內飛行超過七千英哩（一萬一千兩百六十五公里）。重約三．五盎司（一百公克）的北極燕鷗在大約三十年的生命中，飛行的距離等於來回月球三次。

許多候鳥因橫跨國界而面臨不平等保護的挑戰。一九一八年的《候鳥協定法案》（Migratory Bird Treaty

Act，簡稱MBTA）履行了一九一六年美國與英國（代表加拿大）為保護候鳥所簽訂的公約。從那時起，MBTA實踐了美墨、美日及美蘇（現為俄羅斯）之間的協定。在未申請豁免的情況下，打獵、捕捉、殺害或販售MBTA名單中的鳥類皆屬非法行為。目前有超過八百種鳥類受MBTA保護。

然而我們還需要做更多才行。二〇一五年，克萊兒・隆格（Claire Runge）與同事在《科學》期刊中指出，半數的候鳥種類數量正在下滑。百分之九十一的候鳥種類至少在年度遷徙週期的其中一個階段中，受保護區域的涵蓋範圍不足；其中有十八種候鳥在牠們的繁殖地完全沒有受到保護。自二〇〇六年起，聯合國環境規劃署（United Nation Environment Programme）將五月的第二個週末定為「世界候鳥日」（World Migratory Bird Day）。這項活動除了提升民眾對鳥類遷徙的關注外，也使大家更加認識為保護候鳥而存在的國際協議、法令與合作。

五月十日

好的兒童故事

鼴鼠整個早上都在勤勞工作，為他小小的家進行大掃除。首先用掃帚，接著用撢子，然後拿起刷子和一

桶石灰水站上梯子、台階和椅子；直到灰塵飛進他的喉嚨和眼睛，石灰水潑溼他背上一整片的毛，不僅背痛又手酸。

——肯尼斯・葛拉罕（Kenneth Grahame），《柳林中的風聲》（The Wind in the Willows）

一九〇七年暮春，英格蘭銀行秘書肯尼斯・葛拉罕和妻子在英國康瓦耳（Cornwall）度長假。他們的七歲兒子阿拉史泰爾（Alastair）同意和保母一起待在倫敦的家裡，條件是他父親要用寫信的方式繼續講床邊故事。一九〇七年五月十日，葛拉罕寫信給阿拉史泰爾，標題為「柳林中的風聲」，講述四個擬人化動物的冒險旅程，他們分別是蟾蜍、鼴鼠、河鼠與獾。這本書在一九〇八年出版，成為世界上最受喜愛的兒童故事之一。其內容不僅是描述四種個性截然不同的動物發展出的冒險故事，從另一個層面來看，也觸及了孩童在日常生活中所經歷的情感：恐懼、懷舊、敬畏，以及流浪的渴望。

在《柳林中的風聲》出版的隔年，羅斯福總統寫信給葛拉罕，告訴他自己有多麼喜歡這本書。正如同英國知名作家C・S・路易斯（C. S. Lewis）所言：「只受兒童喜愛的兒童故事，根本不算是好的兒童故事。」

五月十一日

自我犧牲的母愛

世界上沒有任何事物能夠比擬母親對孩子的愛。它無視法律，不抱遺憾，敢於面對一切並無情地摧毀所有阻礙。

——阿嘉莎・克莉絲蒂（Agatha Christie），〈最後的召靈會〉（”The Last Séance”），《死亡之犬》（The Hound of Death and Other Stories，一九三三年）

五月十二日

五月的第二個星期天是母親節——用來表揚母親、母性與母嬰情感連結的日子。所有的母親都知道，我們為孩子付出了一大部分的自我。一位母親所能做到的最大犧牲就是為孩子而死，而對某些非人動物來說，這樣的犧牲甚至是一種慣例。

章魚媽媽會藉由虹管向數以百計或千計的卵噴水，幫助其交換氣體和清除卵團上的沉積物，也會竭力驅趕想要吃卵的掠食者，因此幾乎沒時間進食。牠從不離開自己的卵，在小章魚破卵而出不久後可能就會餓死。而這些章魚寶寶則會拋下牠們的空卵囊和垂死的母親，游向他處展開自己的生活。

澳洲的社群型雌蛛會搬運大隻的昆蟲給小蜘蛛吃，也會從這些獵物上吸取汁液，以儲存脂肪和孕育更多的卵。天氣較涼時，獵物會變得稀少。由於營養會從雌蛛體內正在孕育的卵滲入牠的血液裡，因此飢餓的小蜘蛛會攻擊牠們毫不抵抗的母親，吸取牠充滿營養的血液。一旦雌蛛被吸乾後，小蜘蛛會注入毒液，將剩餘的她吞噬殆盡。

眞慶幸我們是人類！母親節快樂！

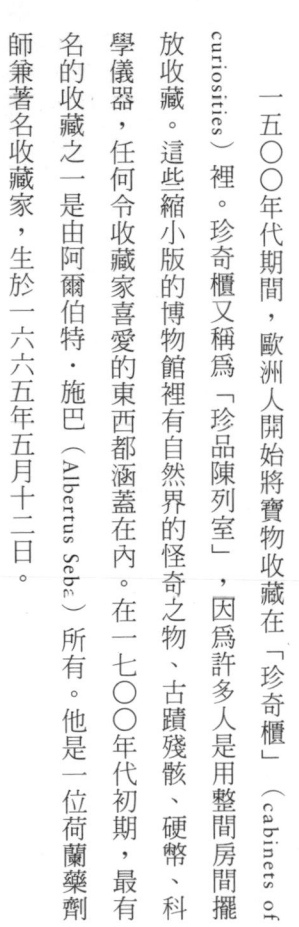

珍奇櫃

一五〇〇年代期間，歐洲人開始將寶物收藏在「珍奇櫃」（cabinets of curiosities）裡。珍奇櫃又稱爲「珍品陳列室」，因爲許多人是用整間房間擺放收藏。這些縮小版的博物館裡有自然界的怪奇之物、古蹟殘骸、硬幣、科學儀器，任何令收藏家喜愛的東西都涵蓋在內。在一七〇〇年代初期，最有名的收藏之一是由阿爾伯特・施巴（Albertus Seba）所有。他是一位荷蘭藥劑師兼著名收藏家，生於一六六五年五月十二日。

施巴爲調配藥方而收集動植物，但他眞正的興趣是採集生物多樣性。施巴的藥房位於阿姆斯特丹國際碼頭的附近，他在那裡爲即將啓程的水手準備藥物，並要求他們爲他帶來異國的動植物作爲報酬。當水手回到阿姆斯特丹時，他會照料那些生病和精疲力盡的人——同時取走他的標本。一七一七年，施巴聽說彼得大帝（Peter the Great）打算前來荷蘭，爲自己的珍奇櫃選購寶物。施巴將他的收藏列成清單送到這位沙皇手中，其中包括一千種昆蟲、七十二個裝滿貝殼的抽屜，以及四百罐保存在酒精中的動物標本。於是這位沙皇前來拜訪施巴，買下了整套收藏。

少了收藏品的收藏家會怎麼做呢？答案是再累積更大型的收藏。後來，施巴在一七三一年與兩家出版商簽約，計畫製作四冊套書，以四百多幅插畫展現他的收藏。不論是以幾何圖案排列的貝殼，或是跨頁的蜥蜴插圖，都表現出藝術與自然在《施巴百科》（Thesaurus）中的完美融合。

五月十三日

世界之窗

五月是「健康視力月」（Healthy Vision Month），由美國國家眼科研究所（National Eye Institute）於二〇〇三年所發起。俗話說：「眼睛是我們的世界之窗。」視力使我們得以欣賞大自然的力量——太陽，雷電交加的暴風雨，海浪交疊、漲起、破碎與撞擊；大自然的美——景觀的多樣性，生命的顏色與形狀；大自然的歷史——古生代的遺跡，舊時文化的遺風，遺留在地的古陶器碎片，暴露於路邊切面的捲曲三葉蟲；大自然的行爲學——鵝與鶴向南飛遷，松鼠與花栗鼠埋藏橡實；大自然的魔法——形成於河面的靄，席捲至牧草地的霧，從山峰後升起的月亮。

七億年前，一群海洋無脊椎動物發展出光線接收器。後來，視力成爲掠食者找尋獵物以及獵物躲避掠食者的重要關鍵。如今，從螳螂蝦身上能找到動物界最複雜的眼部構造。這種海洋甲殼綱動物有十二種顏色接收器（我們只有三種），並且能看見紫外線、紅外線及偏振光。擁有動物界最大眼睛的則是五十英呎（十五公尺）高的大王酸漿魷，其眼睛的直徑約爲十二吋（三十公分）——比餐盤還大！另外還有變色龍的眼睛：兩眼能獨立轉動，使其能同時看兩個方向。正如馬達加斯加人所言：「要像變色龍一般，一眼展望未來，一眼回顧過往。」

五月十四日

美國的駱駝兵

現今多數駱駝都已馴化。駱駝奶能當作鮮奶飲用，也能製成優格或乳酪；融化的駝峰脂肪能像奶油一樣抹開；駱駝肉富含蛋白質又低脂，是美味佳餚。駱駝毛能編織成外套和毯子；駱駝皮能縫製成時髦的鞋子和馬鞍駱駝糞則能作爲緩慢燃燒、無味又無煙的烹煮燃料。最重要的是，駱駝對我們來說是很珍貴的運輸工具與馱畜。

駱駝在數百萬年前生活於北美。如今牠們還能重回那裡生活嗎？比起馬、驢和騾，駱駝更能在長時間沒水沒食物的情況下生存。一八〇〇年代中期，美軍想了解駱駝能否用於建造與橫越通往西南部開發的馬車道。一八五六年五月十四日，從阿爾及利亞、突尼西亞、土耳其與埃及購得的三十四隻駱駝運抵德州的印第安諾拉（Indianola），九個月後又送來了另外的四十一隻。

這些駱駝一如預期地能吃苦耐勞，然而在南北戰爭爆發後，美軍很快就中止了這項實驗。傑佛遜・戴維斯（Jefferson Davis）是駱駝實驗的主要發起人，在他成爲美利堅聯盟國的總統後，聯邦軍的支持者就退出了這項計畫。其中有些駱駝被拍賣到內華達州和亞利桑那州作爲馱獸，用來搬運木材、礦砂和補給品。其他的駱駝則遭釋放。據聞在一九〇一年至一九二九年間，還有人在美國西南部看到「最後一隻」放養的駱駝。

五月十五日

移除噁心因數

根據預測，二〇五〇年全球人口會達到九百七十億。聯合國糧農組織（Food and Agricultural Organization of the United Nations）估計糧食生產量需提升百分之七十，才足以餵飽這麼多人。由此看來，我們勢必要尋找其他的蛋白質來源。許多營養專家認為昆蟲是明顯的替代方案，目前已有超過一千九百種經判定為可食用昆蟲。二〇一四年的五月十四日至十七日期間，荷蘭埃德（Ede）主辦了第一屆「世界食蟲大會」（Insects to Feed the World Conference），以推廣昆蟲作為人類食物及動物飼料的來源。來自四十五個國家共四百五十多位民眾出席了這場大會。

世界上已有超過二十億人口把昆蟲當作食物，他們多半來自非洲、亞洲和拉丁美洲。多數人吃的是整隻昆蟲：蚱蜢塔可餅（墨西哥）；炸蟻后（巴西）；生的蜜罐蟻（澳洲）；炒蟬蛹（中國）；炸蠶蛹（韓國）；水煮胡蜂幼蟲（日本）；炸巨型水蟲（泰國）；炸蜻蜓（印尼）、煙燻毛蟲（尚比亞）；炸蟑螂（喀麥隆）；以及生的白蟻（肯亞）。相較之下，北美和歐洲人則通常將昆蟲混入料理中：用蟋蟀粉做成的餅乾與能量棒（加拿大與美國）；含有磨碎穀蟲的蕃茄、胡蘿蔔與巧克力抹醬（比利時）；用磨碎的蟋蟀與蚱蜢製成的麵條（法國）；以及穀蟲漢堡（荷蘭）。如果我們認眞想用昆蟲餵飽全世界，而非只是抱著嚐鮮的心態，就得爲西方人移除「噁心因數」（yuck factor），說服大衆吃昆蟲除了有助於環境永續發展外，也能攝取到優質蛋白質。昆蟲很可能是未來的主流食物。

五月十六日

森林之神

想像眼前是某個印度的未開發片斷森林（forest fragment）。現在，想像十萬個未開發片斷散布在整個印度的森林、山丘及河岸。這些保護區之所以存在，是因爲宗教信仰與文化習俗提供了「神聖樹林」（sacred grove）這樣的社會圍籬。在神聖樹林中，大自然不僅獲得保護，也受人敬畏。印度教相信樹裡住著神祇，負責掌管這些片斷的自然景觀，因此砍樹是一種禁忌。神聖樹林蘊含豐富的生物多樣性，某些聖林更是藥用植物的藏寶箱，也是稀有動植物的最後一個庇護所。

在印度東北部的曼尼普爾邦（Manipur），這些神聖樹林被稱作umanglai，字面意思是「森林之神」。人們相信當地的守護神會處罰那些冒犯到umanglai的人，使他們生病或遭遇不幸。在溼季開始之際（通常爲四月下旬或五月），曼尼普爾邦會爲當地的三百六十五位森林之神舉辦長達一週的Lai-Haraoba節（即神的節慶），以頌揚這些神祇。人們會將文字、花朵、水果、音樂和舞蹈獻給神祇，希望祂們會爲村子帶來富裕生活，並保佑村民不會生病和受傷。節慶的儀式，包括歌舞，反映出人們對自然的愛與尊敬。

現在，想像神聖森林遍布全世界。如果各地的人都盡一己之責維護自然，就像在曼尼普爾邦的每個人都盡心守護umanglai一般，地球會變得多麼不同啊！

五月十七日

安第斯山脈之心

在這幅畫中央的湍急河流是如此寫實，人們幾乎能感受到水花飛濺。樹木、樹葉和花朵皆描繪得十分到位，植物學家甚至能精準分辨出種類，白雪覆頂的高山則雄偉地聳立於後。沒有一位畫家比丘奇（Church）更能呼應洪保德的感召，將藝術與科學結合在一起。

——安德列雅・沃爾芙（Andrea Wulf），《博物學家的自然創世紀》（The Invention of Nature）

《安地斯山脈之心》（The Heart of the Andes）出自美國風景畫家弗雷德里克・埃德溫・丘奇（Frederic Edwin Church，一八二六年至一九〇〇年）之手，內容如上所述。一八五九年四月二十九日至五月二十三日期間，丘奇的畫作首先於紐約市公開展示。一萬兩千名民眾付了二十五分錢的入場費，欣賞這幅五乘十英呎（一・五×三公尺）油彩畫布上壯觀的厄瓜多爾風景。每個人對畫的感受各有不同。對我來說，白雪皚皚的欽博拉索（Chimborazo）火山、鋸齒狀的安地斯群峰、蒼翠繁茂的植被，以及瀑布下方波光粼粼的水池，皆能勾起我泉湧般的回憶，因為在一九六八年當我還是學生時，曾親臨現場感受這片美景。

丘奇最初的作品是描繪美國東北部的哈德遜河派（Hudson River School）經典風景畫，然而在讀了洪保德的《個人記述》（Personal Narrative）後——內容描述他在中南美洲的異國之旅——丘奇大受啓發，決定前往當地。洪保德曾籲請藝術家盡全力描繪出安地斯山脈的風貌。丘奇在造訪當地兩次後，畫出了《厄瓜多爾的安地斯山脈》（The Andes of Ecuador）、《卡揚貝火山》（Cayambe）、《安地斯山脈之心》，以及《科托帕希火山》（Cotopaxi）。

一八五九年五月初，丘奇寫信給一位友人，提到他打算將畫布寄到柏林，在洪保德面前展現自己的作品。遺憾的是，洪保德在丘奇寄出作品的三天前去世，當時正值《安地斯山脈之心》的展覽期間。

五月十八日

大自然的復原能力

一九八〇年五月十八日，美國華盛頓州的聖海倫火山（Mount St. Helen）爆發，噴出灼熱的岩石、山灰、蒸氣與火山氣體。爆發的衝擊範圍超過兩百三十平方英哩（五百九十六平方公里），是美國有史以來最慘重的火山爆發災難。高溫融化了山上大部分的冰河和雪。泥流埋沒了動植物、森林及草原。灰白色的火山灰覆蓋住整片地景。

聖海倫火山成爲了生態學家的實地實驗室，使他們有機會觀察倖存者與開拓者恢復這塊飽受摧殘的土地。某些植物的根受到土壤保護，因而能重新發芽。某些動物則躲在地洞和地層裂縫裡，或是表面結冰的湖裡，因而能存活下來。倖存的動植物並非全部都能適應已改變的極端生活條件，但有些做得到。風帶來了新的開拓者，包括眞菌孢子、種子、蜘蛛及昆蟲。最終，哺乳類和鳥類也遷徙至這塊受影響的區域。火山爆發創造出倖存者與開拓者所需的池塘、湧泉及其他棲地。雖然聖海倫火山上有許多地區仍舊是貧瘠沙漠，然而之前在山上發現的動植物至今還在，前後間隔將近四十年之久。

我們時常認爲大自然很脆弱，然而動亂乃正常現象，改變則持續發生。爲了生存，有機體必須適應動亂與改變。聖海倫火山的復甦生命提醒了我們大自然是多麼強韌。

五月十九日

生命、長壽與烏龜

在世界各地的文化中，烏龜象徵長壽。箱龜甚至能活一世紀之久。「孤獨喬治」（Lonesome George）是加拉帕哥群島的最後一隻平塔島（Pinta Island）象龜，據估活了一百多年。名爲Tu'i Malila的陸龜則是最長壽圈養龜類的紀錄保持者——一百八十八歲。一七七七年，庫克船長將來自馬達加斯加的輻射龜Tu'i Malila贈送給東加王室。Tu'i Malila死於一九六五年五月十九日。

五月十九日令我聯想到「生命」——一九八二年的這天，我的第一個孩子凱倫（Karen）來到了這個世界。當我的醫生妹妹凱西（Cathy）抱著我剛出生的小孩時，

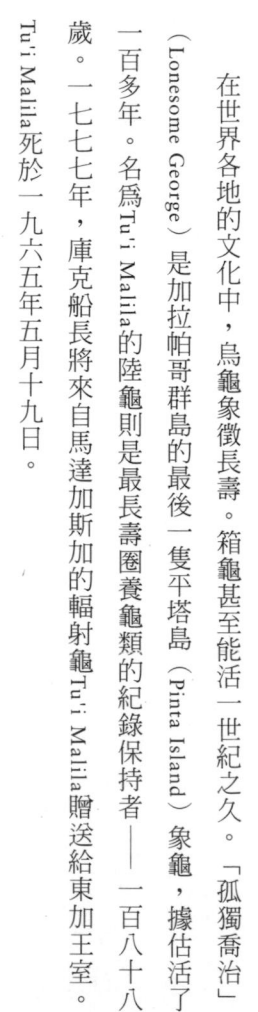

她向我分享自己在同一天參與了生命的開始與結束。那天早上她目睹末期病患死去，到了傍晚又經歷新生的喜悅。

每年的五月十九日，當我憶起凱西的隨想，總會開始思忖生命的循環、長壽與烏龜之間的關聯。在傳統的日本婚禮儀式中，有時新娘會穿上有烏龜圖案的和服，賓客則會收到烏龜形狀的糕點，用來期許婚姻長久。我想烏龜之所以常出現在嬰兒用品中，包括拋棄式尿布、奶嘴、毛巾及連身衣，主要是因為牠們很可愛。但是當我將烏龜圖案的禮物送給小寶寶時，這份禮物同時也象徵著長壽的祝福。當凱西在三年後生下她的長子時，我送了他一隻睜大眼睛、正準備破殼而出的陶瓷烏龜寶寶。

五月二十日

杜勒的犀牛

一五一五年五月二十日，一隻印度犀牛在經歷了四個月的海上航行後，終於抵達葡萄牙的里斯本。這隻犀牛是從印度西部運來送給曼紐一世（King Manuel I）的禮物，也是歐洲人自羅馬時代以來首次見到的活體犀牛。德國藝術家阿爾布雷希特．杜勒（Albrecht Dürer）的犀牛木刻版畫就是以牠作為靈感，不過杜勒從未親眼見到本尊。杜勒是根據一位不知名畫家的素描完成木刻，該畫家聲稱自己在里斯本看過那隻犀牛。由於他的素描並不完全準確，以致杜勒刻劃出來的犀牛頗具幻想色彩，身上披覆著堅硬盔甲般的表皮，腿上布滿鱗片，頸部飾有護巾，背上還有一根螺旋狀的小角突起。

這隻印度犀牛的故事還有後續發展，只是非常簡短。曼紐一世希望藉由討好梅迪奇教宗利奧十世（Medici Pope Leo X），使葡萄牙能獨占那些探索到的新大陸。贈禮皆已準備就緒。曼紐一世原本已獻給教宗一隻印度白象，接著送出這隻犀牛似乎再適合不過，於是便在一五一五年十二月將牠運往羅馬。不幸的是運送途中發生船難，結果犀牛淹死在義大利近海。

杜勒的木刻版畫激發了其他許多藝術家的靈感。不論是比薩斜塔（義大利）的大門、克倫堡（德國陶努斯山）的掛毯、雕刻作品（包括薩爾瓦多．達利的作品）或是畫作，上面都能看到這隻犀牛的身影。杜勒的犀牛透過這些作品得以永垂不朽，即使牠無緣見到教宗一面。

五月二十一日

野性的大自然

瑪莉．雷諾（Mary Reynolds）來自愛爾蘭的韋克斯福德郡（Wexford）。她在五歲時曾聽見植物對她低語，要求獲得照料。小時候，她以大自然為靈感，為花園繪製設計圖。長大後，她設計出絕美的「凱爾特聖殿」（Celtic Sanctuary），反映出野地的景觀價值。瑪莉夢想著在雀兒喜花展（Chelsea Flower Show）中展出她的花園。這項展覽是由英國皇家園藝學會（Royal Horticultural Society）所策劃，自一九一三年起幾乎每年都會在倫敦的雀兒喜舉辦。在那裡可以看到上市的植物新品種及重新流行的舊品種。樹木、花卉、蔬菜、花藝布置與展示花園都是展覽的一部分。

瑪莉相信能幫她打造凱爾特聖殿的只有一人，那就是克里斯提・科拉德（Christy Collard），她在園藝圈認識的友人。科拉德是一位建築師，任職於愛爾蘭西科克（West Cork）的未來森林花園中心（Future Forest Garden Center）。由於他總是四處奔波，因此瑪莉長途跋涉到衣索比亞的乾旱高地，與當時正在蓋樹園的他會面。科拉德與瑪莉一起回到愛爾蘭後，他和未來森林的團隊一起建造了凱爾特聖殿，其中包含一座綿羊牧場、五百種野生植物，以及一面以愛爾蘭科克（Cork）的石材砌成的壯觀石牆。

爲期四日的二〇〇二年雀兒喜花展於五月二十一日揭開序幕。二十八歲的瑪莉憑著她的花園獲得了金牌，贏過許多世界級的園藝設計師，其中包括查爾斯王子參與設計的「療癒花園」（Healing Garden）。凱爾特聖殿鼓勵人們讓大自然重返自己的花園。不論是這座花園或二〇一六年在愛爾蘭發行的電影《世界之庭》（Dare to Be Wild），都是爲瑪莉年少時對她低語的植物所獻上的禮物。

五月二十二日

生物多樣性

試著想像整個冬天只有一種鳥造訪我們的餵鳥器。想像我們在花園裡只能種一種花，也只有一種蝴蝶會吸取這些花的花蜜。想像只有一種大型哺乳動物會聚集在非洲各地的水坑前。想像只有一種熱帶魚棲息在大堡礁。我們會堅守著所剩無幾的大自然，還是像許多在我們之前消逝的物種一樣逐漸凋零？

保育生物學家提出警告，表示我們正處於地球第六次大規模滅絕的初期階段。這次與前五次的不同之處在於滅絕速度比以往快很多，且人類活動是目前多數滅絕現象的肇因。

國際團體已團結起來，爲維護生物多樣性共同努力。一九九二年五月二十二日，《生物多樣性公約》（Convention on Biological Diversity）在里約地球高峰會（Rio Earth Summit）上簽訂。生物多樣性不只侷限於植物、非人動物、其他有機體以及牠們的生態系統，人類也包含在內。這項公約的目標主要是維護生物多樣性、永續使用資源，以及公平分享從遺傳資源所獲的利益。我們都可能透過維護生物多樣性，獲得社會、環境和經濟上的利益。聯合國大會已宣布將五月二十二日訂爲「生物多樣性國際日」（International Day for Biological Diversity），以作爲締結公約的紀念日。

五月二十三日

跟著烏龜一起散步

今天是「世界烏龜日」（World Turtle Day），是由美國龜類救援協會（American Tortoise Rescue）自二〇〇二年發起的活動，目的是爲烏龜慶祝並提升民衆對烏龜的保育意識。

世界各地的民間傳說都對烏龜讚譽有加。烏龜長壽的背後意義是「耐力」，因此一提到烏龜，我們會聯想到「力量」與「安定」。長壽同時也意味著「累積的知識」。一般人認爲烏龜不但有智慧，也能預見未來。牠們緩慢、謹慎的動作展現出堅持不懈與深思熟慮的態度。牠們在龜甲間過著不倚靠外界的生活，則傳達出自立的精神。對全世界的文化而言，烏龜象徵好運與守護的力量。虔誠的宗教信徒會配戴烏龜的法器、避邪物與護身符，藉以招來好運、提升健康、增長壽命、驅趕惡靈，或是保護他們不受傷害。烏龜是永恆、沉著與平和的代表。

如果你想用一種有益又獨特的方式慶祝世界烏龜日，不妨考慮報名龜類保育假期吧！有以下選擇：在哥斯大黎加的海邊保護築巢海龜，或協助剛孵出的小海龜爬行到海裡；照顧加拉帕哥群島的象龜；運送生病及受傷的哥法地鼠龜到佛州的護理中心；或是拯救受傷的加州沙漠陸龜。我們所有人都能照著美國作家布魯斯・法勒（Bruce Feiler）的建議慶祝這天：「跟著烏龜一起散步，在停頓間好好注視這個世界。」如果能模仿烏龜的生活方式，我們會過得很好——頑強卻又安穩。

五月二十四日

水還是米酒？

每年的五月中至下旬，柬埔寨人會舉行一種名爲「皇家耕犁大典」（Royal Ploughing Ceremony）的古老農耕儀式，以宣告稻米生長季節的開始。公牛是這場盛事的主角，因爲當地人相信牠們會影響年度稻米收成量。傳統上，主持大典的皇室成員會率先在神聖稻田中翻犁溝，藉以安撫豐收之神，確保土地富饒。

如今，這項儀式除了讚揚農業外，也鼓勵農民生產大量作物。國王通常會指派高階官員主持儀式。兩頭裝飾繁複的聖牛身上套著軛與木犁，由一名男子負責牽引。另一名女子則尾隨於後，負責在聖牛翻出的犁溝內播種。在繞行稻田三次後，他們會停在一間祠堂前，讓高階官員在此祈求神明保佑。然後他們解下聖牛的套具，帶領牠們到七個銀盤前面，盤裡分別裝著稻米、玉米、豆子、芝麻、新割青草、水，以及米酒。皇室占卜師會根據聖牛的選擇預測今年的收成狀況。若牠們選擇稻米、玉米、豆子或芝麻，今年就會大豐收。若牠們選擇吃草，家畜就有可能會生病。若牠們喝水，就會爲柬埔寨帶來充沛雨量與和平。但若是牠們喝米酒，乾旱就有可能發生，整個國家也將大難臨頭……。

五月二十五日

長盛不衰

到了即將邁入二十世紀之際，野鳥在美國部分地區已受到非法商業狩獵的威脅。獵人會先在某一州偷獵，再到狩獵合法的另一州販售。一九〇〇年五月二十五日，美國總統威廉．麥金利（William McKinley）簽署了《雷斯法案》（Lacey Act）——第一部保護野生動物的聯邦法。這項法案視交易非法捕獲、持有、運輸或販售的動物爲犯罪行爲。《雷斯法案》已修正過數次，最近一次是在二〇〇八年時將額外的植物與植物產品納入保護，包括用於製作樂器的馬德加斯加黑檀木與印度玫瑰木。

《雷斯法案》也針對非原生種的引進採取措施，因爲這些物種可能會成功建群（established）而造成生態浩劫。外來的動物可能會破壞棲地、與原生種競爭食物或空間、帶來疾病和寄生蟲，或是吃掉原生種。其中一個例子就是佛州大沼澤地國家公園（Florida Everglades）的緬甸蟒。一九七九年，一隻緬甸蟒在大沼澤地被發現，據推測可能是遭飼主放生。結果到了二〇一七年，大沼澤地的緬甸蟒數量據估已達到一萬至十五萬隻。牠們的某些掠食對象，例如浣熊和兔子，數量則持續減少。爲了預防類似的環境災難發生，二〇一二年《雷斯法案》將四種非原生蟒蛇列爲「有害野生動物」，並禁止這些物種的進口與跨州運輸：黃水蟒、緬甸蟒、北非蟒以及南非蟒。一九〇〇年的《雷斯法案》至今仍長盛不衰。

五月二十六日

寂靜的世界

大海一旦施展魔力，每個人都會永遠深陷於幻妙之網中。

——雅克・伊夫・庫斯托（Jacques Yves Cousteau），法國海洋學家與電影導演

許多人抬頭仰望天空，內心充滿好奇。也有人低頭探究海洋，思索其起源、化學與生物組成，以及未

來。雅克・伊夫・庫斯托屬於後者。庫斯托在四歲時學會游泳，從此開啓了他終其一生對海洋與水中生物的興趣。在許多人的記憶中，庫斯托是那個帶他們認識海洋奧妙、讓大海施展魔力的人。一九五六年五月二十六日，庫斯托的紀錄片《寂靜的世界》（The Silent World）在坎城影展首映。這部影片是根據他的暢銷書《寂靜的世界：關於海底探索與冒險的故事》（The Silent World: A Story of Underwater Discovery and Adventure，一九五三年）所拍攝而成，獲得了坎城影展的最高榮譽金棕櫚獎。《寂靜的世界》是首部運用水底攝影技術的影片，以彩色畫面展現出海洋的深度，使熱帶魚、鯨魚、鯊魚和珊瑚礁在我們眼前變得更爲「眞實」。

庫斯托藉由一百二十多部電視紀錄片與五十本著作，向我們分享他對海洋的熱愛與奇想。他成立了非營利組織「庫斯托學會」（Cousteau Society）及其法國對應窗口「庫斯托團隊」（L'Equipe Cousteau），兩者皆針對如今已少了點神祕的海洋，持續支持相關研究、教育及保育活動。透過他的熱情，庫斯托激勵了我們，使我們學會尊重海洋與海洋生物。

五月二十七日

稍微走音

一七八四年五月二十七日，沃夫岡・阿瑪迪斯・莫札特（Wolfgang Amadeus Mozart）在維也納的寵物店買了一隻歐洲椋鳥。他在帳簿中記錄這筆交易時，抄寫下這隻鳥所唱出的旋律，並在旁註記Das war schön（那眞是太美了！）。不難想像莫札特的喜悅之情。這段旋律是由十七個音符組成，直接取自《G大調鋼琴協奏曲，

K. 453》（Piano Concerto in G Major, K. 453）的最後一個樂章。莫札特在數星期前才剛完成這個作品，這隻鳥想必是學會了當中的旋律，但牠是怎麼辦到的？

椋鳥的音域很廣，會重複其他鳥類的鳴叫聲與人類的說話聲，並將其編入牠們的自言自語中。動物行爲學家梅芮迪絲・魏斯特（Meredith West）與安德魯・金恩（Andrew King）針對椋鳥的聲音表現進行研究，發現這些鳥很快就能學會並模擬話語和音樂。魏斯特和金恩認爲莫札特可能在五月二十七日前去過那間寵物店。由於莫札特經常哼歌和吹口哨，因此他可能是在店內吹口哨時，透露了那段旋律。魏斯特與金恩也注意到椋鳥只要聽過一次曲子，就能唱得出來。

不過，椋鳥的演唱並不完美，牠把莫札特所寫的G音符唱成了升G。魏斯特和金恩指出這是典型的椋鳥行爲。這種鳥類經常即興創作，也會走音，因此會將牠們所聽到的轉換成自己獨特的詮釋。莫札特想必是覺得這太幽默了。

五月二十八日

高鳴鶴

這群舞者展翅舉足，一個接著一個重複動作。牠們將頭深深埋進雪白的胸口，接著抬起，又再度埋入。

——瑪喬麗・金南・勞林斯（Marjorie Kinnan Rawlings），《鹿苑長春》（The Yearling）

瑪喬麗・勞林斯的舞者是一群高鳴鶴，牠們正跳著精心設計的求偶舞。今天是高鳴鶴日，目的是要讚揚這些高達五英呎（一・五公尺）的雪白大鳥。高鳴鶴的故事一開始是悲劇，但隨著情節發展逐漸重獲希望。在歐洲殖民者抵達前，美國據估有一萬五千隻高鳴鶴在各地展現舞姿。一八六〇年，受到棲地減少與狩獵的衝擊，數量急遽下滑到約一千四百隻。一九四一年，只剩下成群的十五隻高鳴鶴，往返遷徙於加拿大西北部與德州墨西哥灣沿岸。到了二〇〇五年，積極的保育運動終於奏效，於是數量又增加至兩百一十四隻。

生物學家加速了第二個遷徙鶴群的形成。雌性高鳴鶴通常會生兩顆蛋，但一對鶴只能照顧一隻雛鳥。二〇〇一年，生物學家將鳥巢中的第二顆蛋帶走，然後穿上道具服扮成白鶴，負責照料這些孤兒。雛鳥對生物學家產生了「印痕行爲」（imprint），會尾隨著牠們的寄養父母。某天，一隻假扮的成鶴駕著超輕型飛機在地面上跑。幼鶴跟著跑在後頭。隨後，這架超輕型飛機升向空中，幼鶴又跟了上來。最終，這架飛機從威斯康辛州飛到佛羅里達州，幼鶴也跟著飛完了全程。自二〇〇一年起，每年都會有一群年輕的高鳴鶴跟著飛機，從威斯康辛州的繁殖地飛到佛羅里達州越冬。隔年春天，同一群鶴會自己飛回威斯康辛州。到了二〇一七年八月，已有九十五隻高鳴鶴（不包括那年野生孵化的鶴）組成往返佛州與威斯康辛州的隊伍，爲這個物種帶來了希望。

五月二十九日

時間是相對的

當你追求漂亮女孩的時候，一小時彷彿一秒鐘。
當你坐在火熱煤渣上的時候，一秒鐘彷彿一小時。
這就是相對論。

——亞伯特・愛因斯坦（Albert Einstein）

美洲多拉蜉（學名Dolania americana）的幼蟲會在多沙的溪流底部生活一年。一旦它們羽化後，雌蜉有五分鐘能尋覓對象、交配，以及在溪流中產卵。接著它們就會死去，在所有昆蟲中擁有最短的成蟲壽命。雌蜉的成蟲繁殖期僅佔它們生命中少於百萬分之九的時間。相較之下，雄性美洲多拉蜉的成蟲時期則長多了——竟然有三十分鐘，是雌蜉的六倍。

在全世界人類女性的生命中，平均會有約百分之四十三的時間是具有生殖力的成人（大約是七十四年中的三十二年），其中受精的時間約為兩千一百一十二天（五・五天／一個月），也就是占了百分之七・八的人生。雖然相較於雌蜉，那算是很長的時間，不過相較於人類男性可說是微不足道。目前已知人類男性到了九十幾歲還是能生育。一切都是相對論。

一九一九年五月二十九日，一場日蝕突然間讓全世界都認識了愛因斯坦這號人物。亞瑟・愛丁頓爵士

（Sir Arthur Eddington）是一位英國天文學家。爲了驗證愛因斯坦的預測，了解太陽重力是否會導致光線彎曲，他在日蝕期間測量了恆星的位移，結果證實了愛因斯坦的相對論是正確的。科學家持續在日蝕期間觀測光線的偏折現象，結果總是獲得與愛因斯坦相同的結論。空間與時間是相對的。

五月三十日

「人民就是玉米」

當我們種玉米時，會在每個洞裡放七到八顆種子。我們當然不需要為自己種那麼多，而是一株給老鼠，另外兩株給烏鴉。牠們也需要吃，對吧？牠們就和我們一樣喜歡玉米。

——克里福德・巴連卡（Clifford Balenquah），巴卡比霍皮村（Bakabi Hopi）的村長

（引述自《遠征》〔Expedition〕，一九九一年七月）

兩千多年以來，亞利桑那州東北部的霍皮族以高地沙漠爲家，一直都得面對半乾旱氣候所帶來的詭異天氣變化。他們相信一群名爲「克奇那」（kachina，意即「神靈使者」）的神靈掌管著大自然，只要透過祈禱，就能請這些超自然的靈體帶來雨水。霍皮族認爲祈禱羽毛、玉米花粉和崇拜儀式能討好克奇那，在許多傳統慶典中，他們也會互相交換這些物品做爲禮物。

在五月期間，霍皮族會種下第一批作物——豆子、南瓜和甜瓜。到了五月下旬或六月上旬，就是種玉米

的時候了。玉米是他們的主食，也是將近每一場霍皮族慶典的主角。對霍皮族來說，玉米具有精神上的重大意義，因為他們認為玉米象徵生命，甚至流傳著「人民就是玉米」這樣的說法。霍皮族體悟到人和玉米都是從種子開始，透過陽光、空氣和水獲得滋養，逐漸生長成熟，接著死去並回歸塵土。

五月三十一日

生態旅遊

研究自然，熱愛自然，親近自然。它永遠不會讓你失望。

——法蘭克・洛伊德・萊特（Frank Lloyd Wright），美國建築師

讓自己置身於充滿異國風情的雨林、莽原、冰河、山群、草原、海洋與沙漠之中，感受它們的美。協助記錄鯨魚與海龜寶寶的數量，為保育盡一分心力。拍攝蘭花、蜂鳥、狐猴及長頸鹿的照片。與企鵝、海獅一同游泳；在熱帶魚、珊瑚礁、海綿、海膽之間浮潛。在澳洲、馬來西亞、南非與哥斯大黎加的樹冠步道[02]（canopy walkway）賞鳥。一起來體驗以大自然為重的生態旅遊吧！

02 指一系列穿梭於森林樹冠的高架台與懸索橋。

生態旅遊是一種越來越熱門的商業投資，其理想目標是提供豐富的體驗，藉以促使民眾更珍惜大自然、賦予地方團體權力以推動永續發展，以及協助維護生物多樣性。然而，生態旅遊有時造成的傷害反而多於利益。不但動物受到侵擾、植被遭到踐踏、觀賞植物被偷，當地居民的經濟與文化也因而永遠改變。為了防止這些負面的後果產生，國際生態旅遊協會（International Ecotourism Society，簡稱IES）於一九九〇年五月成立，目標是提供指導方針、訓練課程、技術支援與教育資源，並支持真正有效的生態旅遊。目前在超過一百二十個國家中，都能找到隸屬於IES的組織。二〇一五年，世界各地的自然保護區據估造訪次數共達八十億次，等於每個活著的人都有超過一次的造訪經驗！由此可見，生態旅遊一定要以負責任的方式推行，才能減少我們對環境的衝擊。

June

六月

六月一日

飛鴿傳書

人類自古就懂得善用信鴿的歸巢能力。信鴿在陌生地點被釋放後還有辦法回家，也因此能用來傳遞信息。在埃及麥迪納（Medinat）陵廟（約西元前一一二九七年）的一片橫飾帶（frieze）03上，描繪著一名祭司釋放四隻信鴿，以傳達法老加冕的消息。古羅馬人會送出鴿子，以轉達戰車競速比賽的結果。十二世紀後期，成吉思汗在征服歐亞大陸的期間，曾利用鴿子作爲信差。在一八一五年滑鐵盧戰役期間，鴿子曾傳遞拿破崙戰敗的消息至英國。在普法戰爭（一八七〇年）與兩次世界大戰期間，鴿子也曾用於傳訊。在二戰期間甚至有二十六隻鴿子獲頒「迪金勳章」（Dickin Medal）——即英國用於表揚戰爭期間役用動物的最高軍事勳章。

飛鴿傳書不會因塞車或封路而受阻。通常訊息會在輕盈的紙上，捲成管狀，然後繫在鴿子的腳上。英國和法國的醫院分別會靠鴿子運送實驗室標本，只要裝進不易碎的小玻璃瓶裡就行了。牠們也能攜帶微縮膠片和記憶卡。

威靈頓公爵的鴿子據說曾在五十五天內，從納米比亞飛行六千八百英哩（一萬一千公里）到倫敦，創下信鴿飛行距離的最高紀錄。一八四五年六月一日，這隻精疲力盡的信鴿從天上墜落，當場死亡，只差一英哩就抵達目的地。今天似乎很適合用來紀念這些空中的信差，感謝牠們的毅力、奉獻與服務。

六月二日

放生

今天是「薩嘎達瓦節」（Saka Dawa）的其中一日，這個為期一個月的西藏節慶是為了頌揚佛祖而存在。薩嘎達瓦節落在藏曆的四月（格里曆的五至六月）。在節慶期間，一切善行都會被放大數百萬倍。其中一項熱門善行，是購買原本預定被殺或囚禁的動物後放生，例如從食品市場和寵物店買來的魚、鳥和烏龜。

放生（藏文轉寫為tshe thar）的動機是為了要遵循佛祖的教誨，以憐憫之心對待萬物眾生。從第六世紀開始，佛教徒會在公開儀式上釋放原本要被宰殺的動物。魚和烏龜被放養到寺廟的池塘裡，牛、馬、山羊和綿羊則被轉送到牧場。佛教徒相信放生能讓當事人產生善業，為今生帶來好運，並為來世帶來希望。

然而如今，放生行為也引發了道德上的疑慮。野鳥被捕捉以作為放生所用，寺廟池塘裡則擠滿了生病的烏龜。非本土動物被放生後，更是對本土種造成了威脅。不難理解，針對是否應犧牲環保與道德價值，以換取放生所帶來的好處，保育人士、哲學家及宗教領袖各有不同看法。目前在美國興起的運動，是鼓勵佛寺僧侶與合格的野生動物復健中心合作。在傷病動物完成復建後，佛教徒就能代為祈福，並以不傷害環境的方式放生動物。

03 指建築橫樑上的帶狀裝飾。

六月三日

古老且持續活動的地球

在十八世紀後期，歐洲的普遍看法是地球在六千年前就已誕生。人類的惡行導致神降洪水淹沒大地。化石是洪水期間死去動物的遺骸，而經諾亞方舟的動物繁衍後代後，地球又重新充滿了生命。接著在一七八五年，詹姆斯・赫登（James Hutton）出現了。這位蘇格蘭農夫、博物學家兼地質學家提出反駁，認爲緩慢的火山爆發過程、侵蝕及沉積作用，使地球不斷形成與再形成。不論是在今日或過去，這些地質營力的作用方式皆相同。露出地表的岩層厚度完全是因曠日彌久的演變時間所致。在當時眞是異端邪說啊！

現代地質學之父詹姆斯・赫登生於一七二六年六月三日。他的看法深深影響著地質學與生物學的觀念，然而在其論述發表後的數十年間，許多科學家與哲學家都強烈反對他，並認爲災變論（catastrophism）才是對的，即地質變化是由自然災害造成，例如火山爆發和洪水。一八三〇年代期間，地質學家查爾斯・萊爾（Charles Lyell）在他共三卷的《地質學原理》（Principles of Geology，一八三〇年至一八三三年）中，進一步發展赫登的論點（也就是現今所知的「均變論」〔uniformitarianism〕）。赫頓認爲古老且持續活動的地球有好幾百萬年的歷史，而這樣的觀點也成爲了達爾文解釋化石記錄的根據。

六月四日

乳酪之王

根據傳說，某天，一位法國南部的牧羊童正在吃麵包和喝羊奶時，看到了一個美麗的女孩。他把午餐留在附近的山洞裡，跑去找她。數月後，這個男孩返回山洞，發現他的乳酪上滿是藍色的黴菌。品嚐後，他發現這種強烈濃厚的味道非常美味，於是跑回他的村莊，大喊：「奇蹟，奇蹟啊！」村莊裡的人也為之驚豔，很快地開始將他們的乳酪存放在山洞裡。這些蘇宗河畔洛克福爾村（Roquefort-sur-Soulzon）的山洞至今仍用於製作洛克福乳酪。上面的藍色紋路是洛克福爾青黴菌（Penicillium roquefortii），原本就存在於洞穴土壤中。

一四一一年六月四日，法王查理六世授予洛克福爾村該款藍紋乳酪的製作權。如今，在經歷逾六個世紀後，每年都會生產出三百萬個車輪型洛克福乳酪——每一個都是在洛克福爾村的康巴盧山（Mont Combalou）洞穴內進行熟成。洛克福乳酪是由拉卡恩羊（Lacaune）、馬內克羊（Manech）及巴斯克貝亞恩羊（Basco-Béarnaise）的奶製作而成，而洛克福爾青黴菌則必須取自洛克福爾村的天然洞穴。

數世紀以來，法國南部居民會將洛克福乳酪塗抹於傷口，以預防感染。他們知道這種乳酪很有效，即使外地人認為這種做法是江湖醫術。當青黴素（penicillin）在一九二八年被發現後，這種乳酪的醫療效用也就說得通了。更近期還有新的發現，那就是在二〇一二年的一項研究指出，洛克福乳酪內也含有抗炎複合物。洛克福爾青黴菌克真是我們生活中的好菌！

六月五日

世界環境日

你可曾停下來注意過
那哀號的大地與啜泣的海岸？
——麥可・傑克森（Michael Jackson），《地球歌》（Earth Song）

每年的六月五日，聯合國環境規劃署（United Nations Environment Programme）都會發起「世界環境日」（World Environment Day）的活動，鼓勵我們爲保護地球盡一分心力。世界環境日始於一九七二年，如今已有超過一百個國家共同響應。每年的主題與主辦國皆不同。墨西哥負責主辦二〇〇九年的活動，主題是「你的星球需要你—聯合起來應對氣候變遷」。而就在同一年，麥可・傑克森的《地球歌》也獲選成爲世界地球日的主題曲。

其他主題與主辦國包括「沒有破壞的發展」（孟加拉共和國）、「貧窮與環境—擺脫惡性循環」（中國）、「爲了地球的生命，拯救我們的海洋」（俄羅斯）、「營造綠色城市，呵護地球家園」（美國）、「森林：大自然爲您效勞」（印度）、「升高聲浪，而非海平面」（巴貝多），以及「嚴禁受威脅野生動物的非法交易」（安哥拉）。二〇一七年，世界環境日於加拿大主辦，主題則爲「人與自然，相聯相生」。

世界環境日的宗旨是呼籲大家去思考自己能如何保護地球。你可以從簡單的做起，下定決心要加倍努力實踐廚餘堆肥、重複使用、資源回收，以及省水省電。你也可以用走路或騎腳踏車代替開車；加入清潔環境的行列，協助教育大眾環保知識。這個星球的健康必須要靠我們每一個人來維護。

六月六日

鮮紅的玫瑰

噢，我的愛就像一朵鮮紅的玫瑰
在六月裡初開綻放。
——羅伯特・伯恩斯（Robert Burns），《一朵鮮紅的玫瑰》（A Red, Red Rose）

橫跨歷史與世界各地，玫瑰一直爲衆人所愛。在古埃及的陵墓中曾發現喪禮用的玫瑰花圈。當羅馬軍隊凱旋而歸時，也可看到崇拜民衆爲他們灑下玫瑰花瓣雨。而克麗奧佩托拉爲了誘惑馬克・安東尼，更是以玫瑰花瓣鋪滿了整間寢室。

各式各樣的文化將玫瑰與鮮血連結在一起。根據希臘神話，愛神阿芙蘿黛蒂在她的情人阿多尼斯（Adonis）被野豬咬傷後，她所流下的眼淚與阿多尼斯的鮮血融合在一起，生長出玫瑰。對古羅馬人來說，玫瑰則是愛神維納斯的象徵。根據傳說，某天維納斯的兒子邱比特朝玫瑰園射箭，導致玫瑰長出了刺。維納斯

走過玫瑰園時腳被刺傷，於是鮮血將玫瑰染成了紅色。而在阿拉伯傳說中，所有的玫瑰原本都是白色的。某天一隻夜鶯愛上了一朵完美的白玫瑰。牠將身子貼近那朵玫瑰，結果玫瑰的刺穿入牠的心臟，流出的鮮血因而將玫瑰永遠染紅。

玫瑰是六月的生日花，象徵欣賞與愛慕。紅玫瑰令人聯想到浪漫與熱情；白玫瑰是純眞、謙卑與緬懷；粉紅玫瑰是仰慕與同情；黃玫瑰則是喜悅與友情。

六月七日

春天的縱慾與饗宴

每到五、六月的新月及滿月漲潮期間，超過一百萬隻鱟會大舉湧入美國大西洋沿海的德拉瓦灣（Delaware Bay）海灘。雄鱟會待在潮間帶等候，緊緊抱住接踵而來的雌鱟，再一起爬到沙灘上。每隻雌鱟都會挖洞築巢，在裡面產下數千顆小小的綠色的卵，然後將牠的捐精者拖至卵團上。潮水把沙帶到巢上，覆蓋住鱟卵。接著雄鱟與雌鱟會重複相同的程序。每隻雌鱟在這段期間會產下八萬顆以上的卵。不過就算某隻雄鱟緊抱住某隻雌鱟，也不表示牠會使雌鱟全部的卵受精，因爲在這場狂熱的交配活動中，可能會有四到五隻、甚至更多的雄鱟同時抓附著一隻雌鱟。

鱟卵經潮水沖刷後從沙中顯露了出來。而雌鱟用步足挖沙時，也會擾亂到其他的巢並將卵撥出表面。每一顆卵都充滿了脂肪，對需要補充營養的動物來說是完美的食物。在鱟交配的同時，從南美遷徙到加拿大的數十萬隻水鳥也會在此停留，準備盡情享用鱟卵大餐。紅腹濱鷸、翻石鷸及其他鳥類在造訪期間，會吃下約五百三十九公噸的鱟卵，據估相當於一百八十二萬隻鱟的產量。鱟結合水鳥的奇景支撐了德拉瓦灣價值數百萬的生態旅遊業。這場戲劇化的縱慾與饗宴以壯觀的享樂主義演出，展示了兩種原始本能——繁殖與進食。

六月八日

海洋的慶典

你喝下的每一滴水、呼吸的每一口空氣，
都將你和大海連結在一起。不論你生活在地球的何處。
——席薇亞・厄爾（Sylvia Earle），海洋生物學家

六月八日是「世界海洋日」（World Ocean Day）——一場全球慶典，為太平洋、大西洋、印度洋、南大洋與北大洋組成的世界海洋所舉行。今天很適合用來欣賞海洋的魅力及其在我們生活中扮演的角色，並推廣海洋資源的保育活動。

對許多人來說，海洋傳達出一種寧靜與恆久不變的感受。然而在洋面下，各式各樣的生物在飢餓掠食者

的威脅下努力求存。海洋中的生活可說是一點也不寧靜。抵禦掠食者的方式就和海洋生物一樣各不相同。盲鰻為了威懾住掠食者，會從身上的數百個腺體分泌出黏液——量多到足以在幾分鐘內填滿七個水桶。海參偵測到危險時會噴出內臟——黏黏的條狀物，能用來纏住攻擊者。（之後海參會再生出新的內臟。）芋螺具有極強毒性，能用一種魚叉狀的「牙齒」刺傷潛在的掠食者，造成對方疼痛、麻痺，甚至死亡。水母的觸手上佈滿了內含毒素的刺細胞（刺絲囊），被觸碰時會彈射出去。章魚面對掠食者時，則可能會戲劇性地改變身體顏色，或是噴出墨汁以作為掩護。想像一下還有多少神奇的動物防身術未被發掘——這也是我們必須要保護海洋資源的另一個原因。

六月九日

海鷗奇蹟

一八四七年七月，布里格姆・楊（Brigham Young）帶領了第一批近兩千名的後期聖徒（摩門教徒），進入了猶他州的鹽湖谷。那年的夏秋期間，這群移居者種了冬麥。另一批兩千四百名的摩門教徒於一八四八年抵達當地。那年春天，這群移居者種了玉米、豆子、甜瓜、南瓜和其他作物。根據摩門教的傳說，到了同一年的五月二十二日，幾群不能飛的螽斯（後來有了「摩門蟋蟀」的稱號）大舉入侵他們的田地，吃光了作物。六月初，大群海鷗也來到了當地，盡情地享用螽斯大餐。一八四八年六月九日，一封寄給布里格姆・楊的信上描述了當時的場景：「大群海鷗從湖那裡飛來，橫掃了田裡的蟋蟀後離去；看來上帝是站在我們這邊的。」據說，這些海鷗狼吞虎嚥地吃著螽斯，喝水，反芻，然後又吃了更多螽斯。海鷗挽救了這群鹽湖谷移居者的首次收成。

雕塑家馬洪里・M・楊（Mahonri M. Young）是布里格姆・楊的孫子，他鑄造了一尊上面有兩隻海鷗的銅像，用來紀念那些拯救摩門教徒首批作物的鳥類。這尊銅像名爲「海鷗紀念碑」（Seagull Monument），立於鹽湖城聖殿廣場（Temple Square）的鹽湖大禮拜堂（Salt Lake Assembly Hall）前面，並於一九一三年十月奉獻給了大禮拜堂。一九五五年，加州海鷗成爲了猶他州的州鳥，以進一步感謝這種鳥類協助猶他州的開拓先驅維持生計。至今仍有大群的加州海鷗在大鹽湖附近築巢。

六月十日

親生命性

如果一整天都沒有義務纏身，該有多享受啊！沒有工作要求，沒有約會預定，也沒有家務雜事。許多人選擇在戶外度過悠閒時光，拍攝花或野生動物，健行，騎越野自行車，打獵，釣魚，或划獨木舟，增進我們與大自然的關係。這種「熱愛生命」的觀念又稱爲biophilia，由來至少能追溯至亞里斯多德的年代，也就是大約超過兩千年前。然而，這原本並不是多數人會去多想的事情，直到愛德華・奧斯本・威爾森（Edward Osborne Wilson）出現，一切才有了改變。威爾森出生於一九二九年六月十日，是一位知名的博物學家、哈佛大學教授、維護生物多樣性的改革鬥士、普立茲獎的得獎作家（數十本著作獲獎），以及世界級的螞蟻專家。他在一九八四年出版了一本名爲《親生命性》（Biophilia）的著作。

在他的書中，威爾森假設人類生來就有與大自然聯繫的傾向。他認爲人類在潛意識中會尋找與其他生物的關聯，並表示這項特徵隨著演化保留了下來，仍深深印在我們的基因體裡。在接下來的幾年，威爾森修改了他對親生命性的看法，認爲我們和自然界連結的渴望也會經由學習而產生。

親生命性有可能是一種部分靠學習得來的心理狀態，這樣的看法使我們更急於培養孩子對大自然的關愛。我們的孩子越是有機會擁抱大自然，就越懂得爲保護大自然而付出更多。

六月十一日

複製恐龍

長久以來，恐龍重返地球的想法一直很吸引作家、科學家與普羅大衆。史蒂芬・史匹柏的《侏儸紀公園》（Jurassic Park）改編自麥可・克萊頓（Michael Crighton）的同名著作，於一九九三年六月十一日推出，在首輪上映期間賺進了超過九億美元的總收入，並在同一時期的電影中創下最高毛利。一位億萬富翁號召基因學家組成團隊，在哥斯大黎加附近的小島上，共同創造了複製恐龍的主題樂園。這些科學家從封存於琥珀中的蚊子身上取得恐龍的DNA，並用青蛙的DNA補足

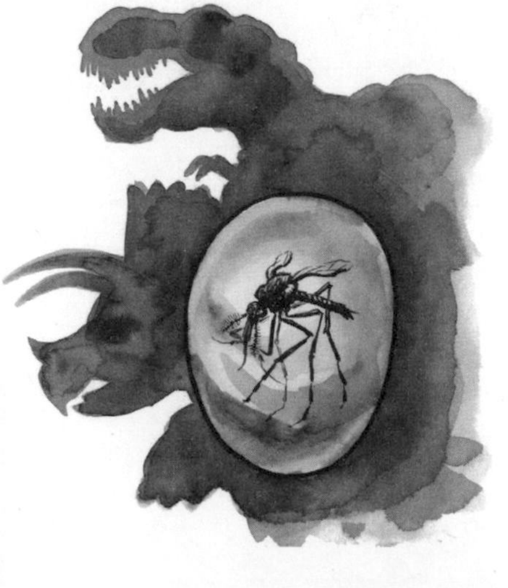

缺少的恐龍基因體，使迅猛龍、三角龍、霸王龍及其他恐龍得以復活。

不過現實或許會令人有點失望，因爲科學家從未能修復恐龍的DNA，因此也無法複製恐龍。瑪莉・史懷哲（Mary Schweitzer）是北卡羅萊納大學的分子古生物學家。她在恐龍的骨頭裡發現DNA，但DNA主人的身分仍是個謎，因爲該DNA無法修復與排序。它的主人有可能是某種微生物，或是接觸過化石的古生物學家。動物的DNA在牠死去的那一刻就會開始衰敗。研究顯示DNA的半衰期約爲五百二十年，因此，恐龍的DNA會在牠死後的七百萬年內完全分解——比起恐龍滅絕後已經過的六千五百萬年，實在是短太多了。史懷哲指出複製恐龍必須得先克服許多問題，取得DNA還算是比較簡單的部分。不過至少我們還是能靠《侏儸紀公園》滿足自己的幻想。

六月十二日

埃及禿鷲：愛護子女又聰明絕頂的鳥類

古埃及人在每年的六月十二日都會敬拜「姆特」（Mut），底比斯（Thebes）的母親女神（mother goddess）。「姆特節」（Festival of Mut）在新王國時期（西元前一五七〇年至一〇七〇年）是極受歡迎的節日。在慶典中，其中一項活動是將姆特的神像置於船上，繞著她寺廟旁的聖湖航行。姆特的形象是禿鷲，或是一個擁有禿鷲翅膀的女人。古埃及人認爲母禿鷲最懂得保護、養育與關愛雛鳥，而這樣的看法也透露出埃及人在當地禿鷲身上觀察到的母愛行爲，令他們印象深刻。後來，姆特的名字更成爲古埃及文中的母親，即

mwt。底比斯成爲埃及首都後，姆特被視爲埃及之母而受到崇拜，直到西元前三〇年羅馬征服埃及爲止。

埃及禿鷲通常行單一配偶制；牠們在懸崖及岩坡上築巢，巢的直徑能長達五英呎（一．五公尺）。禿鷲父母大約會花四十天共同孵化牠們所生的兩顆蛋，並且會分工餵食雛鳥，直到牠們約七十至八十五天大、長好羽毛的時候。埃及禿鷲主要以腐肉爲食，但牠們也會吃其他鳥類的蛋，包括厚殼的鴕鳥蛋。一九六六年，珍．古德和其他幾個人觀察到埃及禿鷲會扔石頭將鴕鳥蛋砸破——牠們自己設計的「工具」。不曉得古埃及人是否知道愛護子女的禿鷲父母有多麼聰明。

六月十三日

野天鵝

但此刻牠們漂蕩在平靜的水面，
神祕飄渺、美麗動人；
不論是築巢於哪一片蘆葦叢中，
哪一處湖畔池塘，

皆令人觸目驚喜，怎料我一朝醒來，

卻發現牠們已高飛遠離？

——威廉・巴特勒・葉慈，〈柯爾莊園的野天鵝〉（The Wild Swans at Coole）

威廉・巴特勒・葉慈於一八六五年六月十三日生於都柏林。身為一個自豪的愛爾蘭人，他的許多詩作都是以愛爾蘭的傳說、歌謠及民間故事為依據，並以愛爾蘭的自然美景為靈感。學者們認為葉慈是二十世紀數一數二的偉大詩人。除了詩以外，他也寫散文、戲劇、小說和短篇故事，並於一九二三年獲頒諾貝爾文學獎，成為首位得獎的愛爾蘭人。為了紀念葉慈誕辰一百五十周年，愛爾蘭更宣布將二〇一五年訂為「葉慈年」。

葉慈在五十一歲時造訪高維郡（County Galway）的庫爾莊園（Coole Park），寫出了一首他最愛的詩，〈柯爾莊園的野天鵝〉。葉慈意識到自己逐漸年老，並深受感情遭拒的打擊，加上愛爾蘭因反抗英國而導致國家分裂、政局混亂，使他憂心忡忡。他省思著自從上一次於十九年前造訪柯爾莊園後，儘管人事已非，然而天鵝的心境卻沒有像他一樣變老。每到秋天，天鵝仍會返回湖邊，一如往常。葉慈的詩藉由大自然的延續性帶給人安定的力量，即便我們正處於變動紛擾之中。

六月十四日

我們的神奇河流

從未有人踏入相同的河裡兩次，因為那已不是同一條河，而他也不是同一個人了。

——赫拉克利特（Heraclitus），古希臘哲學家，此為經修飾過的引述

河流在民間傳說中總是充滿著神奇的力量。湍急的河水有著治癒、淨化和抵禦惡靈的作用。只要能逆流往遠處游，就能逃離惡魔和巫婆的糾纏。被滾滾河流磨平的石頭能用來治療病痛。河流令人聯想到重生與回春，因爲它們不斷在改變。河流象徵獨立與自信，在前往目的地的途中總能克服阻礙。河流也代表時間的洪流與生命的延續，它們起始於高山湧泉或融雪，最終消逝於汪洋大海。

美國因擁有總長近三百萬英哩（超過四百八十萬公里）的河川溪流而自豪。這些水道的形式包羅萬象，包括高於林木線之處蜿蜒穿越耬斗菜、象頭馬先蒿、扁萼花及羽扇豆的無名清澈小溪、席捲荒漠旱谷的渾濁洪水，以及宏偉的密西西比河與科羅拉多河。六月是「全美河流月」（National Rivers Month），其目標有三，分別爲鼓勵民衆學習、讚頌與清理水道。你也可以趁機練習你的飛蠅釣技術；乘著皮艇或滑艇在激流上泛舟；或是在你最愛的河邊露營、健行或賞鳥。體驗河所帶來的永恆感受、音樂律動及能量湧現。跟著河流迂迴穿梭於地景之上，引領著你渡過下一個河灣。

六月十五日

螢光閃爍

螢火蟲為了求偶而閃爍著尾端螢光，不僅為夏夜帶來了美景，也增添了一點魔幻的氣氛。英文中用來表示螢火蟲的firefly（火蠅）和lightning bug（閃電蟲）都是不當的稱呼，因為螢火蟲既不是蠅也不是蟲，而是一種軟體甲蟲。世界上有超過兩千種螢火蟲分布在各洲，只有南極洲例外。

螢火蟲有許多值得欣賞的地方。它們不會咬人或叮人，也不會發出刺耳的聲音擾人清夢，而且它們的幼蟲是以蛞蝓和其他花園害蟲為食。根據傳說，沒錢買燈油的中國窮書生會捕捉螢火蟲，借用它們發出來的光讀書。而直到今日，南美洲的原住民仍會將裝滿螢火蟲的塑膠袋綁在腳踝上，為他們在夜裡穿梭叢林時提供照明。

日本人長久以來都很喜愛螢火蟲（日文讀音為hotaru），認為它們是已逝武士的靈魂。螢火蟲也象徵著沉默卻炙熱的愛，或是稍縱即逝的單戀。每年六月，日本各地都會舉辦「螢火蟲節」，鼓勵民眾一同賞螢。生活在地底的螢火蟲幼蟲會化成蛹，並在六月羽化為成蟲破蛹而出。螢火蟲的壽命雖然只有短短兩星期左右，然而它們在求偶時帶來的美景與魔幻時刻，是多麼地美好啊！

六月十六日

綠蠵龜的故事

今天是「世界海龜日」（World Sea Turtle Day），目的是要向這些不凡的爬蟲類致敬。這天也是阿爾奇・卡爾（Archie Carr）的生日。生於一九〇九年的阿爾奇是海龜生物學之父，也是海龜保育鬥士，一生中大多數時間都投入於研究與傳頌綠蠵龜的故事。

在某個月色皎潔的夜晚，一隻綠蠵龜隨著海浪浮出了水面。牠拖著重達三百三十磅（一百五十公斤）的身軀離開海裡，爬到高於高潮線的沙灘上。接著，牠擺動前肢挖出一個大坑，讓自己能伏在裡面產卵，再用後肢在坑內掘出一個產卵洞。牠產下了一百一十五顆卵，大小顏色都和乒乓球相同。然後，牠用沙覆蓋住產卵洞，再慢慢地爬回海裡。

六十天後，幾隻海龜寶寶從皮革質地的卵殼中破殼而出。一旦大多數的海龜寶寶都孵化後，就會開始揮動四肢，激烈的活動震落了覆蓋在頂端的沙堆。就在那一晚，剛孵化的小海龜從沙裡湧現，進入了一片漆黑的世界。牠們本能地朝最耀眼的海平面前進——月光與星光反射於海面的結果。郊狼、野狗、浣熊、海鷗、夜鷺和鬼蟹都熱切地等待著牠們的海龜大餐。成功抵達海裡的小海龜還得面臨鯊魚和掠食性魚類的威脅。這整個過程——從產卵到海龜寶寶奮力爬回海裡——已延續了超過一億年之久。

六月十七日
「非洲獨角獸」

數世紀以來，有關於「長角馬」的民間傳說——一種部分像斑馬、部分像驢、部分像長頸鹿的奇怪綜合體——從非洲中部逐漸流傳至西方世界。對於剛果民主共和國的伊圖里（Ituri）雨林區居民來說，長角馬既神祕又充滿力量。不過由於歐洲的考察隊並沒有找到這種動物，大多數的西方生物學家對這些傳說仍持懷疑態度，不承認牠們的存在。他們認爲長角馬只是虛構出來的動物，並幫牠取了「非洲獨角獸」的綽號。然而，有位博物學家表示若這種動物眞的存在，就會是數百萬年前曾活在世上的馬屬動物「三趾馬」（學名Hipparion）。

接著在一九〇一年時，探險家兼殖民地官員哈利．強斯頓爵士（Sir Harry Johnston）在伊圖里雨林，發起了非洲獨角獸的搜尋活動，結果非常成功。強斯頓將這種神祕動物的皮和兩顆頭骨送至大英博物館。這些標本在一九〇一年六月十七日抵達，隔天，E．雷．朗凱斯特（E. Ray Lankester）教授將其描述爲一個新的屬與物種：獾㹢㹢（學名Okapia johnstoni）。

獾㹢狓是一種與長頸鹿有親緣關係的草食性動物，也是最後一種在非洲發現的大型哺乳類動物。剛果人對於這種當地特有的動物理所當然地感到自豪，並將其選作爲他們的國寶動物。西方世界逐漸了解到「非洲獨角獸」眞實存在的故事也讓我們知道，我們其實能從地方傳說中學習到許多東西。

六月十八日

動物硬幣

自從大約西元前七〇〇年鑄幣制度的開始後，動物的身影就持續出現在硬幣上。古希臘與羅馬的硬幣上曾描繪章魚、螃蟹、魚、蛇、鴿子、貓頭鷹、老鷹、海豚、鹿、豬、狼、公羊、馬，以及獅子的圖案。如今最受歡迎的動物硬幣則包括澳洲袋鼠金幣、中國貓熊金銀幣、刻著老鷹叼蛇國徽圖案的墨西哥披索、上面有一隻跳羚的南非克魯格金幣，以及美國的白頭海鵰金銀幣與水牛鎳幣。一九八七年六月十八日，澳洲政府批准了無尾熊白金幣的鑄造，而這也是少數仍在發行的白金幣之一。

雖然鳥類和哺乳類是現今硬幣上最常見的脊椎動物，不過爬蟲類也很受歡迎。海龜出現在阿森松島（Ascension）、巴西、維德角（Cape Verde）、開曼群島（Cayman Islands）、哥倫比亞、庫克群島（Cook Islands）、斐濟、馬爾地夫，以及土耳其的硬幣上。蛇出現在澳洲、北韓、索馬利亞，以及俄羅斯的硬幣上。鱷蜥出現在紐西蘭的硬幣上，蜥蜴則出現在澳洲、印尼、斐濟、波蘭，以及俄羅斯的硬幣上。

動物深深影響著我們的生活，包括陪伴我們、替我們工作，以及爲我們提供蛋白質。宗教、語言、民間故事、視覺藝術、音樂與文學都反映出我們與其他動物的聯結。也因此不難想像我們也會將非人動物融入於日常用品中，例如硬幣。

六月十九日

從爸爸的嘴裡吐出小孩

在許多國家，六月的第三個星期日是父親節，剛好可以趁機認識一下非人動物中，同樣也在子女生活中扮演重要角色的好爸爸。達爾文蛙就是自然界裡其中一個善盡職守的父親。這種只出現在阿根廷與智利的青蛙自從被發現後，數十年來一直裹著一層神祕的色彩。

一八三四年，達爾文在智利南部發現了一隻外型奇特的小青蛙，臉上長了一根和小木偶一樣的長鼻子。由於無法辨別此一青蛙的物種，於是他將標本送回了英國。一八四一年，法國科學家安德烈・馬里・康斯坦・杜馬利（André Marie Constant Duméril）與蓋布瑞爾・畢布朗（Gabriel Bibron）將此一新物種命名為達爾文蛙（學名Rhinoderma darwinii）。幾年後，法國動物學家安東萬・吉舍諾（Antoine Guichenot）在檢視達爾文的標本時，發現其中一隻青蛙的體內有蝌蚪。他以為這隻青蛙是雌蛙，並推斷達爾文蛙為胎生。結果他錯了。

一八七二年，西班牙動物學家吉曼內茲・德・拉・埃斯帕達（Jiménez de la Espada）檢視了其他的標本後，在五隻雄蛙的聲囊中發現蝌蚪！

在後續的六十年內，關於蝌蚪是如何進入雄蛙的聲囊，仍舊是個無解的謎。直到一九三〇年代，智利科學家奧特瑪・威爾海姆（Ottmar Wilhelm）將達爾文蛙放在飼養箱裡觀察後，謎底才揭曉。某天雌蛙產了卵，數週後，已經可以看到胚胎在卵膜內翻動的樣子。就在牠們孵化前，雄蛙將卵吸入了口中。這些卵並沒有經由食道滑入雄蛙的胃裡，而是經由口腔中的聲囊孔滑入聲囊，在那裡進行孵化。如今我們已知道雄蛙大約會花兩個月的時間育兒。待時機成熟，牠就會張開嘴巴，讓小小的幼蛙跳出來。

六月二十日

向老鷹致敬

休斯頓，這裡是靜海基地。鷹號已登陸。

——尼爾・阿姆斯壯（Neil Armstrong），美國太空人

一七八二年六月二十日，大陸會議（Continental Congress）通過了美國國徽的設計：一隻白頭海鵰，左爪抓著十三支箭，右爪則抓著一支橄欖枝。一百七十多年後，總統約翰・F・甘迺迪（John F. Kennedy）公開表示：「我國的開國元勛選擇白頭海鵰作為國徽圖案，是明智的決定。這隻大鳥所展現的勇猛與獨立，貼切象

徵著美國的力量與自由。」而尼爾・阿姆斯壯與巴茲・艾德林（Buzz Aldrin）於一九六九年六月登陸月球時，搭乘的也是名爲「鷹號」的登月艙。

白頭海鵰在美國原住民文化中受到尊崇的歷史更是悠久。許多原住民認爲白頭海鵰（以及金鵰）象徵智慧與力量，並相信牠們是具有特殊治癒能力的「醫鳥」。老鷹的羽毛對他們來說很神聖，因而在傳統儀式中扮演著重要角色。白頭海鵰能在高空中翱翔，消失在雲後，因此許多部落將這種鳥類視爲人與神之間的靈魂使者，並認爲他們具有操控雨的力量。切羅基族（Cherokee）、柯曼奇族（Comarche）、霍皮族、恰克圖族（Choctaw）及其他許多原住民部落都會跳鷹舞——一種請求老鷹向雨傳達祈禱或向神傳遞和平之意的舞蹈。

今天是「全美老鷹日」（National Eagle Day），也是美國的多元文化向老鷹致敬的日子。

六月二十一日

太陽的力量

夏至也稱爲仲夏，是地球自轉軸最傾向太陽的時日，在北半球落於六月二十日至二十二日間，也是一年之中最長的一日（南北極地帶除外，因爲在夏至前後，那些地方的日照會持續數天甚至數月）。

人們長久以來都有慶祝夏至的習慣，認爲那是大地重生的時刻。對古埃及人來說，夏至到來代表最亮的恆星天狼星不久後就會導致尼羅河氾濫，灌溉整片大地。中國古人則會在當天祭地，迎接陰氣漸生的開始。古希臘人會在夏至讚頌農神「克洛諾斯」（Cronus），羅馬人則會向掌管婚姻與貞潔的女灶神「維斯塔」

（Vesta）致敬。在夏至之際作物剛栽種完成後，維京人與其他的北歐水手便開始從事海外貿易，相約討論法律事務與解決糾紛，出海捕魚及遠征劫掠。各項活動在太陽力量達到巔峰的時期展開。如今，世界各地的文化仍以儀式、篝火、盛宴與節慶歡迎仲夏的到來，慶祝大自然、太陽的力量、季節的變化，以及生命、死亡與嶄新開始的循環。

六月二十二日

納魯卡塔克捕鯨慶典

每到春秋兩季，弓頭鯨會沿著北阿拉斯加的海岸遷徙。該地區的伊努皮亞特人（Iñupiat）捕鯨團體擁有特許權，每年能獵捕共五十隻弓頭鯨。在你疾聲抗議之前，必須了解這些原住民已經以一種維護生態永續的方式，獵捕弓頭鯨長達一千多年之久。

緊接著捕鯨季節圓滿結束後，伊努皮亞特人會從六月中至月底舉行名為「納魯卡塔克」（Nalukataq）的豐收慶典，以感謝這些動物使伊努皮亞特人得以維繫生活與文化，慶祝他們獲得大量的新鮮鯨魚肉，以及提供機會讓捕鯨船長能分發鯨魚肉和鯨脂給團員。

捕鯨慶典以祈禱揭開序幕，捕鯨船的旗幟升起後，大家便開始分享麵包、咖啡，以及鵝肉與馴鹿肉湯。

參與活動的人唱著歌，說著故事，最後捕鯨隊員會分發鯨魚肉，先從冷凍的生肉塊與鯨魚尾肉條（也就是那兩片鯨魚尾鰭）開始。在享用完鯨魚肉與炸鯨脂大餐後，納魯卡塔克的毯子空拋遊戲便登場了。在一塊由數張髯海豹皮所縫成的毯子上，用一條繩子穿過各個角落並拉緊於四根木樑間，使毯子能升到大約及腰的高度。大家圍在毯子四周，往後拉平，將毯子上的舞者——由船長與他們的妻子帶頭——拋向空中。當他們浮在空中時，會撒糖果給下方等待的孩童。這場慶典最後會以傳統舞蹈、歌曲及祈禱作為結束。

六月二十三日

藥草的力量與功效

「施洗約翰」（John the Baptist）據信比耶穌早六個月誕生，由此推斷他的生日應為六月二十四日。許多國家會在六月二十三日「聖約翰節前夕」（St. John's Eve），以大餐、舞蹈、篝火與傳統歌曲加以慶祝。

歐洲人長久以來都有在聖約翰節前夕收集藥草的習慣，因為他們相信當天藥草的力量與功效最強。歐洲各地都有人會在聖約翰節前夕摘採「聖約翰草」（St. John's wort），將其掛於窗前，藉以驅逐惡魔、趕走女巫和預防病痛。艾草則在聖約翰節前夕的早上採集，在篝火上煙燻以增強藥草的力量。用加持過的艾草編成花環掛在窗前和門前，可抵擋惡靈入侵。在聖約翰前夕的慶祝活動中，德國人會戴上艾草花環以招來好運。愛爾蘭人在聖約翰前夕會收集錦葵的葉子和莖，用這種藥草碰觸他們遇到的每一個人，使對方在新的一年免於受到疾病或邪惡力量的影響。接著他們會將藥草扔進篝火中燃燒。在聖約翰前夕，法國人則會拿著毛蕊花的嫩枝越過篝火上方，以此儀式保護家畜不受疾病及巫術侵擾。

不論是藉由巫術、祈禱、供奉、民間療法或專業醫療照護，每個人都企圖要掌控自己的命運——運氣、幸福、健康與死亡。而藥草一直以來都是其中一種方式。

六月二十四日

雖已逝去，但不會被遺忘

人類所帶來的嚴重影響已導致加拉帕哥陸龜的數量急遽下降。在十七世紀期間，加勒比海盜與獵鯨者據估從加拉帕哥群島獵捕了十萬隻陸龜，作爲他們返鄉長途航行中的食物。經人無意或蓄意引進群島上的動物爲當地帶來了生態浩劫。老鼠會吃陸龜蛋和剛孵化的小陸龜，狗和貓也會吃陸龜寶寶。豬破壞了陸龜的棲地，山羊則是與陸龜爭食。到了一九七一年十一月，據估已有四萬隻家山羊對平塔島的植被造成損害。在那裡，生物學家發現了一隻孤獨的平塔島象龜。暱稱爲「喬治」的象龜經移送至聖塔克魯斯島（Santa Cruz Island）的達爾文研究站（Charles Darwin Research Station），希望能爲他找到一個伴。然而，在那之後並沒有發現其他野生或圈養的平塔島象龜。

「孤獨喬治」據信爲最後一隻平塔島象龜，於二〇一二年六月二十四日遭人發現倒在牠的圍欄裡，以超過一百歲的高齡去世。厄瓜多總統拉斐爾・科利亞（Rafael Correa）在對全國公開演說時，對喬治表示哀悼之意，並表示希望將來有一天能以生物技術複製孤獨喬治。喬治死後不久，科學家便開始收集牠的細胞組織，為此一可能計畫作好準備。牠的冷凍遺體被運送至紐約市的美國自然史博物館（American Museum of Natural History），由動物標本製作師進行維護工作。在二〇一四年至二〇一五年間的近三個月展期內，數千名參觀民眾來到博物館，向世界上最知名的陸龜致敬。孤獨喬治不會遭人遺忘。如今牠長眠於家鄉聖塔克魯斯島，數十萬名來到當地的旅客除了向牠致意外，也能藉機省思人類活動所造成的物種滅絕悲劇。

六月二十五日

全國鯰魚日

養殖鯰魚自牠們身為底層攝食者的祖先一路演變至今，已歷經了大幅進展。

——羅納德・雷根總統（President Ronald Reagan），《第五六七二號文告》（Proclamation 5672）

一九八七年，羅納德・雷根總統宣布將六月二十五日訂為「全國鯰魚日」（National Catfish Day），以頌揚美國養殖鯰魚的價值（大多為美洲河鯰及藍鯰）。許多魚類的味道似乎就和牠們吃進的食物一樣，因此，美洲河鯰和藍鯰這類底食動物嚐起來有種「泥巴味」，可說是一點也不奇怪。在野外，這些鯰魚是食腐動物，同時也是投機的掠食者，會以其他魚類和無脊椎動物為食，例如蠕蟲和螯蝦。養殖的美洲河鯰與藍鯰吃的是依科學實驗調製而成、富含蛋白質的粒狀飼料，能浮在水面。這種飲食能使鯰魚肉保有略帶甜味的溫和風味。

雷根總統在《第五六七二號文告》結尾時表示：「我邀請美國人民以適當的儀式和活動度過這個日子。」也因此，今天可說是很適合邀請朋友到自家後院享用炸鯰魚，再搭配小玉米球和塔塔醬就更完美了。或者，也可以準備一道異國料理：香烤鯰魚法士達佐煙燻莎莎醬、或墨西哥青辣椒與蜂蜜BBQ鯰魚；鯰魚濃湯，或紙包烤鯰魚；義式白醬燴鯰魚，或托斯卡尼風燉鯰魚；肯瓊風味香煎核桃鯰魚，或鯰魚燴飯；或是香辣鯰魚條佐泰式花生沾醬。在得知美國養殖鯰魚是友善環境的永續水產後，不妨抱著滿足的心情，盡情大快朵頤一番吧！

六月二十六日

露營也可以很有型

豪華露營（glamping）：相較於傳統露營，住處及設備都更為奢華的一種露營型態。

——《牛津英語辭典》（Oxford English Dictionary）

《牛津英語辭典》（簡稱OED）每季都會更新一次。在二〇一六年六月新增的一千個單字中，glamping也包含在內。這個非正式詞彙是從大約二〇〇五年開始使用，而OED對該字的起源描述為「源自二十一世紀初；由奢華（glamorous）與露營（clamping）兩字融合而成的新字」。

你是否從不覺得在潮濕又凹凸不平的地面上睡覺是種享受？不喜歡費力搬運一整週要吃的穀麥片、能量棒和什錦乾果，預先調理包裝的即食蛋、即食米和即食馬鈴薯，冷凍乾燥的千層麵和辣蔬菜湯？討厭被帳篷的漏水驚醒？過去的你很熱愛原始的露營生活，但現在年紀已八十好幾，光是蹲在地上都很困難，再站起來更是吃力？

打起精神來吧！現在你可以體驗大自然——健行、攝影、寫生、釣魚、划船、游泳——再回到租賃公司提供的豪華帳篷裡休息。睡的是特大雙人床，坐的是精緻皮椅，內部天花板有燈讓你方便閱讀，肚子餓時可請廚師準備餐點送入你的帳篷，還能在篷內附設的浴室裡享受熱水澡。在世界各地，豪華露營的價格依設施與地點而定，從一晚低於一百美元到一晚一人超過三千美元不等。崇尚簡約的人可能會對豪華露營嗤之以鼻，不過這樣的體驗還是能幫助我們與大自然建立連結。

六月二十七日

對甲蟲過分溺愛

英國每兩年會歡度一次「全國昆蟲週」（National Insect Week），時間是六月的最後一週。這項活動是由英國皇家昆蟲學會（Royal Entomological Society）所發起，目的是要教育大眾昆蟲的價值與相關保育活動的必要。地方活動可能會包含賞蝶步道、昆蟲攝影比賽，以及昆蟲學家講座。甲蟲經常成爲注目焦點，因爲它們爲數衆多，且許多種類都令人嘖嘖稱奇。世界上大約有四十五萬種甲蟲，佔了所有昆蟲種類的四成，也就是在所有已知動物物種中佔了百分之二十五！若有人好奇透過研讀自然歷史，可以了解到什麼與上帝有關的事情，英國演化生物學家兼遺傳學者約翰・伯頓・桑德森・霍爾丹（J. B. S. Haldane）會說造物主「對甲蟲有著過分的溺愛」。

其中一群經常在全國昆蟲週成爲主角的甲蟲是「糞金龜」（金龜子科〔Scarabaeidae〕）。這類甲蟲以糞便作爲部分或全部的食物來源，而且會產卵在糞便裡，使幼蟲能立即獲得食物。埃及的聖甲蟲（學名Scarabaeus sacer）是一種會滾糞球的糞金龜。當雄性聖甲蟲發現新鮮的牛糞時，它會直撲而去，將糞便滾動成球狀，然後將糞球推到它認爲合適的休息地點後，再把糞球埋藏好。而它的配偶將會在那裡產卵。古埃及人有時會以一隻巨大的聖金龜作爲太陽神「拉」（Ra）的化身，因爲太陽神推著烈日穿越天際的模樣就像在滾糞球一般。埃及人通常會將這些象徵復活與永生的聖甲蟲，放置在陵墓中陪伴逝者。一隻甲蟲所展現的價值可見於此。

六月二十八日

聆聽蛙鳴

你喜歡聆聽青蛙的鳴叫聲嗎？喜歡的話，或許你會很適合加入「美國蛙類觀察」（FrogWatch USA）的行列。這項公民科學計畫於一九九八年發起，旨在給予民眾機會認識當地的蛙類及濕地，同時也提供數據資料，以協助蛙類及其棲地的保育活動。北半球的六月是許多蛙類的鳴叫巔峰期，也是參與美國蛙類觀察計畫的好時機。

規則非常簡單。選好一個地點並註冊監測後，你會接受訓練，以辨別所選地區的蛙類叫聲。從日落的三十分鐘後直到凌晨一點之間，你隨時都能到你選的地點，在那裡安靜地待上至少兩分鐘。接著花三分鐘的時間，將手掌彎成杯狀靠在耳邊，然後仔細聆聽。將你聽到的蛙類及其鳴叫聲的強度記錄下來，並盡量在該地區的蛙鳴巔峰期多做幾次這樣的活動。

這種標準程序使橫跨時間與地理位置的數據資料得以互相比對。對每個人來說，這是雙贏的局面：活動參與者覺得有趣，科學家也能取得寶貴資料，而蛙類的保育活動更能因而受益。在你家附近或許也找得到蛙類觀察計畫的據點了，因爲到了二〇一七年，哥倫比亞特區和美國四十一州內已有一百四十五個分部。如果你家附近沒有，不妨打電話給當地的動物園、水族館、自然中心，或保育組織，呼籲他們著手設立。以加拿大爲例，他們也已發起了自己的蛙類觀察計畫（FrogWatch Canada）。

六月二十九日

草莓田

看著草莓，你會聯想到什麼？許多人想到的是愛心。或許就是因爲那心型的外表，才導致民眾普遍認爲草莓具有醫療價值。早在西元前二六〇〇年，中國人就會利用浸泡過草莓葉的水幫身體排毒，並延遲老化的徵兆。羅馬人會藉著吃草莓提振精神及改善腸胃不適。羅馬神話將草莓與維納斯連結在一起，主張和另一個人分享草莓就能萌生愛苗。世界各地都有人相信草莓能提升生育力。

在美國，從加州到紐約都有「草莓節」，藉以慶祝豐收並表達感謝。威斯康辛州的錫達堡（Cedarburg）在每年六月下旬會舉辦草莓節。這座小鎮在二〇一七年歡度了第三十二屆的草莓節。每年都會有高達十萬人慕名而來，享用吃到飽的草莓煎餅早餐、草莓冰沙和果昔、草莓可麗餅——所有能想像到的東西應有盡有，甚至包括草莓酒和草莓臘腸。對那些競爭心強的人來說，還能參加吃草莓海綿蛋糕和吹草莓泡泡糖的比賽。

草莓或許無法眞的增強生育力，但這種莓果富含維他命 C、纖維質和抗氧化物，確實有助於提振精神。在得知這種心型水果能降低血壓及增加高密度脂蛋白（HDL，一種好的膽固醇）後，你可以盡情享用裹上巧克力的草莓，也可以嘗試英國傳統的草莓佐鮮奶油，或仿效希臘人的作法——用撒上糖的草莓沾白蘭地來吃。

六月三十日

海馬

奧斯特敦克爾克（Oostduinkerke）是比利時西弗蘭德省（West Flanders）的濱海小鎮，在六月的最後一個週末會舉行爲期兩天的「蝦節」（Shrimp Festival）。奧斯特敦克爾克屬於自然保護區，四周由兩百四十英畝的沙丘所圍繞。目前全世界只有這裡的人會騎馬捕蝦。捕蝦人穿著亮黃色防水衣和工作褲，在退潮的大約兩小時前，騎著強壯的比利時重輓馬進入海中。每一匹馬在浪及胸口的海裡，拖著由兩片木板撐開的捕蝦網。五百年前，荷蘭、英國和法國的濱海農民會在北海沿岸騎馬捕魚，以作爲農耕的肥料。這些農地長久以來已被物產開發所取代，然而奧斯特敦克爾克的捕蝦人仍延續此一傳統。如今捕蝦是爲了人類消費活動——這不是一種能賺錢的謀生方式（賣蝦利潤低），他們之所以這麼做，是爲了讓騎馬捕蝦的傳統能生生不息。

有些捕蝦人形容他們與比利時重輓馬之間的關係就像愛情。對於許多馬來說，海的景象、聲音和味道都很奇怪，加上海浪會打在牠們的腿和脅腹上，容易令牠們緊張。牠們一看到海浪，就會奔回岸上。因此，一旦發現特別勇敢又喜歡海的馬，捕蝦人就會用一生的時間珍惜愛護牠。

July

七月

七月一日

教育、保育及動物園

一八七四年七月一日，美國首間動物園於賓州費城開幕。在營運的第一年，這座動物園住了八百一十三隻動物，參觀人數超過二十二萬八千人。入園費為成人〇．二五美元，小孩〇．一美元。

動物園一開始主要是為了展示珍奇異獸而開設，如今仍會這麼做，不過兼具了更多用途。我們能在動物園學習到動物的原棲地、自然歷史及保育現況。此外，民調顯示許多遊客在參觀動物園後，會思考自己該如何為維護生物多樣性盡一份力。透過圈養計畫，動物園能協助保護野生動物，也能拯救某些瀕危物種。舉例來說，在費城動物園和其他機構的努力之下，黑足鼬得以藉由圈養而回復數量。曾一度遍及北非的野生彎角劍羚在二〇〇〇年宣告絕種，如今，澳洲墨爾本附近的威瑞比野生動物園（Werribee Open Range Zoo）與其他機構正努力復育，希望能使彎角劍羚重回野地。

根據世界動物園暨水族館協會（World Association of Zoos and Aquariums），每年全世界參觀動物園和水族館的人數超過七億。在美國，相較於大聯盟足球、籃球、棒球和曲棍球比賽的現場觀賽人數加總，參觀動物園和水族館的人數還是比較多。由此可見，動物園在教育及保育貢獻上顯然有極大潛力。個人保育倫理的養成，或許可藉由從小參觀動物園開始做起。

七月二日

大自然的物候學

依據居住地區的不同，七月上旬可能出現季風雨和飆高氣溫，也可能寒冷乾燥。青蛙可能正在繁殖，亦或進入夏眠。花朵可能正在綻放，亦或逐漸凋零。我們會觀察到動植物的物候學，也就是生物活動循環與氣候條件的關係。我們會因為看到果樹開始抽芽、樹林中的紫羅蘭開始綻開，以及藍莓開始成熟而感到欣喜。我們也會注意到楓葉逐漸轉紅、松鼠儲藏堅果、昆蟲數量變少，以及雪花開始飄落的景象。

科學家為了研究物候學而記錄這些改變，以了解動植物是如何應對氣候變遷。在某些春天較早變暖的地區，青蛙較早開始鳴叫，鳥較早開始築巢，新葉和花苞也較早綻開。在某些秋天較晚轉涼的地區，蛇較晚進入冬眠，樹葉較晚凋落，蚊子也較晚開始繁殖。

不妨一起協助科學家累積物候學的觀察資料吧！住在英國的人可以加入線上「自然日曆」（Nature's Calendar），上傳自己的觀察記錄。住在美國的人則可以加入「自然筆記」（Nature's Notebook）。世界各地還有許多其他的公民科學計畫提供類似機會，以協助科學家研究動植物和氣候變遷。在更加關注大自然物候學的過程中，你的視覺、聽覺與嗅覺也會變得越來越敏銳。

七月三日

被一腳踩碎

大海雀想必是種很雄偉的鳥類，羽毛黑白相間，巨喙呈倒鉤狀，直立的高度就和人類幼童差不多。這種不會飛的鳥曾居住在寒冷的加拿大北大西洋沿岸一帶、美國東北部、挪威、格陵蘭、冰島、法羅群島（Faroe Islands）、愛爾蘭、大不列顚、法國，以及西班牙北部。一八四四年七月三日，冰島埃爾德島（Eldey Island）的漁夫勒死了經證實爲世上最後一對的大海雀，交給了販賣標本的商人。在捕捉成鳥的慌亂過程中，一位漁夫踩碎了僅存的最後一顆大海雀蛋。

我們對於大海雀的了解多半來自水手的口述，因爲科學研究從未重視過這種鳥類。大海雀對人類缺乏與生俱來的恐懼，加上牠們不會飛，只會在陸地上笨拙地行走，因此對於人類的剝削毫無招架之力。大海雀被當成食物宰殺，牠們的肉用作魚餌、鳥喙用作裝飾、羽絨用作枕頭塡充物，鳥蛋用作食物和展示的珍奇收藏。由於人類的貪婪與過度開發，牠們在一百七十多年前被消滅殆盡。

成立於一八八三年的美國鳥類學家協會（American Ornithologists'Union）將其期刊命名爲《海雀》（The Auk），並於一八八四年開始發行。藉由紀念這種鳥類以及提升民眾對牠們的關注，協會創始人希望能使大家開始正視人類剝削行爲所帶來的後果。

七月四日

蜂鳴、鳥囀、碎裂、碰！

美國在七月四日（獨立日）這天慶祝《獨立宣言》（Declaration of Independence）於一七七六年通過。煙火伴隨著一七七七年的一周年歡慶活動在高空中施放，從此爲這個節日的歡鬧氣氛增添了額外的魅力。化學物質經反應後產生五顏六色的光線與各式各樣的聲響，包括悅耳的蜂鳴聲、鳥囀聲、碎裂聲，以及震耳欲聾的爆炸聲。煙火源自七世紀的中國，用於在節慶中施放以驅邪避魔。

人類並不是唯一會利用化學反應產生爆破的動物。除了南極洲以外，世上的其他洲居住著共五百多種的投彈甲蟲。這些住在地底的甲蟲會從末端噴射出灼熱的有毒化學物質，目的不是要驅邪，而是要趕走螞蟻等掠食者。投彈甲蟲的腹部有兩條腺體，每一條都包含內外區室。當甲蟲偵測到威脅時，會將過氧化氫和對苯二酚從內部擠到外部區室。在那裡，催化劑（酵素）會引發立即的爆破反應。反應過程中所產生的熱會導致化學混合物的溫度接近水的沸點，而氧氣的壓力則會造成混和物在甲蟲的腹部末端爆炸。大自然的化學爆破反應就和人爲的一樣令人驚奇。

七月五日

綿羊桃莉

桃莉（Dolly，綿羊名）是從單一乳腺細胞衍生而來，我們無法想像還有什麼比擁有一對豪乳的桃莉・帕頓（Dolly Parton），更適合用來為之命名。

——伊恩・威爾穆特爵士（Sir Ian Wilmut），複製出綿羊桃莉的其中一名科學家

桃莉，第一隻利用成年體細胞複製而成的哺乳動物，於一九九六年七月五日誕生於蘇格蘭。她是由一隻芬蘭多塞特白羊的乳腺細胞所培育而成，但除此之外，她還有另外兩位母親。一隻蘇格蘭黑面羊負責提供去核卵母細胞，用來將乳腺細胞注射進去。在試管中安置六天後，胚胎被移植到代理孕母——另一隻蘇格蘭黑面羊——的體內。桃莉在六歲半時死於肺部疾病，遺體展示於愛丁堡的蘇格蘭國立博物館（National Museum of Scotland）中。她啓發了全世界的想像力，使科幻小說得以化爲現實——一個從細胞發展而成、和捐贈者一模一樣的複製體。在桃莉之後，科學家又成功複製了各種大型哺乳動物，包括馬、牛、鹿和豬。

某些科學家主張要複製瀕危物種，以避免物種消失殆盡。桃莉的例子讓我們知道，理論上這是有可能辦到的事。其他科學家則提出爭議，認爲複製並不能解決造成物種銳減的根本問題。他們表示，若要拯救瀕危物種，我們應該依據肇因投入有限資源，以緩和物種數量下滑的情況。這些肇因包括過度獵捕、棲地改變與破壞，以及外來種的入侵。另外也有科學家建議應雙管齊下。

七月六日

孝道

白鸛在古希臘羅馬的世界象徵「孝道」，當時的神話描繪這種鳥類會照顧自己年邁的父母。這類聯想並非以自然歷史作爲依據，而是可能反映出牠們的群居習性。亞里斯多德、老普林尼及埃里亞努斯）皆讚美過白鸛的付出。亞里斯多德曾敘述白鸛會揹著自己的父親或母親飛行，還會將大魚餵給對方吃。爾後，英國知名動物寓言集作家愛德華・托普塞爾（Edward Topsell，約一五七二年至一六二五年）也表示白鸛擁有高尚美德，堪稱「神之鳥」（a bird of God）。

歐洲人長久以來認爲白鸛在自家屋頂上築巢會帶來好運。瑞士博物學家康拉德・格斯納（一五一六年至一五六五年）和其他人則宣稱白鸛在屋頂築巢後，會留下一隻雛鳥以報答屋主。這項說法逐漸演變成流傳於歐洲的民間傳說，也就是送子鳥的故事。在經安徒生寫成《鸛鳥》（The Stork，一八三八年）後，又變得更廣爲人知。在比較近期的年代，嬰兒出生通知卡片上會印有送子鳥的圖案，即白鸛叼著用粉紅或藍布包裹的嬰兒。

白鸛至今仍會在春夏節慶中成爲慶祝與紀念的對象。與白鸛相關的慶祝活動通常包括建構築巢平臺、街頭舞蹈表演，藉以讚揚這些好心又慷慨的鳥類，新生命的報信者。斯洛維尼亞（Slovenia）在七月的第一個週末歡度「白鸛日」（Stork Days）。由於白鸛是斯洛維尼亞的象徵，因此在當地慶祝更是別具意義。

七月七日

神的食物

巧克力是以可可樹（Theobroma cacao）的種子製成，對某些人來說滋味非常迷人。其學名源自希臘文theos和broma，意思是「神的食物」。七月七日是「世界巧克力日」（World Chocolate Day）。放縱一下吧！醫學專家已告訴我們，巧克力能降低膽固醇，減少罹患心血管疾病和中風的風險，並且延緩記憶力下降。根據某些歷史學家的說法，巧克力是在一五五〇年時作爲飲品引進西班牙。

哥倫布在一五〇四年時就已帶著巧克力歸返西班牙，然而當時相較於其他新世界的珍貴寶物，巧克力並未受到重視。一五一九年，西班牙探險家埃爾南・柯爾特斯（Hernán Cortés）在拜訪墨西哥的阿茲特克皇帝蒙提祖馬二世（Montezuma II）時，得知了有關巧克力的事。阿茲特克人飲用的巧克力稱爲xocoatl，是由磨成粉的可可豆調製而成，口感濃稠，會以香草及辣椒調味。據說蒙提祖馬在前往後宮前，都會喝數杯xocoatl以增強性慾。柯爾特斯在一五二八年時帶著可可豆回到西班牙，然而某些歷史學家表示，西班牙人一直到一五五〇年才開始喝巧克力。西班牙人一直以來都對巧克力一事守口如瓶，直到西班牙國王菲利普的女兒於

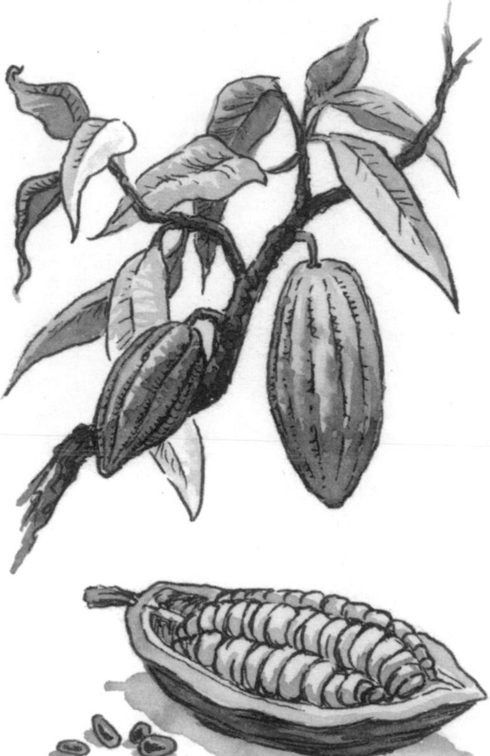

一六一五年嫁給法王路易十三世後，才將她所愛的巧克力帶入當地。於是，巧克力就從法國逐漸流傳至整個歐洲。

吃巧克力能提升大腦的血清素，而巧克力中的苯乙胺醇（PEA）則能刺激腦內啡的釋放。這些天然的改變情緒化學物質能令你感到愉悅，也讓你多了一個理由在今天好好享用一些「神的食物」。

七月八日

樂聲魚游相伴

佛羅里達州的洛奧礁島（Looe Key Reef）位於大松礁島（Big Pine Key）以南，在七月的第二個星期六會舉行年度「礁群海底音樂節」（Lower Keys Underwater Music Festival）。洛奧在佛羅里達礁島群中擁有數一數二的美景，因而吸引旅客到來。該音樂節於一九八〇年代中期發起，目的是要提升民衆對珊瑚礁的保育意識。珊瑚礁是「海洋中的熱帶雨林」，而這樣的稱號也突顯出礁島上的高度生物多樣性。雖然珊瑚礁在全世界僅占百分之〇・二五不到的海底總面積，然而所有的海洋生物中有四分之一是以珊瑚礁爲家。

一起加入其他數百名浮潛與深潛客的行列，一邊探索著美國大陸唯一存活的珊瑚礁，一邊聽著海底音響播放的披頭四名曲《黃色潛水艇》（Yellow Submarine）、《章魚的花園》（Octopus's Garden）、美國歌手吉米・巴菲特（Jimmy Buffett）的《鰭》（Fins）、座頭鯨之歌，以及其他以海洋爲主題的音樂。體驗聲音在水中傳導速度比在空中快超過四倍的感受，有人將這種經歷形容爲「格外空靈」。跟著住在珊瑚礁裡的黃、橘、紅、藍和紫色魚類一起暢泳。觀賞夢幻的男女美人魚對嘴演唱，假裝彈奏由當地藝術家雕刻而成的奇特樂器，包括法國號神仙魚、小提琴螃蟹、口琴螃蟹、長號魚和鼓魚。爲自己精心打扮並設法贏得「最佳服裝獎」。最重要的是，一起到場觀察洛奧礁島壯觀的活建築及棲息動物，欣賞其中所蘊含的美與多樣性。

七月九日

甜甜的草

一七〇〇年代中期，來自摩拉維亞（Moravia）的殖民者在賓州的拿撒勒（Nazareth）製作出「拿撒勒餅乾」，也就是現今糖霜餅乾的前身。二〇〇一年，賓州宣布拿撒勒糖霜餅乾成爲該州的代表性餅乾，不過七月九日才是屬於全美民眾的「全國糖霜餅乾日」（National Sugar Cookie Day）。

用來製作餅乾的白砂糖通常是由甘蔗製成，那是一種南亞與馬拉尼西亞（Melanesia）熱帶地區的原生「草類」。甘蔗據信是在約八千年前開始在新幾內亞栽種，並從那裡傳至其他的南太平洋島嶼。在之後的兩千年內，甘蔗開始在印尼、菲律賓群島與印度北部種植。如今，甘蔗生長於世界各地的亞熱帶及熱帶地區。全世界的糖大約百分之八十是以甘蔗作爲原料，其他的則大多以甜菜製成。

甘蔗與人類歷史的發展息息相關。非洲人被當作奴隸送至加勒比海和其他地區，在當地的甘蔗田裡工作；印度人、中國人和葡萄牙人則移民到世界各地，成爲在甘蔗田裡工作的契約勞工。甘蔗的生產也改變了地景與動植物群聚的結構，進而影響了生態系統的形塑過程。甘蔗蟾蜍被引進佛羅里達州、夏威夷、波多黎各、菲律賓群島及澳洲，以控管啃食甘蔗根的甲蟲數量。貓鼬則被引進夏威夷和牙買加，以壓制甘蔗田裡的鼠害。甘蔗蟾蜍和貓鼬都是生物防治弄巧成拙的實例，因爲這些引進物種會透過競爭、掠食，以及其他與原生動植物的負面互動，繼續對牠們已適應的生態系統造成破壞。甘蔗倡議組織（Better Sugar Cane Initiative）於二〇〇八年成立後，爲全球設下了永續生產的認證標準，以減少甘蔗生產對環境的衝擊。

七月十日

荒野保護

荒野（wilderness）：土地與生物群聚皆未受人為干預的一塊區域，人類在當地只是訪客，不會久留。

——荒野的法律定義，一九六四年的美國《荒野法案》（The Wilderness Act）

「邊境水域獨木舟荒野區」（Boundary Waters Canoe Area）位於明尼蘇達州東北部，自古老冰河造成岩床裸露並形成河湖網絡以來，已歷經了重大變化。在十九世紀上半期，由於皮草商過度剝削當地有皮毛的哺乳動物，迫使設陷阱捕獸的獵人必須再往西移動。在十九世紀結束前，該地區發現了鐵礦。到了一八九五年，爲了下一代而發起的該地區保護活動開始進行。一九〇九年，羅斯福總統正式宣布將這塊超過一百萬英畝的土地定爲「蘇必利爾國家森林公園」（Superior National Forest）。

然而，立場不同的兩派人馬之間產生衝突，一派支持蘇必利爾國家公園作爲娛樂用途，另一派則主張利用該地發展林業與水力發電。一九三〇年七月十日，在保育人士的敦促下，總統赫伯特・胡佛（Herbert Hoover）簽署了「希普斯帝德牛頓諾蘭法案」（Shipstead-Newton-Nolan Act）。這也是美國第一次在法令中宣布土地依「荒野」之名受到保護。這項法案規定在獨木舟荒野區的四百英呎（一百二十二公尺）娛樂用水道範圍內，禁止建造水壩及伐木，藉以控管水位及保護湖岸環境，以供娛樂所需。為維護人類福祉，荒野可說是不可或缺的存在。

一九六四年，總統林登・貝恩斯・詹森（Lyndon B. Johnson）簽署了《荒野法案》（Wilderness Act）。該法案訂立了荒野的法律定義，並將九百一十英畝的聯邦土地列為荒野加以保護。如今在美國的荒野系統內，共有超過一億英畝的土地受到保護。

七月十一日

「魔幻」的變態過程

小時候的我們對青蛙的變態過程大感新奇：從一開始嘴巴噘起、擺動鰭狀尾巴游泳的小圓球蝌蚪，轉變成利用強壯後腿彈跳的大嘴掠食者。原本噘起的小嘴怎麼會變得這麼大？那條鰭狀的尾巴跑到哪去了？腿又是如何變出來的？這些難解的謎題對我們來說就像是神奇的魔術表演。後來，上了高中的生物課後，科學的解釋取代了魔術。

一九一二年七月十一日，康乃爾大學醫學院（Cornell Medical School）的解剖學家J・F・古德納奇（J. F.

Gudernatsch）發表了一篇論文，指出蝌蚪的變態是由甲狀腺激素所控制。他發現當他用搗碎的甲狀腺餵食蝌蚪時，牠們很快就長出腿來，尾巴也縮了進去，提前轉變成幼蛙。自從古德納奇的實驗後，我們學習到了許多關於兩棲類變態的學問，然而他的研究成果才是我們奠定相關知識的基礎。蝌蚪的發展包含兩個過程：生長（體型變大）與差異化（組織結構上的改變）。不同的賀爾蒙掌控著這兩種過程。生長大多是由腦下垂體所分泌的賀爾蒙負責調節，而差異化則是由甲狀腺素及皮質類固醇（由腎上腺所分泌）負責控制。

撇開賀爾蒙不說，變態過程依舊帶有些許魔幻的魅力。青蛙在世界各地仍因其轉變過程而象徵新生、更新和復甦，就如同過去牠們對古埃及人、羅馬人、中國人、墨西哥的奧爾梅克人（Olmec）、埃及的科普特人（Copt），以及發展早期基督教會的領袖人物所代表的意義。

七月十二日

向牛致謝

七月的第二個星期五是美國的「感謝牛日」（Cow Appreciation Day），目的是要提醒我們有多仰賴牛。牛給予我們的不僅是牛奶和牛肉。從煮沸的牛皮、牛腱和牛骨上取得的明膠能製成棉花糖、軟糖、某些種類的冰淇淋、洗髮精、化妝品及維生素膠囊。牛皮能製成外套、皮帶、鞋子、皮包和足球。牛油能製成肥皂、皮製品保養劑和炸彈。牛骨經裁切後能製成鋼琴琴鍵和鈕扣。腸道纖維能製成網球拍和大提琴弦。牛糞是很棒的有機肥料，乾燥的牛糞還能用來作爲燃料。牛蹄能作爲狗的零食，而牛耳和牛尾的軟毛則能製成「駝毛」（camel hair）筆刷。

大多數人都很感謝牛帶給我們的產品及副產品，不過對印度教徒來說，牛的地位非常神聖。這些經馴化的草食動物能提供維持生命所需的牛奶。牛總是不斷付出，所需的東西卻不多，只有水、草和穀物。牠們天性溫和，卻很強壯。印度教徒會舉辦節慶向牛致敬，用花環爲牠們打扮，並獻上特製大餐供牠們享用。牛本身就是生命的象徵。

你可以依據個人信念選擇如何度過這天，例如用碳烤牛排或是肋排加以慶祝，或是避免使用肥皂、洗頭、吃棉花糖、或餵狗吃生牛皮做的零食。

七月十三日
太陽神「拉」

古埃及人宣稱七月十三日是太陽神「拉」（Ra）誕生之日。拉是衆神之王、法老的守護者，也是世界的造物主。他從太古的混沌水淵「努恩」（Nun）中自我創生，接著用唾沫創造出空氣和濕氣，也就是天空與大地的父母。拉自己執行了割禮，於是人類就此從他流出的血液中誕生。拉的象徵動物包括隼、蛇和聖甲蟲

（糞金龜）。埃及人通常將這位太陽神描繪為隼首人身，頭上頂著由眼鏡蛇所圍繞的日盤，或是一隻如滾糞球般推動太陽橫跨天際的糞金龜。

拉的敵人是住在冥界的烏龜與一條名為「阿佩普」（Apep）的大蛇。每天晚上，當拉在十二小時的夜間航行中穿越冥界水域時，烏龜和阿佩普會發動黑暗與光明對立的永恆之戰，企圖阻饒拉的通行。而每天早上，升起的旭日則代表拉擊潰了烏龜與阿佩普，使世界重獲新生。

古埃及人是如此痛恨烏龜與阿佩普，又如此愛戴太陽神拉，以致於他們所詠唱的歌裡有這麼一句：「願拉長存，願烏龜命終。」（May Ra live and may the turtle die.）

雖然在今日，大多數人並不會眞的崇拜太陽，不過我們在生活中還是很仰賴日光與太陽能。生日快樂，太陽神「拉」！

七月十四日

有失尊重

今天是美國的「鯊魚關注日」（Shark Awareness Day）。每年據估有一百隻鯊魚因魚肉和魚鰭買賣而被殺害；另外也有無數的鯊魚在漁夫捕撈其他魚種時，不小心被捕獲。鯊魚關注日希望能突顯出這些海洋主要掠食者的價值，以及相關保育活動的必要。畢竟，鯊魚所帶來的威脅遠不及我們對他們所造成的傷害。

不論是否有閒情逸致從事海上活動，人們經常對鯊魚感到恐懼，認爲牠們是具有危害性的生物，與其活著還不如死去。相形之下，在某些與鯊魚生活親近的文化中，人們會接受牠們是無法掌控的自然力量，就如同颱風和火山爆發。某些人將鯊魚視爲守護者、精神體，甚至天神。夏威夷群島摩洛凱島（Molokai）的玻里尼西亞人敬奉鯊魚神「卡烏胡胡」（Kauhuhu），而斐濟島民也有自己的鯊魚神「達庫瓦卡」（Dakuwaqa）。索羅門島民會建造石壇，以人作爲祭品獻給鯊魚神「塔克・馬納卡」（Takw Manacca）。巴布亞新幾內亞（Pupua New Guinea）、夏威夷及法屬玻里尼西亞的居民則認爲鯊魚是祖先轉世。

馬紹爾群島（Marshall Islands）的島民長久以來都很清楚鯊魚對島嶼及海洋生態的裨益。過去，當島上的某個部落對另一部落的神聖鯊魚不敬時，部落間就會開戰。島民相信若漁夫對鯊魚心存敬意，鯊魚就會保護他們；而島上也流傳著鯊魚引導迷途漁夫回到岸上的故事。如今，馬紹爾群島是世界上最大的鯊魚聖所——位於太平洋中、面積等同於三分之二個美國大陸的安全避風港。

七月十五日

千紙鶴

「盂蘭盆節」（日文讀音爲Obon）是日本佛教徒的亡靈節，依地區不同訂於七月十五日或八月十五日開始舉行，共爲期三天。據說在這段期間，祖先的靈魂會回到家中的佛龕。人們會以祭祖掃墓及爲逝者表演歌舞的方式紀念祖先。有些人還會折一千隻紙鶴。

對日本人而言，鶴象徵長壽、幸福和好運。根據古老的日本傳說，神將爲摺出千紙鶴的人實現一個願望，而這個願望也可以轉送給他人。一千這個數字源自鶴能活一千年的民間信仰。千紙鶴通常是由二十五串紙鶴所組成，每串有四十隻，用來作爲傳統的結婚贈禮，或是送給新生兒的禮物，以祝福對方擁有長久又快樂的人生。

如今鶴也成爲了和平的象徵。廣島的數間神社裡供有長明燈，代表著和平永存。前來參拜的人會在神社留下千紙鶴，以祈求世界和平。每年在盂蘭盆節期間，民眾會帶著千紙鶴到廣島和平紀念公園，以緬懷祖先，並將世界和平的心願寄託於上。留置原地的千紙鶴通常會暴露在風吹、日曬及雨淋中，最後變成紅、粉、黃、橘、綠、藍、紫、白與褐色的破爛紙屑，如祈禱旗般在微風中飄動的同時，心願也隨之獲得釋放。

七月十六日

善與惡

七月十六日是「世界蛇日」（World Snake Day），目的是要教育大衆，使他們更加認識這些經常遭受迫害的爬蟲類。蛇長久以來被視爲善與惡的綜合體，是神也是惡魔，是療疾者也是致命物，是生命也是死亡，是創造也是毀滅。

來自不同文化的人會對蛇感到恐懼和厭惡。在印度神話中，邪蛇「弗栗多」（Vritra）喝光了全世界的水，帶來了嚴重的乾旱。蛇在埃及神話中代表混亂。希臘及羅馬神話將蛇描繪成必須被消滅的惡勢力。蛇在聖經的伊甸園中則象徵邪惡。二〇〇一年，蓋洛普針對美國成人所進行的民調顯示，百分之五十一的受訪者聲稱他們最大的恐懼是蛇。我們會畏懼自己不了解的東西，也會害怕那些和我們不同的東西。蛇沒有手臂或腿，靠腹部滑行，能吞下完整的食物完整。牠們會盯著對方看（沒辦法，牠們沒有眼皮，不會眨眼），擁有分岔的舌頭，而且眞的會「脫胎換皮」，從舊皮中爬出。

然而，也有不同文化與時期的人將蛇與智慧、健康、治療、復甦、重生聯想在一起。在新舊世界中，皆有人穿戴與蛇相關的法器、避邪物和護身符，藉以求得所需與獲得庇護。眼鏡蛇在印度和巴基斯坦地位崇高，蟒蛇在西非的貝南則受人崇拜。世界各地都有人懂得利用蛇的掠食能力來抑制鼠害。如果你覺得蛇很有魅力，不如趁今天向那些怕蛇的人分享你的看法吧！

七月十七日

印加與駱馬

四千年前，住在安地斯山脈上的喀喀湖（Lake Titicaca）附近的印加人會馴養駱馬。他們以駱馬作爲祭品獻給神，將駱馬毛纖維織成布料，並利用其部分消化道作爲藥物。到了西元前六八〇年，印加人開始使用駱馬糞爲土地施肥。這種營養的肥料使印加人能在如此高海拔的地區種植玉米。根據歷史學家的推測，種出玉米的能力使印加文明得以向外擴張，最終征服了大部分的南美洲。

印加帝國（約西元一四二五年至一五三五年）在當時是世界上最大的王國，而印加人在分布廣泛的山路系統中會以駱馬作爲馱獸。印加人在向神獻祭時，會用黃金打造小型的駱馬雕像作爲祭品。這顯然是因爲駱馬是他們最重要的馴養動物，加上他們認爲黃金是太陽神的象徵，代表著太陽的再生力量。西班牙人於一五二〇年代後期入侵印加帝國後，從他們的記錄中可以看到這種黃金駱馬雕像的數量龐大。然而如今幾乎沒有任何一個留存下來。大多數雕像都被熔成金條送到西班牙了。

現今在二十一世紀，駱馬在全世界的許多地方都很珍貴，仍然作爲毛料與肉品的來源。古印加人若是看到駱馬替今日的登山健行客搬運露營裝備，走在「駱馬馱運步道」（llama trek）上，或許會露出微笑吧！猶他州的西班牙福克市（Spanish Fork）在七月的第三個星期六會舉辦「駱馬節」（Llama Fest），屆時會以美食、音樂和舞蹈慶祝這個屬於駱馬的節慶。

七月十八日

熱愛鳥類

大自然創造藍鳥時，希望能藉機平息天空與大地的紛爭，於是將牠的背和胸前分別化為天空和大地的顏色，並規定當牠在春天出現時，就代表兩者之間的衝突與對立就此結束。

——約翰・巴勒斯（John Burroughs），〈藍鳥〉（The Bluebird）

「你長大後想當什麼？」我們經常會這麼問不同年齡的孩子。在人生的早期階段，許多人不斷轉換興趣，延伸求知的觸角，試圖尋找答案。鼓勵與機會經常爲我們指引方向，最終鞏固了我們的人生道路。

康乃爾鳥類學實驗室就位於紐約伊薩卡（Ithaca）外圍的薩普薩克森林（Sapsucker Woods），在七月中至八月初期間，會爲熱愛鳥類的青少年舉辦爲期四天的研討會，名爲「年輕愛鳥人活動」（Young Birders Event）。該研討會讓參與者有機會認識鳥類相關專業人士，並與他們互動，包括生態旅遊業的領航人、環保教育者、政策擬定者，以及鳥類學學術研究者。期間活動則包括一場鳥鳴錄音的討論會、一場eBird資料庫與田野筆記的討論會、爲期兩天的野外鳥類觀察，以及成果發表。

約翰・巴勒斯（一八三七年至一九二一年）是一名優秀的美國博物學家與自然寫作大師，對鳥類特別鍾愛。如果這位鳥類專家還在世，想必能爲參與研討會的青少年補充見解，帶來啓發。

七月十九日

像蛤蜊一樣快樂

這種生物的歷史可追溯至五億一千萬年前。它們棲息於淡水與海洋中，大多數時間都把自己埋在沙裡。體積有可能小到要用顯微鏡才看得到，也可能大到直徑超過四十七英吋（一百二十公分）。我們所談論的就是蛤蜊——一種軟體動物，兩片外殼以絞合部及韌帶連結。

某些蛤蜊適合食用——生食、蒸、燙、烤、炸或炙燒都行。受歡迎的相關料理包括鑲蛤蜊、蛤蜊餅、蛤蜊咖哩、蛤蜊披薩、蛤蜊燉飯、蛤蜊沾醬、油炸蛤蜊餡餅、蛤蜊醬義大利細麵、日式酒蒸奶油蛤蜊、紐奧良克里奧（creole）風味蛤蜊，以及曼哈頓與新英格蘭蛤蜊巧達濃湯。

緬因州的雅茅斯（Yarmouth）自一九六五年開始主辦「雅茅斯蛤蜊節」（Yarmouth Clam Festival），如今舉行的目的則是為了替當地約四十處非營利組織、學校團體及教會募款。該節慶於七月的第三個週末舉行，每年的參與民眾人數超過十萬。一起來共襄盛舉吧！這場為期三天的活動內容包括煙火秀、嘉年華會、吸蛤蜊比賽、獨木舟競賽、現場音樂演出、手工藝表演評比，以及花車、樂隊、古董車相伴的遊行。在節慶期間，現場供應的蛤蜊多達六千多磅，另外還有兩千五百份鬆餅早餐、六千個龍蝦捲、六千塊草莓海綿蛋糕，以及一萬三千杯萊姆瑞奇調酒。在這節目滿滿的週末裡，每位參加的民眾都能「像漲潮時的蛤蜊一樣快樂」（happy as a clam at high tide）。

七月二十日
兔女郎

一九六九年七月二十日，隨著阿波羅十一號登陸月球，尼爾・阿姆斯壯與巴茲・艾德林踏上了月球的表面。當時我正在巴西的貝倫進行田野調查。我和另外約二十五名美國人、帕拉州州長及其他巴西的顯要人士，一起在美國領事館裡聽著廣播。當阿波羅十一號登月時，我們全都興奮大叫，激動相擁。我們到外頭高舉美國國旗，並暢飲了數巡香檳。

隔天，我的巴西助理們問我：「美國人會拿走多少月亮？」他們聽說太空人收集了岩石與土壤的樣本，擔心美國人會將月球佔爲己有。我向他們解釋，在兩年前，包含美國在內的九十多個國家已簽署太空探索協定，聲明沒有國家能擁有任何外太空的自然物體，或將其應用於軍事用途，包括月球。月球是大家的，並非專屬於任何一個人。

月亮在許多人類文化中有著不同的形象。來自西方文化的人經常想像月亮上住著一個男人。在非洲、中國與北美原住民的民間傳說中，住在月亮上的是一隻青蛙或蟾蜍。前哥倫布時期的中部美洲（Mesoamerica）原住民則和中國人、日本人、韓國人一樣，將兔子和月亮聯想在一起。根據傳聞，艾德林登上月球後，曾四處尋找「兔女郎」（引述他本人的話），但並沒有發現。

七月二十一日

佛羅里達礁島群

七月的第三週是「珊瑚礁關注週」（Reef Awareness Week），目的是要頌揚佛羅里達礁島群（Florida Keys）的珊瑚礁小島。佛羅里達州的珊瑚礁是在末次冰期後因海平面上升而形成，至今已存活了一萬年。造礁珊瑚約有一百種，包括海扇、海鞭、腦珊瑚、柳珊瑚、星珊瑚、麋角珊瑚及鹿角珊瑚。珊瑚礁是海綿、海葵、海參、海星、蛤蜊及其他海洋生物的寄宿居所。住在珊瑚礁裡或附近的魚類至少有一千種，珊瑚礁爲牠們提供豐富的食物來源，簡直就像琳瑯滿目的自助餐：小丑魚吃浮游生物；神仙魚吃海綿；蝴蝶魚吃珊瑚蟲；女王魨吃海膽；裸胸鯙吃甲殼動物；鯊魚、金梭魚和石斑魚則吃其他魚類。鸚哥魚吃生長在珊瑚上的海藻，也會啃食珊瑚的碳酸鈣骨骼——然後排出白砂。

世界各地的珊瑚礁皆受到環境汙染、海洋暖化、珊瑚疾病及白化（因體內共生藻消失）的威脅。科學家近來發現由於氣候變遷加速，佛羅里達州珊瑚礁的崩解速度變得比原先預期的快。隨著氣溫上升，大氣中有越來越多的二氧化碳被海水吸收，因而形成碳酸，影響了珊瑚製造骨骼的能力。如果珊瑚礁生態系統衰亡，其他海洋生物也會跟著消逝。珊瑚礁關注週著重於環境教育。協助保護這些生態系統的其中一個重要方法，就是減少化石燃料所排放的溫室氣體，因爲那會導致海洋暖化。我們能以走路、搭公車或騎腳踏車取代開車，爲保護珊瑚礁盡一份心力。

七月二十二日

鱷魚、瀑布及木蘭花

牠鼓起碩大的身體，高高揮舞著打褶的尾巴，浮在湖面上。水如瀑布般從牠張開的雙顎傾洩而下。一團團煙霧從牠擴大的鼻孔噴出。整片大地隨著牠似雷的響聲而顫動。

——威廉．巴特蘭（William Bartram），《巴特蘭遊記》（Bartram's Travels）

威廉．巴特蘭是美國第一位家喻戶曉、土生土長的博物學家兼藝術家。一七七三年三月，巴特蘭乘船從費城出發，展開長達四年橫跨南方殖民地之旅（包括如今的南北卡羅萊納州、喬治亞州、佛羅里達州、阿拉巴馬州、密西西比州、路易西安那州，以及田納西州）。他將植物乾燥處理後製成標本，並將它們縫進亞麻布書裡，然後以馱獸運送。他仔細地作筆記，並詳盡地畫下動植物、美國原住民及自然景觀的素描。一七九一年，巴特蘭出版了一部共四卷的著作，記錄他的旅程及他所經歷的自然歷史。冗長的五十字書名通常被簡稱爲《巴特蘭遊記》。

巴特蘭爲北美帶來了新穎的自然歷史寫作風格：透過個人經驗與科學觀察（而非純然的科學敘述），交織描繪出大自然的風貌。在上述引言中，他對鱷魚——有生以來首次見到——的描寫就是其中一例。巴特蘭在描述充滿異國風情的亞熱帶地區時，文字極富魅力，以致浪漫詩人威廉．華茲華斯與賽繆爾．泰勒．科勒律治皆在詩中借用了他生動的意象：華茲華斯的《露絲》（Ruth）與柯勒律治的《忽必烈汗》（Kubla

Khan）。

巴特蘭於一八二三年七月二十二日辭世，當時他正在他所愛的花園中散步。那所位於費城的花園如今仍生意盎然，在他父親約翰・巴特蘭（John Bartram）一手打造後，至今已過了超過兩百五十年。

七月二十三日

水是生命

數以千計的人沒有愛也能活，但沒有一個人缺了水還能活。

——威斯坦・休・奥登（W. H. Auden），英國詩人

人類新生兒的體內約百分之七十五是水分。待成年後，體內則有百分之五十五至六十的水。樹木一般來說有百分之六十至八十是水分。所有的活生物體都需要水才能生存，不過水除了是一種重要資源外，也具備了連結我們與自然的精神內涵。我們會聆聽海浪的模擬聲，試圖放鬆和進入睡眠。我們也會打水漂，或是在水裡游泳、釣魚和划獨木舟，藉以紓壓。

水也和洗滌與療癒有關，因此經常在慶祝復始的活動中成爲主角。在緬甸、柬埔寨、泰國及寮國，人們會互相潑水作爲新年的一種傳統，象徵著除舊佈新。在大齋期兩周前的狂歡節中，許多南美國家的人則會互丟水球以淨化身體。

亞美尼亞人會慶祝一種與水有關的節慶，稱作「瓦達瓦爾節」（Vardavar）。最初，瓦德瓦爾節是在七月中舉行，以紀念掌管水、愛與生育的異教女神「阿斯特希克」（Astghik）。根據古老的傳說所述，阿斯特希克以傾倒玫瑰水的方式在亞美尼亞散播愛。為了紀念這位女神，亞美尼亞人會互灑浸了玫瑰花瓣的水。後來，這場異教的慶祝活動逐漸演變成基督教的「主顯聖容節」（Feast of the Transfiguration），不過人們還是經常稱之為瓦達瓦爾節。如今在七月的瓦達瓦爾節期間，亞美尼亞人會在彼此身上倒水，藉以祝福對方擁有健康、純淨心靈與嶄新開始。

七月二十四日
蘇格蘭高地的狗聚

不管在哪一年，黃金獵犬在美國最受歡迎的犬種中通常都是名列第三至第七之間（拉布拉多位居第一已超過二十五年）。黃金獵犬之所以廣受喜愛，是因為牠們忠心、可愛、友善又聰明。

蘇格蘭高地的古伊薩千莊園（Guisachan Estate）在七月下旬會舉行為期三天的黃金獵犬節。一八六八年，商人兼政治家特威德茅斯男爵（Lord Tweedmouth）就是在這座莊園的土地上培育出黃金獵犬。特威德茅斯男爵熱衷於獵水禽，而當時存在的犬種並不擅長從水中和陸上尋回獵物。他一開始先將黃色捲毛尋回犬與蘇格蘭長耳獵（一種性格積極的現存尋回犬種）交配，再用產下的四隻小狗進行培育計畫，包括愛爾蘭雪達犬、尋血獵犬、聖約翰水獵犬及黑毛尋回犬。

第一屆「黃金獵犬節」（Golden Retriever Festival）在二〇〇六年舉行，目的是紀念開始培育黃金獵犬的特威德茅斯男爵。有些人甚至從日本、澳洲和北美遠道而來。二〇一八年的那一屆則是爲了慶祝黃金獵犬誕生一百五十周年。在節慶期間，參與民衆會代表自己的國家比賽拔河，以及比賽投擲冷凍的肉餡羊肚（在穿上蘇格蘭基爾特裙和呑下一杯蘇格蘭威士忌後）。接著，當然還有黃金獵犬的表演秀。

七月二十五日

紫色稻穗

在科羅拉多州錫爾弗頓（Silverton）的森林裡，亮紫色的花從矮樹叢中探出頭來——一小塊土地上長滿了飛燕草，十英寸長（二十五公分）的穗狀花序上盛開著帝王紫的小花，每一朵都有四枚花瓣狀的萼片，而第五枚萼片的外型就像是雲雀的長爪。飛燕草又稱爲「翠雀」，是翠雀屬（Delphinium）中所有野生及培育品種的常見稱呼。

翠雀整株都含有生物鹼，因而對人類和家畜來說具毒性。根據義大利傳說所述，勇士們殺死惡龍後，將他們劍上的龍血抹在地面。於是，有毒的藍色翠雀就從龍血中長了出來。在西元一世紀期間，希臘醫生迪奧斯克理德斯（Discorides）曾建議飲用浸泡了翠雀種子的葡萄酒，以治療蠍螫，因爲他認爲翠雀的葉子能用來麻痺蠍子。同樣也在西元一世紀，羅馬博物學家老普林尼則建議用翠雀種子製成的酊劑可外用，以治療傷口及殺死頭蝨的成蟲和卵。在外西凡尼亞（Transylvania），人們會種植翠雀以防止女巫接近馬廄。在英格蘭，人們相信女巫熬煮毒藥時，通常會加入翠雀。

飛燕草（翠雀屬）是七月的生日花。無須在意這種植物含有用來保護自己的生物鹼，畢竟我們也不會因為玫瑰有刺而貶低它的價值吧？飛燕草象徵愛與歡樂，不同顏色有其特定含意：粉紅色代表善變，白色代表幸福，藍色代表忠誠，紫色則代表初戀。

七月二十六日

與動物有關的民間故事

七月的第四週是希臘基亞島（Kea）的「民間故事節」（Folktales Festival），你會看到現場有大量書籍都是與動物有關的民間故事——這並不是因為該節慶特別以動物作為主題，而是因為民間故事本身的性質。我們透過民間故事發展動物的不同面向，反映出人與其他動物之間的緊密連結。民間故事將動物塑造為顧問、老師、創造者、破壞者、守護者、祖先轉世、神的信使，以及神的化身。動物以搗蛋鬼的身分為我們創造歡樂，以教化英雄的身分為我們帶來啟發，也以行為榜樣的身分為我們提供指引。

說故事在希臘由來已久，其中一位廣為人知的古希臘說書人是伊索（Aesop，約西元前六二〇年至五六四年），一名靠著說寓言故事——傳達寓意及闡明眞理的動物故事——贏得自由的奴隸。（某些專家認為歷史上並沒有伊索這個人，我們所謂的「伊索寓言」其實是數個人說的故事。）從伊索的〈螞蟻與蝶蛹〉（The Ant and the Chrysalis）中，我們學到外表是不可靠的；從〈狐狸與葡萄〉（The Fox and the Grapes）中，我們則學到人往往會詆毀自己得不到的東西。〈禿子與蒼蠅〉（The Bold Man and the Fly）教導我們報復他人會使自己受傷；〈野兔與青蛙〉（The Hare and the Frogs）則告訴我們總是有人過得比我們不幸。伊索的動物故事向我們傳遞社會價值觀，並教導我們合宜的行為舉止，卻又不讓人覺得嘮叨愛講道理。這些故事所彰顯的是世人認同與看重的普遍眞理。

七月二十七日

鸕鶿捕魚

一名漁夫在鸕鶿的脖子底部綁上繩子，防止牠將大隻的香魚吞進肚裡。他打出信號，看著他的鸕鶿鑽入水中。一旦鸕鶿捉到大隻的香魚，他就會輕輕將鳥拉回船上，取出嗉囊（在食物進到胃部前用於儲藏食物的袋狀構造）中的魚。鵜飼，也就是用訓練過的鸕鶿捕香魚的一門技藝，在日本已流傳了一千三百年之久。一般來說，香魚最大可達約十二英吋（三十公分）。漁夫會在夜間捕魚，在船前以竿子吊掛的籃子裡有松木火堆發出的微弱光線，不僅能提供照明，也能吸引香魚。

訓練鸕鶿捕魚需要約三年的時間。鵜匠與鸕鶿之間有很深厚的羈絆，平常會撫摸牠們的頭和肚子，以維

持信任。鸕鷀偶爾會得到魚作爲獎勵，此外，牠們也會吞進較小隻的香魚。幸好牠們還沒想到只捕小隻的魚，否則漁夫就沒收獲了。

如果你到日本岐阜縣岐阜市旅遊，在五月中到十月中的任一個晚上（秋分前後的滿月之夜除外，因爲河的水位太高），都能在長良川上看到鸕鷀捕魚。英國喜劇演員查理・卓別林（Charlie Chaplin）在那裡看過兩次，並稱之爲「日本最精緻的藝術」。或是在七月二十日到八月十九日之間的任一個星期四到星期日，到本州的山梨縣參加「笛吹川鵜飼節」（Ukai Cormorant Fishing Festival）。

七月二十八日

古生物學家爭霸戰

許多人樂於接受挑戰以追求卓越，例如努力成爲一名優秀的小提琴家、田徑好手、小兒科醫師、高中數學老師、母親、父親，或是其他的傑出人物。科學家挑戰自我以獲得成就的方式則包括發現新的物種、植物或化學元素、提出不朽的理論，或是解釋過程或現象。

愛德華・德林克・科普（Edward Drinker Cope）出生於一八四〇年的今日，是一名奮發向上的科學家。

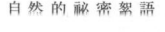

他為自己訂下的挑戰就是要贏過他的競爭對手——和他同為古生物學家的奧賽內爾・查爾斯・馬許（Othniel Charles Marsh）。在一八七七年至一八九二年間，也就是如今稱為「化石戰爭」（Bone Wars）的那段時期，柯普（來自費城的自然科學院〔Academy of Natural Sciences〕）和馬許（來自耶魯大學的皮博迪自然史博物館〔Peabody Museum of Natural History〕）彼此競爭著誰能發現最多恐龍物種。他們各自在美國西部展開挖掘與火藥轟炸作業，為了證明自己是最卓越的古生物學家並突顯對手的無能，甚至不惜行賄、偷竊及破壞骸骨化石的挖掘地點。在這場對決中，他們共發現和描述了超過一百四十種新的恐龍物種，包括異特龍、迷惑龍、劍龍和三角龍，儘管如今只有其中的三十二種仍站得住腳。（他們命名的物種當中有許多並不真的算是新穎或獨特。）科普發表了超過一千四百篇科學論文，直到今日仍是紀錄保持人，而他命名的脊椎動物則超過一千個物種。透過美國魚類學家和爬行動物學家（American Society of Ichthyologists and Herpetologists）所發行的《科普屬》（Copeia）——一份以他命名的科學期刊，他的名聲將永留於世。

七月二十九日

味道嗆辣的鱗莖

大蒜能有效克服水土不服的不適。其氣味能驅散蛇與蠍子，某些權威人士甚至認為能趕走各種野獸。

——老普林尼，《自然史》（西元七七年至七九年）

對於大蒜驅趕危險動物的這項保護作用，老普林尼或許言過其實，然而這些看法卻延續了數百年之久。

中歐人除了會在窗前懸掛大蒜外，也會在煙囪和鑰匙孔上塗抹大蒜，以抵禦狼人、女巫、邪靈及吸血鬼。

在古代，埃及人、中國人、印度人、希臘人和羅馬人會用大蒜治療各種病痛。即使到了今日，我們仍將這種草本植物應用於醫療。大蒜中的蒜素是一種天然抗生素。在兩次世界大戰期間，大蒜被用來當成抗菌劑，以預防壞疽及其他細菌造成的傷口感染。近期研究顯示，大蒜製品可能有助於降低總膽固醇，吃大蒜也可能減少罹患胃癌的風險。毫無疑問地，我們將持續發掘這種辛辣鱗莖的醫療價值。

加州的吉爾羅伊（Gilroy）在七月最後完整的一週會舉行吉爾羅伊大蒜節。這項活動於一九七九年發起，目的是爲當地的慈善團體募款。參與民衆能報名串大蒜課程和「偉大的大蒜」烹飪比賽（Great Garlic Cook-off）；觀賞大蒜料理教學示範；以及試吃蒜香炸花枝圈、鮭魚、薯條和辣雞翅。對有冒險精神的人來說，還有大蒜口味的冰淇淋可以一試。

七月三十日

敏感議題

獅子是英國的象徵動物。二〇一三年，英國廣播公司（BBC）邀請民衆從十種動植物中，票選出另一個代表英國的物種：獾、刺蝟、瓢蟲、橡樹、水獺、燕子、水鼠、風鈴草、紅松鼠和知更鳥。二〇一三年七月三十日，共九千一百〇八票的票選結果揭曉：刺蝟以三千八百四十九票獲選。

許多英國人因爲作家碧翠絲・波特筆下的「刺蝟溫迪琪」（Mrs. Tiggy-Winkle）而喜愛刺蝟，儘管刺蝟會吃蛞蝓、毛蟲及其他花園害蟲，他們也不在意。然而遺憾的是，人類活動所造成的棲地改變已威脅到刺蝟的生存。一九五〇年代刺蝟在英國的數量據估爲三千六百五十億隻，到了二〇一五年卻已減少到低於一百萬隻。刺蝟會長距離移動，有時每晚走動的距離甚至超過一英哩（一・六公里）。牠們移動時可能會跨越馬路，導致每年據估有五萬隻刺蝟被車撞。刺蝟的擁護者注意到刺蝟若成爲英國的象徵，或許就能藉機要求其棲地受到保護。

不過並非所有人都認爲刺蝟是可敬的國家代表動物。二〇一五年十一月，英國環境大臣羅利・史都華

（Rory Stewart）在下議院談到這個議題時，就曾詢問英國是否眞的要讓這種一年睡六個月、遇到危險就捲成刺球狀嘶嘶叫的動物，成爲國家的象徵。直到二〇一七年八月，刺蝟仍未獲得正式認可，獲得與獅子平起平坐的地位。

七月三十一日

倖存者與特立獨行者

二〇一五年七月三十一日，BBC新聞報導在剛果民主共和國發現一個由某種大白蟻（學名Macrotermes falciger）所建造的蟻丘，至今已存在兩千兩百多年，在近數十年才遭廢棄。消息很快就傳了開來，因爲這項驚人發現顯示白蟻能生活在相同的蟻丘裡長達千年。在所有昆蟲當中，大白蟻屬的物種能建造出最爲複雜的結構——大型蟻丘中包含了錯綜交織的通道，能調節溫度與濕度。而Macrotermes falciger所建造的蟻丘甚至能高達三十英呎（九公尺），直徑超過五十英呎（十五公尺）。

儘管白蟻總是遭人責難，不過多數種類的白蟻都是被冤枉的。在地質學的時間尺度上，白蟻已存在了很長一段時間。它們生活在恐龍的時代，如今仍與我們同在——除了南極洲以外，在各大洲發現的白蟻共超過三千種。單就白蟻而言，蟻后的壽命比任何一種昆蟲都要長，有些甚至能活五十年。有些白蟻強壯到能啃食你的房子，不過它們的身體都很柔軟脆弱。兵蟻負責捍衛領土，有時數量多達數百萬隻，不過它們無法自己進食，因爲它們的下顎特化得太大，無法咬進與靈活操弄食物。蟻丘裡永遠不缺食物。它們主要靠纖維素維生，通常會從腐爛植物、動物糞便或泥土中取得。只有數百種白蟻會對我們的房子和其他木造結構造成嚴重破壞，其他白蟻物種則以植物清道夫的角色爲地球帶來益處。

August
八 月

八月一日

鯨魚的慟哭聲

「精力充沛、持續不斷的聲流」，生物學家羅傑・佩恩（Roger Payne）是如此形容雄性座頭鯨的歌聲。一九七〇年八月，佩恩推出了音樂專輯《座頭鯨的歌聲》（Songs of the Humpback Whale）。就在同一年，民謠歌手茱蒂・柯林斯（Judy Collins）也發行了專輯《鯨魚與夜鶯》（Whales & Nightingale）。當中她所演唱的蘇格蘭獵鯨民謠《再見，塔瓦西》（Farewell to Tarwathie），是以佩恩錄下的鯨魚叫聲作爲背景。那些叫聲聽起來就像是鯨魚爲了自己無法避免的命運而慟哭。她的唱片大賣，進而吸引了數百萬人聆聽這些雄偉動物的歌聲。而佩恩的專輯至今仍是史上最暢銷「自然聲音」專輯之一，也因而促成了「拯救鯨魚」運動的發起，以及一九八六年商業捕鯨禁令的通過。

座頭鯨之歌以重複的樂句組成，是目前已知最複雜的非人動物演唱。這些歌曲在每個繁殖季節都有所不同，會加入一些新的樂句，也會捨去舊的。在公開演講中，佩恩經常會跟著鯨魚的樂句演奏大提琴，藉以說明座頭鯨之歌的變化有多廣泛。

一九七七年，美國爲研究外太陽系而將「航海家一號」（Voyager 1）送上太空，並在這艘太空探測器中放了一張唱片。裡面除了收錄佩恩的座頭鯨之歌外，也包含鳥、風、雷、海浪，以及用五十五種人類語言打招呼的聲音。希望任何一個擁有智能的外星生物在找到這張唱片後，能透過這些挑選出來的聲音，感受到地球生命的多樣性。

八月二日

跌進兔子洞裡

愛麗絲跟著一隻穿著背心的白色兔子掉進洞裡，墜入了奇幻世界「仙境」後，至今已過了一百五十多年。一切始於一八六二年，當時查爾斯・路特維奇・道奇森（Charles Lutwidge Dodgson）爲了逗朋友的三個女兒開心，帶著她們在泰晤士河中划船划了五英哩，並在過程中說了一個愛麗絲與白兔的故事。十歲的愛麗絲・李道爾（Alice Liddell）要求道奇森寫下這個故事。他照做了。兩千本書在一八六五年六月印刷完成，但

由於插畫家不滿意成果，道奇森決定收回重印。八月二日，道奇森在日記中寫道：「第一版的這兩千本書就當成廢紙賣了吧！」數個月後，他以筆名「路易斯・卡羅」（Lewis Carroll）出版了《愛麗絲夢遊仙境》（Alice's Adventures in Wonderland）。

在這個故事中，許多動物都以擬人的方式，化成李道爾姊妹在生活中認識的人物。這點想必令她們對這個故事特別有感情。卡羅也爲我們其他人引介了文學作品中幾個最有趣的擬人動物，包括總是來去匆忙的白兔；坐在蘑菇上抽著水煙、問愛麗絲想變小或變大的藍色毛

蟲；憑空消失後獨留露齒笑容的柴郡貓；被當成槌球棒的紅鶴和被當成槌球的刺蝟；以及唱著《美味濃湯》（Beautiful Soup）之歌的悲傷假海龜。

《愛麗絲夢遊仙境》從未斷版，至今已被翻譯成一百種語言（包括古典拉丁語），且仍舊是最受喜愛的兒童故事，證明了會說話的動物、天馬行空的幻想，以及荒謬卻又精彩的世界能展現多大的影響力。

八月三日

朱比莉

一九五二年八月三日，第十五屆奧林匹克運動會於芬蘭的赫爾辛基落幕。女性在這一年首度獲准參加馬術個人賽（一種騎馬競賽，過程中馬匹會按騎手指令做出不同動作）。代表丹麥的利斯・哈特爾（Lis Hartel）及愛馬「朱比莉」（Jubilee）一同贏得了個人賽的銀牌，這也是奧運史上女性首次在與男性的直接競爭中獲得銀牌。

比賽結束後，來自瑞典的金牌得主亨利・聖・西爾（Henri Saint Cyr）將哈特爾抱下馬背，並一路將她抱到頒獎台上，因為哈特爾在八年前，也就是二十三歲時，就因罹患小兒麻痺而導致膝蓋以下癱瘓。哈特爾從幾近全身癱瘓到學會舉手、爬行，最後終於能靠拐杖行走。儘管她幾乎無法控制肌肉，然而在愛馬朱比莉的協助下，她總算得以重新投入馬術競賽。

朱比莉的個性冷靜可靠，也很安靜，但牠必須學會一套新的動作，包括當哈特爾被抬上和抬下馬時，牠必須靜止不動。朱比莉似乎了解到自己必須以不同於以往的方式回應哈特爾，因為哈特爾已無法移動她的腿，只能微微轉移身體重心，藉以下達指令。哈特爾從馬術競賽退休後，開設了歐洲的第一間馬術治療中心。不論是哈特爾或是朱比莉，都為全世界帶來了鼓舞人心的力量。

八月四日

有肉墊的奇蹟

狗是有肉墊的奇蹟。

——蘇珊・艾瑞爾・彩虹・甘迺迪（Susan Ariel Rainbow Kennedy），美國作家

「國際輔助犬週」（International Assistance Dog Week）在八月的第一個星期日登場，是一項於二〇〇九年發起的慶祝活動，目的在表彰這些忠實的人類夥伴為世界各地的殘疾人士所做出的貢獻。同時也要藉著這一週感謝培育者及訓練師，並彰顯這些輔助犬的價值與能力。

輔助犬能提供生理與心理上的協助。某些輔助犬的工作是引導聽覺與視覺受損的人。受過特訓的狗會在飼主中風、血壓驟降、癲癇發作、心臟病發和血糖值產生變化之前，預先警告他們。牠們能協助飼主取得拿不到的東西、推輪椅、開關門和開關燈，也能為他們維持平衡與提供支撐、提醒他們服藥，以及幫他們穿脫衣物。對於有自閉症及創傷後壓力症候群的人來說，輔助犬能發揮鎮定作用並帶來安全感，幫助飼主面對情

感超載的狀況。一般常見的輔助犬包括拉布拉多、德國牧羊犬及黃金獵犬，但幾乎任何犬種都能受訓，只要牠夠冷靜聰明，並具有高度的專注力。輔助犬使殘疾人士得以重獲獨立與自信，這些都是我們珍惜的特質。依此看來，狗確實是有肉墊的奇蹟。

八月五日

我是你的好朋友

二〇一一年的春天，聯合國大會宣布將七月三十日訂為「國際友誼日」（International Friendship Day）。許多國家過去早已在八月的第一個星期日慶祝他們的友誼日了。不過不論是在哪天慶祝，友誼日都是向那些與我們親近的人表達敬意的日子。我們並不是唯一會結交朋友的物種。在缺乏同夥或父母的情況下，某些動物甚至會向最意想不到的對象尋求社交互動。

「泡泡」（Bubbles）和「貝拉」（Bella）就是其中一例。名為「泡泡」的非洲象是一隻重達三百四十磅（一百五十四公斤）的象寶寶。在一九八三年時，盜獵者為了象牙而殺害了她的家人，使她成為了孤兒。她被送往美國後，南卡羅來納州的默特爾濱海野生動物保護區（Myrtle Beach Safari）收容了她。二〇〇七年，一位承包商受雇為泡泡蓋一座水池，結果將他的黑色拉布拉多母犬「貝拉」拋棄在園區裡。變成孤兒的泡泡和被棄養的貝拉，如今已成為形影不離的好友。他們一起散步和玩水。泡泡會用她的長鼻子丟球，然後貝拉會站在泡泡的背上或頭上，躍入水中游泳取球。

這個世界充滿了跨物種的「友誼」——長頸鹿與鴕鳥，河馬寶寶與象龜，幼獅與臭鼬，黑猩猩與白幼虎，狗與小鹿，狗與豬，貓與老鼠，貓與山羊。在友誼日這天，除了好好感謝我們自己的好友——人類或其他物種，也很適合藉機認識其他動物之間的情感連結。

八月六日

老鷹

他以彎曲雙手緊扣峭壁；
於太陽之畔，孤寂之地，
在蔚藍世界環繞下，他巍然屹立。
波折海面於下方匐行；
他觀望於山崖岩壁之上，
隨後俯衝直下，宛如雷霆閃電。

——阿佛烈・丁尼生男爵（Alfred, Lord Tennyson），《老鷹》（The Eagle）

阿佛烈・丁尼生男爵生於一八〇九年八月六日，是維多利亞時期最受人喜愛的英國詩人。丁尼生擅長以生動的文字描繪大自然。我們能輕易地想像自己化成丁尼生詩中的雄偉老鷹，展開雙翅，蜷起利爪——力量、活力與遠見的體現。

老鷹長久以來都是受人欣賞與崇敬的動物，因此丁尼生可說是選擇了一個很合適的主題，用以傳達他對自然美景的領略，而這也是浪漫主義時期（一七〇〇年代晚期至大約一八五〇年）詩歌創作的核心主題。老鷹是朱比特與宙斯的聖物。這兩位分別是羅馬與希臘的神祇，皆為眾神之王，執掌著雷電與天空。老鷹的外表與行為都展現出鼓舞人心的魅力，這說明了為何在世界各地的文化中，老鷹皆象徵勇氣與力量。老鷹是大型猛禽，也是無畏的掠食者。牠們具有敏銳的視力，能鎖定下方距離一英哩（一・六公里）的獵物。牠們也是飛行高度數一數二的鳥類，能以每小時六十五英哩（一百零五公里）的時速，飛上距離地面一萬五千英呎（四千五百七十公尺）的高空。牠們也能利用溫暖的上升氣流滑翔，並以每小時兩百英哩（三百二十二公里）的時速，如雷電般俯衝而下。

八月七日

蓋亞

想像地球上所有的有生命及無生命組成份子共同合作，為維持最佳生活條件而形成一個能自我調節的系統。正如同有機體適應環境一般，他們也會改變環境以因應自身需求。概括而論，這就是源自一九六〇年代晚期的「蓋亞假說」（Gaia hypothesis）。當時是由任職於美國太空總署噴氣推進實驗室（Jet Propulsion Labs）的英國化學家詹姆斯・洛夫洛克（James Lovelock）所提出，到了一九七〇年代，他與美國微生物學家琳・馬古利斯（Lynn Margulis）又進一步擴展內容。

地球是一個統合整體、單一生命體，這樣的看法並不新穎。古希臘人認爲蓋亞——人格化的大地女神（大自然之母）——維繫著有生命及無生命的組成份子，使他們以適當的方式互動，進而維持平衡與和諧。十八世紀時，蘇格蘭地質學家詹姆斯・赫登也先於蓋亞假說，提出地質與生物作用相互連結，並表示地球是一種超級有機體。普魯士博物學家與探險家亞歷山大・馮・洪保德（一七六九年至一八五九年）認爲生命、氣候與地表形成了一個交互作用的活網絡。而到了二十世紀，烏克蘭地球化學家弗拉迪米爾・維納德斯基（Vladimir Vernadsky）則主張有機體就和物理作用力一樣，都是形塑與再形塑地球環境的力量。

今天是「蓋亞關注日」（Gaia Consciousness Day），支持蓋亞假說的人能藉機向地球表示敬意，並強調她是一個有生命、會呼吸的實體。而所有人都能從今天開始，變得更以地球爲主，而不是以人爲主——認清我們因汙染、濫伐、人爲因素導致的氣候變遷及其他破壞，對地球造成多大傷害，然後改善我們的行爲。

八月八日

大鯢祭

日本大鯢身長近五英呎（一・五公尺），過去曾一度被認爲是人魚或猴子魚，如今已成爲日本的國寶。

這種動物受到重視，不僅因爲牠是日本特有的物種，也因爲牠具有獨特的外表——眼睛細小，頭部寬扁，皺皺的皮膚上佈滿了皮褶與疣粒。就身形與體積而言，牠看起來就像在恐龍之前就已存在許久的大型兩棲類。日本大鯢的其中一個傳統俗稱爲hanzaki（羅馬拼音），意思是「切成一半」，表示牠被切成兩斷還能再生的能力（這是錯誤看法）。

對日本人來說，日本大鯢具有文化上的重要意義。十七世紀流傳著一則民間故事，內容描述一隻長達十英呎（三公尺）的大鯢肆虐於日本各地，吃掉家家戶戶的馬和牛。一位名爲「三井彥四郎」的武士自願讓自己被大鯢吞進肚裡後，用劍殺死了這隻怪物，再從牠的胃裡爬出來。後來發生了作物歉收、人們離奇死亡（包括三井）的狀況，大家都認爲是大鯢的鬼魂在作祟。爲了消災解厄，眞庭市（位於本州岡山縣）的居民蓋了一座「鯢大明神」的木造神社。如今這座神社還在，也依舊供奉著大鯢。每年到了八月八日，穿著傳統服飾的眞庭市居民會舉行遊行，除了在街上跳著hanzaki舞，還會拉著兩台花車，分別扮成長達三十英呎（九公尺）日本大鯢。

八月九日

野生動物探員

袋熊在澳洲的新南威爾斯究竟多常見？多少隻北方草原袋鼠生活於北昆士蘭？又有多少隻澳洲野犬、鴯鵲及袋鼠漫遊於北領地？為了回答有關受威脅物種的種種問題，科學家在澳洲各地放置了自動攝影機，不論白天或夜晚，只要一有動靜就會啓動並拍下照片。可以想見每天、每月、每年累積的照片數量有多驚人。

科學家為此徵募了公民科學家（citizen scientists），請他們協助辨識這數百萬張照片中的動物。這項名為「野生動物探員」的計畫是二〇一六年「澳洲全國科學週」（Australia's National Science Week）的專案，由澳洲廣播公司科學部門（ABC Science）主辦，合作單位包括澳洲博物館（Australian Museum）、多所大學及其他團體。該計畫自八月一日展開後，就一直持續在進行。自願者的工作是仔細查看照片，以辨識當中的動物。有需要的人可參考線上教學短片。為了提升準確度，一張照片會由五個人負責審閱。若有興趣參與，請見 www.wildlifespotter.net.au.。你可以依個人需求投入十分鐘、十小時或更長時間。所有收集到的資訊都會經過分析，並上傳至「澳洲生物地圖集」（Atlas of Living Australia）的網站：http://www.ala.org.au.。計畫的成果將會是一幅壯觀的澳洲野生動物分布圖，從乾旱草原到熱帶雨林全都涵蓋在內。當我在二〇一七年八月九日登入網站時（計畫展開的一年後），五萬九千七百七十三名野生動物探員已辨識出三百九十三萬四千四百九十五隻動物，完成了三百一十八萬三千三百七十三張照片的審查工作。科學從中獲益，而非科學家也開始投身保護澳洲獨特的動物群。

八月十日

崇高、強大和勇敢

牠們曾是地球上最普遍的大型陸生動物。如今牠們不僅現身於法國南部的夏維岩洞（Chauvet cave）——那裡擁有全世界已知最古老的史前岩洞壁畫，也守護著我們的廟宇，點綴著我們的旗幟、國徽、硬幣、紙鈔、郵票與黃銅門環。牠們出現在文學、電影、繪畫、雕塑、陶瓷與珠寶中，象徵王權、勇氣、力氣、權威及力量。牠們就是「萬獸之王」，獅子。人類自古以來就很喜歡獅子，這點從牠們在人類文化中所扮演的重要角色就能看出。

如今到了二十一世紀，獅子卻不斷在減少。在一九九三年至二〇一四年間，其族群數量據估已下降了百分之四十三。人類是獅子最大的威脅，不僅破壞牠們的棲地，更爲了保護自己與家畜而殺害牠們。獅子骨頭在亞洲傳統藥材市場的需求量與日俱增；中醫相信將獅子的骨頭磨成粉泡水來喝，能夠使人增強體力、勇猛剛威，也能延年益壽。

八月十日是「世界獅子日」（World Lion Day），目的是要頌揚這些現存第二大的貓科動物。除了在人類生活中發揮美學價值外，身爲頂級掠食者，獅子在莽原生態系統中也扮演著重要角色。獅子會獵食斑馬、牛羚及長頸鹿等大型草食動物。如果這些草食動物的族群數量沒有受到管控，草食及雜食動物的食物都會減少。如果我們失去獅子，莽原生態系統將會面臨嚴重影響，而我們也會喪失歷史悠久的部分文化資產。

八月十一日

羊中之王

愛爾蘭民間傳說建議養牛的人要再養一隻山羊作爲陪伴，以維持牛群的繁殖力，並預防牠們提前產犢。此外，山羊據說能觀測風向，預知壞天氣即將到來，然後把牛群帶到遮蔽處。不過，在所有與山羊有關的愛爾蘭民間傳說中，最著名的還是羊中之王的故事。

據傳在一六〇〇年代中期，奧利佛．克倫威爾（Oliver Cromwell）的士兵在愛爾蘭這座島上劫掠時，一隻公山羊向基洛格林鎮（Killorglin）的居民發出警告，並把農場動物趕到山上避難。爲了感謝這隻山羊，鎮上居民發起了名爲「帕克節」（Puck Fair，即公山羊節 04）的歡慶活動，從此以後便成了一年一度的當地盛事。

每年的八月十日至十二日，帕克節在愛爾蘭凱瑞郡（County Kerry）的基洛格林鎮舉行。當地居民會從附近的山上捕捉一隻野生公山羊。一名年輕的女學生代表將成爲「帕克皇后」，爲這隻公山羊加冕成爲「帕克國王」。接著這隻山羊會被放進籠裡，統治這個小鎮三天。加冕典禮爲節慶揭開序幕，現場會有遊行、煙火、音樂會、說書時間、手工藝攤位、馬與牛的集市，以及傳統音樂與舞蹈。節慶結束後，山羊會被帶回山上釋放。

04 puck源自愛爾蘭語的poc，意思是公山羊。

八月十二日

關懷那些大象

八月十二日是「世界大象日」（World Elephant Day）。這項活動於二〇一二年發起，目的是要引起民眾關注大象所受的苦難，並鼓勵大家支持相關保育運動。非洲象與亞洲象的族群數量正因人類入侵、棲地喪失及盜獵行為而不斷減少。

大象有很多值得喜愛的地方。任何人只要熟悉魯德亞德・吉卜林（Rudyard Kipling）的《原來如此故事集》（Just So Stories），就會知道大象是如何得到牠們古怪的鼻子。某天，事情就發生在遼闊又充滿油汙的灰綠色林波波河（Limpopo River）河畔。鱷魚抓住了小幼象那又塌又小的鼻子拉啊拉，直到變成數英呎那麼長。從此以後，他的鼻子再也沒有縮回原本扁塌的樣子。大象會對彼此表現悲傷、喜悅、憤怒和同理心，並且會形成緊密的家族聯繫。幼象是由整個象群負責養育和保護，而整個象群則是由一位女族長帶領。大象非常聰明，記憶力甚至比我們之中的某些人還要好。牠們懂得互相合作，也很忠誠。

超過六十五個野生動物組織和許多支持世界大象日的人都在努力保護這些龐大動物，不過大象本身對於資金援助也有所貢獻。動物園及其他機構已開始訓練圈養的大象畫畫，使牠們能持續接收到刺激，並且因努力而得到讚美與零食獎勵。「亞洲大象藝術與保育計畫」（The Asian Elephant Art & Conservation Project）等非營利組織負責販售牠們獨特的繪畫作品，再將收入運用於大象保育活動。某些作品眞的很精緻呢！

八月十三日

火把節

八月十三日在古羅馬是「內摩拉利亞節」（Nemoralia，也就是「火把節」）的第一天。這是一個屬於女性的節慶，旨在頌揚黛安娜——掌管狩獵與月亮的女神，同時也是守護生育與女性的貞節女神。內摩拉利亞節是女性與奴隸休息的節日。此外，在八月十三日至十五日期間，狩獵或殺害任何野獸都是禁止的行爲。

奧維德（Ovid）與普魯塔克（Plutarch）是生活於西元一世紀的羅馬作家，他們爲我們提供了內摩拉利亞節的生動描述。在爲節慶做準備時，羅馬婦女爲了製作蠟燭，會將捲好的紙莎草浸在融化的蜂蠟裡。她們會用花環裝飾清洗乾淨的頭髮，然後走路或坐馬車到內米（Nemi）——羅馬東南方約十九英哩遠（三十公里）的小鎮。在那裡，她們會崇拜黛安娜，請求她給予幫助，並爲她獻上水果和小型的雄鹿雕像。在祭壇上，她們會留下用陶土燒成的縮小版身體部位，代表自己需要醫治的地方，以尋求黛安娜的協助。參加節慶的人會在緞帶上寫下給黛安娜的祈禱，並將緞帶綁在樹上。他們會散步到一個小樹林裡，然後沿著內米湖（Lake Nemi，「黛安娜的鏡子」）排隊繞行，而他們手上的火把和蠟燭會在湖面上形成閃耀舞動的倒影。

內摩拉利亞節是如此受歡迎的節慶，以致天主教會將該節慶納入成爲「聖母升天節」（Feast of Assumption，天主教徒相信聖母瑪利亞死後，神將她的遺體帶入了天堂，因而產生了這樣的節慶），在八月十五日當天或前後慶祝。

八月十四日

用剩餘材料做成的動物

八月十四日是「世界蜥蜴日」（World Lizard Day），旨在使大眾了解全世界共六千一百多種蜥蜴的生物與生態價值。蜥蜴在許多食物網中是關鍵的組成份子，同時扮演著掠食者與獵物的角色。牠們是世界上另一個持續衰落的生物族群，而背後的主要肇因就是棲地改變。變色龍是處境最危急的蜥蜴族群；由於棲地破壞與寵物貿易的影響，至少有百分之三十六的變色龍物種面臨滅絕危機。

變色龍是令人驚奇的蜥蜴，突起的雙眼可獨立轉動，使牠們能同時看兩個方向。牠們刻意以緩慢的速度行走。大多數物種的尾巴具有抓握功用，能緊緊抓住樹枝。牠們能大口吸氣，將身體脹成原本的兩倍大。這麼做除了能吸引異性、向競爭對手示威，也能避免被掠食。變色龍捕食時使用的是「彈道武器」——舌頭。牠們的舌頭長度是身體的兩倍，能從嘴裡彈射出來，在不到十分之一秒的時間內抓住獵物。某些物種的雄性頭上有角，能用來撞擊對手，將牠們推下樹枝。變色龍能在不到三十秒的時間內依心情和溫度變換顏色，也能藉此方式彼此溝通。一則非洲神話完全捕捉到這些動物的精髓：魔鬼利用剩餘材料做出了變色龍。他給了牠們猴子的尾巴、鱷魚的皮膚、蟾蜍的舌頭、犀牛的角，以及「誰知道是什麼東西」的眼睛。

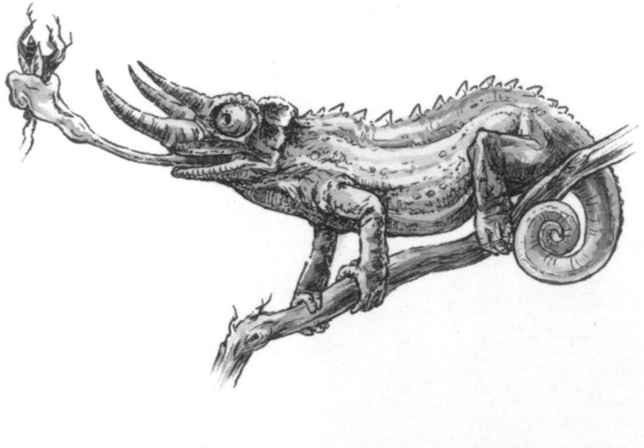

八月十五日

碩大、腫脹的牛蛙

噢，那些你將探索的神祕地點，你將看見的奇異生物，你將分享的精采故事！就隱匿在距離海面三千英呎深、沒有任何人到過的深海之中。

威廉・畢比（William Beebe）身兼探險家、博物學家、鳥類學家與海洋生物學家，在一九二五年時利用他自製的潛水頭盔，開始探索百慕達沿海海域。畢比深深著迷於海洋生物的豐富、色彩與外型，還想再潛到更深的地方；爲了做到這點，他需要一艘能用來潛航的器艙。一九二〇年代晚期，畢比和一位富有又熱愛冒險的工程師歐提斯・巴頓（Otis Barton）合作。巴頓提供藍圖與資金，以建造畢比稱爲「潛水球」的球狀加壓器艙。巴頓將其形容爲「一隻碩大、腫脹又有點鬥雞眼的牛蛙」。這是第一艘能載人類進入深海領域的潛航器艙。

一九三〇年六月，在畢比與巴頓進行的一場測試中，無人潛水球成功潛至一千四百英呎（四百二十五公尺）深處。在一九三〇年至一九三四年之間，畢比和巴頓在百慕達沿海進行了三十五次潛航，且深度不斷增加——這是人類首次觀察到自然環境中的深海生物。一九三四年八月十五日，兩位探險家創下他們的潛航紀錄，下降了三千零二十八英呎（九百二十三公尺）。人類過去從未見識過的奇妙景象，如今透過潛水球窗戶投射出來的探照燈光一一揭露，呈現在他們眼前：發出磷光的魚；一群群閃著淡綠光芒的水母；以及擁有驚人尖銳長牙的魚。

八月十六日

尼羅河的氾濫

若少了尼羅河，古埃及文明就無法發展成如今我們所認識的樣貌。尼羅河是世界上最長的河，也是古埃及人在他們乾旱土地上最主要的水源。五千年前，尼羅河谷的農民仰賴河水以生長作物。每到六月下旬或七月上旬，尼羅河就會開始氾濫，到了九月或十月，河水逐漸退去，沿著河岸留下了一長條肥沃的黑色土壤帶，寬達六英哩（十公里）。在埃及，依據尼羅河作物的生長情況，一年可分為三季：氾濫期、生長期及收穫期。

今天在埃及是「尼羅河氾濫節」（當地人稱之為Wafaa El-Nil）的第二天。該節日從八月十五日開始，共為期兩週。在古時候，據傳當地人會將一位美麗的處女獻祭給尼羅河，以確保豐收。而現代的慶祝方式則通常包括象徵性地將扮成新娘的木製娃娃拋進尼羅河裡。另外還有滑水、划船、游泳、音樂會、詩歌朗誦及花船遊河。雖然亞斯文水壩（Aswan High Dam）於一九七〇年興建完成後，終結了尼羅河的年度氾濫週期，然而埃及人仍會歡慶這個節日，以紀念尼羅河及其數千年來在農業上的重要意義。

八月十七日

前往某處

當你看見黑貓從你面前走過，就表示厄運和死亡即將到來。黑貓是惡魔的化身、女巫的親密夥伴。雖然許多西方國家的人從小聽著這些說法長大，不過隨著文化不同，與黑貓有關的民間傳說也會有所變化。古埃及人會在家中飼養黑貓，目的是為了討貓女神巴斯特的歡心。在日本，黑貓則因為會帶來好運而受人喜愛。

黑貓是一種基因突變。黑化（黑色素濃度異常過高）是自然發生的突變現象，至少在十一種貓科動物中曾發現這種狀況，包括花豹、美洲豹和截尾貓。黑色在濃密的森林中能成為保護色，因為那裡光線微弱，使貓科動物能有效埋伏獵物。不過當牠們進入開放空間後，就會格外顯眼。既然如此，為何這種突變現象沒有被自然淘汰呢？這是因為控制黑色素的基因或許能帶來另一項天擇上的優勢：提升對細菌感染的抵抗力。

今天是「黑貓感謝日」（Black Cat Appreciation Day），目的是要消弭與黑貓有關的迷信，並鼓勵民眾認養這些貓科動物。在美國，黑貓是收容所中最少人認養的貓，也因此接受安樂死的機率最高。事實上，黑貓和其他顏色的貓並沒有什麼不同。正如同中國諺語所述：「不管黑貓白貓，會捉老鼠就是好貓。」黑貓經過眼前不會為你帶來厄運。喜劇演員格魯喬・馬克斯（Groucho Marx）所說的話才是正解：「一隻黑貓從你面前走過，就代表牠正要前往某處。」

八月十八日

重返更新世

想像一下，大型草食動物——包括大象、斑馬、疣豬、長頸鹿和黑斑羚——全都從塞倫蓋提國家公園（Serengeti）中消失，生態系統會變得截然不同，因爲這些草食動物在植物群落的建構中扮演著關鍵角色。人類很可能會是導致馬、大地懶、大犰狳、乳齒象，以及新世界其他大型草食動物滅絕的主因。我們的生態系統在今日會變得非常不一樣。

二〇〇四年，巴西生態學家莫羅・加列迪（Mauro Galetti）提出建議，認爲可以實驗爲目的，將馬、大象、河馬，以及其他已絕種大型草食動物的取代者，引進他稱爲「更新世公園」（Pleistocene Parks）的指定區域（也就是巴西的塞拉多〔cerrado，即熱帶莽原〕與潘塔納爾〔pantanal，即熱帶濕地〕），以進一步了解大型草食動物對生態系統結構的影響。二〇〇五年八月十八日，美國生態學家喬許・唐蘭（Josh Donlan）和同事一起在《自然》期刊中發表了一篇社論，提出將大象、駱駝、獅子、獵豹和墨西哥地鼠陸龜引進美國的保護區，「以恢復在一萬三千年前喪失的某些演化與生態潛力」。「重返更新世」這個看法的批評者認爲假定現今生物群聚的作用和他們在更新世末期時相同，是很不切實際的。激烈的爭論持續進行。

墨西哥地鼠陸龜是更新世留存下來的生物，過去曾生活於德州、新墨西哥與亞歷桑那州的沙漠草原，如今只在北墨西哥才看得見。一項實驗已開始進行，只不過是以瀕危動物復活計畫的名義加以宣傳，而非重返更新世。二〇〇六年，墨西哥地鼠陸龜被引進媒體大亨泰德・透納（Ted Turner）在新墨西哥的兩個大牧場裡。生物學家目前正在監測其生態系統有何變化。

八月十九日

天堂嚮導

唐菖蒲是八月的生日花，代表正直、眞誠、熱戀與懷念。花色包含紅、粉、淡紫、白、黃和橘。唐菖蒲的學名Gladiolus是拉丁文gladius的指小詞（diminutive）[05]，意思是「劍」，用來表示其狹長呈劍狀的葉子。唐菖蒲也稱爲「劍蘭」，然而這種植物並非蘭花，而是屬於鳶尾科球莖植物。

雖然某些唐菖蒲品種觸碰到會刺激皮膚，不過這種植物從以前到現在都作爲藥用。在十六世紀期間的英格蘭，搗成泥的球莖（球狀地下莖）被當作膏藥，用來將嵌進皮膚的刺和小碎片拔出。英國人也會將磨成粉的乾燥球莖混合羊奶，用來緩解嬰兒的腸絞痛。在非洲南部與西部的某些地區，磨碎的球莖用於治療痢疾、腹瀉、感冒及胃部不適，因其具有抗菌功能。

要注意一下你送唐菖蒲花束給哪個對象，因爲對方說不定知道這種花在維多利亞時期所傳達的訊息：

05 指在詞尾添加詞綴，使整個詞具有「變小、縮小」之涵義。

「你刺穿了我的心。我對你深深著迷。」在今日，唐菖蒲更常用於表達懷念，以及向失去親友的人表達同情。醒目外型與強健特質則用來象徵堅強性格。這種花經常在喪禮以放射狀擺設，看起來格外優雅。中國民間傳說更描述唐菖蒲能指引逝者到天堂的路。

八月二十日

為了對蜂蜜的愛

八月的第三個星期六是「全美蜂蜜日」（National Honey Bee Day）。人類利用蜜蜂已有數千年的歷史。養蜂可能是源自約九千年前的北非，而最早的人工蜂巢則可能是陶甕。二〇一五年，全世界據估生產了一百七十萬噸蜂蜜。到了二〇二二年，全球蜂蜜市場預計會達到兩百四十萬噸的生產量。中國是最大的蜂蜜消費國與生產國，在全球總生產量中約占百分之二十八。蜂蜜不僅能食用，也因其具有抗菌功能而用於醫療，包括針灸和治療傷口。蜂蜜還能用來製作美容產品，包括臉部保濕霜、洗髮精和潤絲精。據說，蜂蜜也能幫助消化與促進血液循環，緩解喉嚨痛、濕疹和宿醉。

根據一則（確定是杜撰的）愛爾蘭民間故事所述，希臘哲學家亞里斯多德想知道蜜蜂如何製造蜂蜜，於是建造了一個玻璃蜂巢，使他能觀察蜜蜂做工的過程。沒想到蜜蜂在蜂巢內部塗上蜂蠟，防止他偷看。亞里斯多德在盛怒之下踢破了蜂巢，結果蜜蜂一直螫他，直到他的眼睛暫時失明。故事結語表示亞里斯多德一生中只有三件事未能參透：蜜蜂如何製造蜂蜜、潮汐為何會有漲落，以及女人到底在想什麼。

八月二十一日

太陽陷入黑暗

二〇一七年八月二十一日，我坐在猶他州洛根市家中的後陽台，準備觀賞早上十點十五分開始的日蝕。這一年的「日全蝕帶」將從奧勒岡州北部橫貫至南卡羅來納州，寬達七十英哩。居住在這個條狀地帶的人將有機會看到日全蝕，而在猶他州北部的我們則能看到百分之九十五。

綜觀歷史，人類文化對於天文奇觀有著各種不同的解釋。對古希臘人來說，日蝕代表神很憤怒。中國民間傳說認為是龍吞噬了太陽，越南人認為是巨蛙，而在南美某些地區的人則認為是美洲豹。當傳說中的猛獸經反芻將這顆火球吐出口中，即宣告日蝕的結束。十六世紀的阿茲特克人相信在日全蝕後，代表黑暗的魔鬼就會降臨大地，毀滅人類。德國和西非流傳的故事描述日蝕發生在日月交配之時。北美的納瓦荷人（Navajo）與東部休休尼人（Eastern Shoshone）則認為日蝕在天文和個人意義上，都代表著萬象更新之際。

透過觀測濾片，我看見月球逐漸遮住了太陽。到了十一點三十四分，太陽和月球的運行軌道交錯，從我的觀測位置可看到遮蓋面積達到最大，太陽變成了金色的新月狀。我打了個冷顫，情緒變得莫名焦慮。我能了解為何日蝕有時會被解讀為凶兆。這種現象同時夾雜著奇妙、超現實與不安的感覺。到了中午十二點五十五分，太陽又露面了，天氣變得暖活又晴朗，我也平靜了下來。

八月二十二日

帕查瑪瑪

在印加帝國的時代（約西元一四二五年至一五三五年），印加人信奉的其中一位主要神祇是「帕查瑪瑪」（大地之母），掌管栽種與收穫的富饒女神。由於她代表大地並維繫著自然萬物，印家人經常崇拜她以表示尊敬與感謝。駱馬是印家人最珍貴的一種資產，能提供毛料與肉，也能作為馱獸。因此，印加人會將駱馬獻祭給帕查瑪瑪。在播種、灌溉農田，以及收穫之前，他們會焚燒駱馬及駱馬毛織衣物作為祭品。

許多印加後代如今居住在玻利維亞、厄瓜多、祕魯、阿根廷北部與智利的安地斯山脈，仍會在一年之中以節慶的方式崇拜帕查瑪瑪。他們會將駱馬的胎兒埋在住家的地基下，為佔用到女神的土地而致歉。在飲用啤酒、葡萄酒或「奇洽」（chicha，一種經發酵而成的玉米酒）之前，他們會先倒幾滴在地上以獻給帕查瑪瑪。在八月收穫期間，人們會為帕查瑪瑪獻上花瓣、古柯葉、奇洽酒、駱馬胎兒、已宰殺的天竺鼠、馬鈴薯及穀物。依據地區、文化和儀式的不同，他們會掩埋或焚燒這些祭品。不論是何種方式，其用意都是將他們從帕查瑪瑪身上獲得的再歸還給她。

八月二十三日
火神節

古羅馬人會在八月二十三日慶祝「火神節」（Vulcanalia），對掌管助益及破壞之火的羅馬火神伏爾甘（Vulcan）表達敬意。該節日舉行於炎夏收穫之際，土地被太陽烤得幾乎快燒了起來。羅馬人祈求伏爾甘保護他們的穀倉與田地免受火災侵襲。這位火神同時也是力量強大的富饒之神，因此人們也會請求他帶來豐收。在這一天，羅馬人會點燭火作為儀式的開始，藉以討好伏爾甘並懇求他為助人而用火。稍晚，他們則會搭起篝火，並用魚代替人或穀物作為祭品投入火中，象徵獻祭給這位火神。

伏爾甘另一個具破壞力的角色則是掌管火山之神。西元前七九年的八月二十四日，也就是火山節過後的隔天，維蘇威火山（Mount Vesuvius，位於義大利西岸，俯瞰著那不勒斯灣和那不勒斯市）隆隆作響，噴出碎石、灰屑及氣體，接著又以據估每秒一．五噸的速度湧出熔岩和岩漿霧。這場火山爆發摧毀了龐貝城與赫庫蘭尼姆城（Herculaneum），據估有一萬三千人死亡。生還者或許曾感到納悶，不知道自己前一天的獻祭是否得罪了伏

爾甘。

在今日，維蘇威火山是歐洲大陸唯一一座活火山，最近的一次噴發發生在一九四四年。維蘇威火山目前已停止活動，然而若出現噴發的徵兆，義大利政府計畫以巴士和火車，從那不勒斯與附近地區撤離將近七十萬人。人民的命運不會只託付在伏爾甘手中。

八月二十四日

自然教育之母

安娜・博茨福德・康斯托克（Anna Botsford Comstock）在紐約西部的一座農場長大，從小就熱愛大自然。她在一八八五年畢業於康乃爾大學並取得自然史學位，接著在一八九七年成為康乃爾的第一位女性教授。一九三〇年八月二十四日，這位「自然研究運動」（Nature Study）的先鋒在紐約伊薩卡的家中去世。

自然研究運動之所以發展於十九世紀後期至二十世紀早期，是因為當時人們開始關心要如何替後代保護土地及資源。康斯托克和其他人主張要以直接觀察的方式研究自然，而非僅從書中學習。她是最早帶學生和老師到戶外觀察自然的其中一人。一八九五年，康斯托克為紐約威斯特徹斯特郡（Westchester County）的國小，設計了一門自然研究的實驗課程。這項教學計畫後來被全紐約州採納。一八九七年，她寫下《自然研究手冊》（The Handbook of Nature Study）並為其繪製插圖。該書於一九一一年出版，數十年來一直是小學教師愛用的教科書，並已翻譯成八種語言，至今仍在發行。

在她去世的五十八年後，康斯托克獲選進入「全美野生動物聯盟名人堂」（National Wildlife Federation Hall of Fame）。受人尊稱為「自然教育之母」的康斯托克鼓舞了世世代代的學童與教師，促使他們透過直接觀察及提問與大自然建立連結。她的自然研究方法目標是要「踏出戶外，以培養孩童的想像力，對美麗事物的熱愛，以及對生命的同理心」。她的目標至今仍是自然教育的核心宗旨。

八月二十五日

美國最棒的點子

國家公園是我們有史以來最棒的點子。除了展現出絕對的美國精神、絕對的民主，它們也反映出我們最好而非最糟的一面。

——華勒斯．史達格納（Wallace Stegner），作家與環保人士

國家公園背後的意義是要維護壯麗景致，而原因沒有別的，就是為了能讓民眾欣賞到自然景觀之美。美國首座國家公園黃石公園於一八七二年三月成立，位於懷俄明州、蒙大拿州與愛達荷州境內。爾後加州的優勝美地與紅杉國家公園也於一八九〇年誕生。到了一九一六年，美國已有三十五座國家公園與紀念碑。一九一六年八月二十五日，總統伍德羅．威爾遜（Woodrow Wilson）簽署了《組織法案》（Organic Act），並依此在內政部創立了「國家公園管理局」（National Park Service）這個新的聯邦機構，以保護現有的國家公

園與紀念碑，以及未來有可能執行的類似計畫。這項法案闡述國家公園的宗旨為「保護其景觀、自然與歷史物件以及野生動植物，並維護該環境不受損害，以確保後代能享有現今民眾所享受到的樂趣」。在簽署一九一六年《組織法案》的一百年後，超過三億三千萬人在二〇一六年探訪美國的國家公園。而到了二〇一七年八月，美國已有五十九座國家公園和一百二十九座紀念碑。

國家公園系統的概念自此已獲得世界各地的效法。根據聯合國環境規劃署（The United Nations Environment Programme）的估算，全世界的保護區共涵蓋了百分之十五．四的土地總面積。

八月二十六日

毫不保留的「濕吻」

狗適應人類生活已至少一萬六千年，不過近期研究顯示，人狗共存的時間可能多上一倍。八月二十六日是「全美狗日」（National Dog Day），一個發起於二〇〇四年的特別日子，用來感謝狗給予我們的一切。

將狗的特質融入於我們的生活中，這或許是一個向狗致敬的好方法。舉例來說，愛無條件。你的狗無條件地愛你，而且總是在身旁安慰你。我們和所愛的人相處時，或許也能學著更像狗一點。活在當下。你的狗不會沉溺在昨日的挫折或煩惱於明日的計畫。重要的是此時此刻。如果我們也能更活在當下，壓力就會因而減少。原諒對方。如果你因為晚歸而忘了給睡前零食，或是取消散步，你的狗會原諒你的過失，毫不保留地舔得你滿臉口水，也毫無埋怨。我們也能學習更懂得原諒。享受旅程。對你的狗來說，重要的不是目的地，而是散步的路程——聞到的氣味和看到的風景。當然還有和你一起。我們必須更著重於旅程本身。

根據美國寵物產品協會（American Pet Products Association）所做的二〇一六年至二〇一七年全美寵物飼主調查（2016-2017 National Pet Owners Survey），百分之六十的美國家庭至少養了一隻狗。想像一下世界上有多少人養狗。如果所有的狗飼主都能具備狗的特質——愛無條件、活在當下、原諒對方、享受旅程，這個世界想必會截然不同。我們可能眞的會變得像狗所想的那麼好。

八月二十七日

希望能捕到一隻蒼蠅

在乾燥、死寂、由灰色粉塵堆積而成的沙嘴上，它在兩塊岩石間安頓下來。可以確定的是，這是在這場大災難後第一個出現的生命：它，科托（Cotteau）壓抑著興奮之情寫下，是一隻微小的蜘蛛。他努力尋找其他生物，但只找到這隻蜘蛛。然而這一項重大發現具有美好的象徵意義，「這名不可思議的復興先驅正忙著吐絲結網！」換句話說，這隻孤單的小蜘蛛希望自己夠幸運，最終能捕到一隻蒼蠅。

——賽門・溫徹斯特（Simon Winchester），《喀拉喀托：世界大爆炸之日》（Krakatoa: The Day the World Exploded）

喀拉喀托火山座落於印尼的爪哇和蘇門答臘之間，於一八八三年五月開始爆發，沉寂後，又於六月再度

爆發。到了八月二十五日，爆發愈趨劇烈，二十六日更噴出大量火山灰與浮石。二十七日早上十點零二分，喀拉喀托火山發生大爆炸。超過三萬六千人死於這場浩劫及其引發的海嘯。喀拉喀托火山據估噴出了兩千噸硫磺到大氣中。這座火山島幾乎在爆發中消失，而周遭的大多數群島也因此毀滅。到了八月二十八日，火山終於停止活動。

比利時生物學家艾德蒙・科托（Edmund Cotteau）參與法國政府贊助的考察隊，到喀拉喀托火山島探索爆發後的現場，結果發現了第一個漸起的生命。科托在一八八四年五月發現他的小蜘蛛，也就是喀拉科托火山大爆炸的九個月後。這代表著嶄新開始即將到來的一線希望。

八月二十八日

為鳥奉獻一生

有些小孩稱他為「彼得森瘋狂教授」（Professor Nuts Peterson）。他會把蛇放進口袋或把鳥蛋放進帽子隨身攜帶。他在十一歲時就已經讀國中了，然而卻拒絕與其他孩子一起排隊走路。他看起來又瘦又魯鈍，就像一隻剛學會飛的白鷺，身上有時還有臭鼬的味道。

——佩吉・湯瑪斯（Peggy Thomas），《為鳥奉獻一生：羅傑・托利・彼得森的人生故事》（For the Birds:

The Life of Roger Tory Peterson）

羅傑・托利・彼得森是一位博物學家、鳥類學家及藝術家，於一九〇八年八月二十八日出生於紐約的詹姆斯敦（Jamestown）。小時候，彼得森會用野花製作壓花、用捕蟲網捉蝴蝶、收集廢棄鳥巢、觀察鳥類，以及在課本空白處畫下鳥類的素描。

彼得森在一九三四年出版他的第一本著作《鳥類野外考察指南》（A Field Guide to the Birds）。這本書定價二・七五美元，最先印好的兩千本書在出版後一週內就售罄，使彼得森幾乎一夜成名。賞鳥活動在美國各地開始盛行，如今大家都能靠「彼得森的野外指南」辨識出鳥的種類。在二次大戰後，彼得森修改了他的著作，寫出一本歐洲鳥類指南。《鳥類野外考察指南》（共六版）已售出了七百萬本以上。在今日，超過五十本的彼得森野外指南系列鼓勵著我們要關心自然，並幫助我們辨識動物、鳥巢、動物足跡、植物、蕈類、岩石、恆星及行星。

八月二十九日

信

一八三一年八月二十九日，二十二歲的達爾文結束在威爾斯（Wales）的地質考察後回到家中，發現他的良師益友約翰・史蒂文斯・韓斯洛（John Stevens Henslow）——劍橋大學的神職人員兼植物學教授——寄來了一封信，而這封信即將決定達爾文的一生志業，並永遠改變生物學的風貌。韓斯洛受邀擔任海軍中將羅伯特・費茲羅伊（Robert Fitzroy）的博物學家及「紳士旅伴」（gentleman companion），加入小獵犬號到南美進行為期兩年的考察活動。韓斯洛的妻子說服他婉拒後，換成韓斯洛的妹夫受邀加入。他起初答應，爾後卻又改變心意。於是，韓斯洛便推薦他的得意門生達爾文擔任這份職務。達爾文說服父親讓他參加，四個月後他展開了最終長達近五年的旅程，研究地質形成並進行自然史的觀察與標本收集。

如果達爾文的父親當時不讓他年輕的兒子加入呢？羅伯特・達爾文是出了名的嚴厲，一開始其實認為這份工作會浪費他兒子的時間。達爾文是否會循其他管道追尋他對自然史的興趣？我們每一個人都會在世界上留下自己的印記，希望能使這裡變成一個更好的地方。許多人在人生中都曾發生某個重大事件，決定了自己留下印記的路線。而對達爾文來說，一八三一年八月二十九日的那封信就是關鍵，為他的天擇演化論——所有生物學的基礎——開拓出一條路。

八月三十日

嚼食殆盡

根據應用生態學研究所（Institute for Applied Ecology，簡稱IAE），入侵種每年都會使全球損失超過一・四兆美元。其衝擊力所帶來的年度成本，包括經濟生產力的損失及移除入侵種的投入工作，據估就占了全球經濟的百分之五。透過競爭、掠食、棲地改變及疾病與寄生蟲傳染，入侵種造成了原生種的數量減少及局部地區滅絕。

一年一度的「入侵種烹飪大賽」（Invasive Species Cook-off）又稱爲「嚼食殆盡」（Eradication by Mastication），是八月下旬在奧勒岡科瓦利斯（Corvallis）舉辦的IAE募款活動，希望能提升民衆對此一問題的重視。你可以參加這場百樂宴，如果覺得自己的料理很有創意，甚至可以報名比賽和當地廚師較勁。入侵種料理有無限多種可能：喜馬拉雅黑莓派、蔥芥青醬或蔥芥冰淇淋、虎杖果醬、炸牛蛙腿、炭烤野豬排、BBQ海貍鼠肉塊、清蒸黃沙蜆、烤亞洲鯉、水煮紅沼澤螯蝦，以及歐洲綠蟹餅。

你或許也可以在家鄉發起「入侵種餐宴」，使其成爲對抗當地入侵種的年度傳統。試著做做看蒲公英酥皮派、椋鳥派、葛藤鹹派，或洛克福乳酪鴿肉燉飯。再搭配現場音樂演奏營造氣氛，並附上小冊子教育參與民衆入侵種的邪惡之處。祝你胃口大開！

八月三十一日

從神聖朱鷺到吉祥物

朱鷺是一種大型的長腳涉禽，特徵是擁有向下彎的喙，在埃及神話中身分特殊。古埃及人尊崇「托特」（Thoth），掌管知識、智慧、月亮和魔法的神祉，同時也是書記、寫作與科學的守護者。托特的形象經常被描繪為朱鷺頭人身。朱鷺本身即是托特的象徵，而為了向托特神致敬，祭司會負責飼養朱鷺，並以神聖朱鷺作為獻祭。考古學家在埃及的地下墓穴和陵墓中，發現數百萬個木乃伊化的朱鷺遺體。有些朱鷺的喙裡置有蝸牛，有些則塞了魚和穀物，意味著這些食物是供奉給朱鷺在來世享用。從實際的角度來看，古埃及人之所以重視朱鷺，是因為牠們會吃掉帶有危險的肝吸蟲，進而改善魚池環境。古埃及人在八月歡慶托特節，也就是河水氾濫的季節。朱鷺也被視為尼羅河氾濫的通報者，負責告知河畔的農夫農耕關鍵時期的到來。

快轉到現今的流行文化。根據北美民間傳說所述，朱鷺總在颶風發生後最晚開始尋找庇護，卻又總在風雨過後最早現身。這表示在大難臨頭時，這種鳥會化身為勇氣與領袖的象徵。而邁阿密大學颶風橄欖球隊（Hurricanes）的吉祥物——名為「賽巴斯汀」（Sebastian）、外型強悍的美洲白䴉（朱鷺科）——正呼應了上述的傳說故事。

September
九月

九月一日

瑪莎

我在一八〇五年看過雙桅帆船上載著大量的鴿子行駛在哈德遜河上，準備開進紐約的碼頭。當時這種鳥一隻可賣一分錢。我在賓州認識一個人，他用捕鳥網（clap-net）一天可捕殺多達六千隻，有時甚至一次就能網到兩百四十隻以上。一八三〇年三月，鴿子的數量多到在紐約的市場裡，放眼望去都是一堆又一堆的鴿子。

——約翰・詹姆斯・奧杜邦，《美國鳥類圖鑑》（Birds of America）

奧杜邦在書中也提到旅鴿（passenger pigeon）的數量只會因「林地逐漸縮小」而減少，而非人類剝削所致。很遺憾的是他錯了。在十九世紀早期，旅鴿是北美數量最多的鳥類，據估共多達五十億隻。這種鳥從一八〇〇年到大約一八七〇年之間，數量從原本的數億隻逐漸下滑，然後在接下來的二十年間銳減至只剩數十隻。牠們被當作便宜的食物而遭人宰殺與販售，羽毛則用來作爲帽子的裝飾，直到一九〇〇年或〇一年最後一隻野鴿被射殺爲止。野生旅鴿就這樣因獵殺而消失在世上。一九一四年九月一日，瑪莎（Martha），最後一隻已知的旅鴿，死在辛辛那提動物園裡。

某些人錯誤地認爲數量龐大的物種不可能因人類剝削而滅絕，而旅鴿就是這種謬論底下的犧牲者。這場悲劇是一種警訊，提醒我們不能視任何物種的存活爲理所當然。

九月二日

紀念動物

一個人在學會愛動物後，他的靈魂才會全然覺醒。

——安納托爾・佛朗士（Anatole France），法國詩人與小說家（一八四四年至一九二四年）

九月是「世界動物紀念月」（World Animal Remembrance Month），一項由人道協會、動物救援中心、獸醫診所醫院，以及其他與動物相關的組織企業所發起的活動。這些發起團體希望能呼籲民衆趁這個月份，感謝那些改善人類生活的服務犬，包括導盲犬、醫療警報犬、治療犬及肢體障礙輔助犬。另外也希望大家藉機想想那些在天災中死去的野生與圈養動物，紀念那些在戰時爲我們服務的動物，包括狗、馬、海豚和鴿子。在這段時間也要悼念那些人類活動的犧牲者：每年在南韓、菲律賓、中國、越南和其他地區，據估共有兩千五百萬隻狗遭宰殺食用；數百萬隻動物在「血腥運動」中受苦及死去，包括鬥犬、鬥羊、鬥雞、鬥魚、鬥蟋蟀及鬥蜘蛛；在壯觀的鬥牛場中，鬥牛士爲激起觀衆情緒而屠殺公牛。

就個人層面而言，世界動物紀念月很適合用來懷念我們所愛及同樣愛我們的寵物——尤其是喚醒我們靈魂的摯愛。這些寵物無疑提升了我們的同理心，並促使我們成為更好的人。

九月三日

死亡的現實

在八月下旬或九月上旬，尼泊爾的印度家庭若在過去一年內有親人去世，就會遵循古時傳統，在市區街道上列隊行進，且每個家庭都會帶著一隻牛。（如果沒有牛，就用裝扮成牛的小孩代替。）牛對印度人來說是最神聖的動物，他們相信牛會協助死者踏上前往天堂之旅。這場年度遊行活動名為Gai Jatra，也就是「神牛節」。神牛節是為了紀念近期去世的人所舉辦，不過，讓活著的人看見自己在悼念親人的過程中並不孤單，這點也同等重要。換句話說，該節慶的目的是要幫助人們接受死亡的現實，並為了將來自己也難免一死而做好準備。

神牛節的相關習俗會依據城市而有所不同，其中最主要也最歡樂的活動在加德滿都（Kathmandu）舉行。在那裡，隨著神牛的遊行隊伍於街道間緩慢行進，圍觀民眾會獻上小籃的水果、甜點與燕麥給遊行的家庭，為他們補充體力。遊行結束後，每個人都會盛裝打扮，戴上面具，一起唱歌直到晚上。至少暫時有一段時間，人們會把悲傷拋諸腦後，享受於活在當下，並體悟到死亡是無可避免的自然現象，是生命的一部分。

九月四日

不聽話的兔子

從前有四隻小兔子，他們的名字分別是芙洛普希（Flopsy）、茉普希（Mopsy）、棉球尾（Cotton-Tail）和彼得。他們和媽媽一起住在沙洲上，就在一棵非常巨大的樅樹根部下方。

——碧雅翠絲・波特（Beatrix Potter），《彼得兔的故事》（The Tale of Peter Rabbit）

碧雅翠絲・波特是英國藝術家兼作家，她在大自然中找到創作靈感，並且熱愛動物與小孩。在一八九〇年代期間，她將自己創作的插畫故事寄給了她以前的家庭女教師，安妮・摩爾（Annie Moore）。其中一個故事附於一八九三年九月四日的信件中，內容是關於一隻名叫「彼得」的調皮小兔子。摩爾家的小孩一直保留這些信件，直到一九〇〇年，這位女教師建議波特將這些故事出版成書。於是，波特借回了這些信件，而後續的文學歷史發展我就不贅述了。

波特將她的彼得兔草稿和插畫寄給六家出版社，結果都遭到回絕。她在一九〇一年九月自行印了兩百五十本書，送給家人朋友作爲聖誕節禮物。之後她又印了兩百本。一九〇二年十月，費德里克・沃恩公司（Frederick Warne & Co.，先前其中一家拒絕她的出版社）出版了她的書。世界各地的孩童都很喜歡這隻不聽話的小兔子，牠不但溜進麥奎格先生（Mr. McGregor）的菜園，弄丟了牠的鞋子和上面有黃銅鈕扣的藍夾克，甚至差點喪了命。

正因爲她深愛著大自然，波特在人生的後期歲月中致力於保護英格蘭湖區的自然景觀。她用童書收入買了一塊地，並在之後將地捐給了英國國民信託（National Trust）代爲維護，以供未來世代享用。

九月五日

傳信之蛇

許多不同的文化都視蛇爲人與神之間的溝通橋樑，而這樣的聯想或許反映了蛇的神祕行蹤。蛇似乎總是不知道從哪冒出來，又突然消失無蹤；牠們能蜿蜒進出於狹縫之間；某些蛇甚至是攀爬高手。生活於亞利桑那州北部高原沙漠的霍皮族是這麼看待蛇的。

這些原住民會在河谷乾枯的月份以及偶爾氾濫的乾河床上，栽種玉米、甜瓜、葫蘆和豆子。他們以人力灌溉作物，並將蛇視爲信使，替他們傳遞祈禱以求神明降雨。每兩年的八月下旬至九月中，霍皮族會舉行爲期十六天的慶祝活動，稱爲「霍皮蛇舞」（Hopi Snake Dance），而活動的高潮就是蛇舞儀式。蛇舞的準備工作會在慶典的最後九天進行。蛇祭司會捉來響尾蛇、牛蛇和沙漠錦蛇，爲這些蛇祈福，用浸泡藥草的水隆重地爲牠們清洗，然後與牠們交換靈魂。在儀式的最後，蛇祭司會一邊用嘴銜著蛇一邊跳舞。舞蹈結束後，女性會將玉米粉撒在地上。祭司將蛇放下後，蛇會在移動過程中全身沾滿玉米粉。接著霍皮族會到他們位於台地的家下方釋放這些蛇，而這些蛇會將他們祈雨的信息及霍皮族祖先的靈魂，帶給住在地底世界的神明。

九月六日

亞里斯多德節

古希臘哲學家亞里斯多德的《動物志》（History of Animals）被視為兩千年來動物學相關知識的主要依據。他對動物的許多描述，包括形態與行為，皆正確無誤。然而，就和所有的科學家一樣，亞里斯多德還是搞錯了少數幾件事。儘管他通常展現出敏銳的觀察力，不過卻錯誤地認為男人的牙齒比女人多。他曾描述女人「不成熟」又「有缺陷」，並寫道男人在繁衍後代上扮演的角色較重要。亞里斯多德也提到蛇藉由脫皮而獲得永生，以及生命形式有其天生的目的。他對於解剖學的某些解釋，則令人聯想到現今出現在比較解剖學考卷上的那種瞎掰答案——舉例來說，蛇的分岔舌頭使它在味覺上能獲得雙重享受。亞里斯多德寫道某些動物是源自同一種類的父母，但其他動物，例如昆蟲和鰻魚，則是由腐爛的泥土和植物性物質自然生成。我們現在已經知道不是這麼一回事，不過也要等到一六六八年弗朗切斯科．雷迪（Francesco Redi）用蛆做實驗後，才推翻了無生源論（spontaneous generation）。

在九月上旬，位於里加（Riga）的拉脫維亞大學（University of Latvia）會舉辦「亞里斯多德節」（Aristotle

Celebration）以歡迎新生，而這項傳統已持續了超過四十五年。儘管亞里斯多德犯了幾個動物學的錯誤，但仍無傷大雅。他對世界的省思以及對學習的熱情，不僅為世人帶來了無限啓發，也是值得效法的典範。

九月七日

「小小玩具狗」

一八〇四年五月，梅里韋瑟・路易斯（Meriwether Lewis）和威廉・克拉克（William Clark）從聖路易斯附近出發，隨著「探索遠征部隊」（Corps of Discovery Expedition）到新取得的領地探勘與繪製地圖，而這些新領地就是今日的美國。此趟旅程的第二個目的則是要記錄西部的自然史。他們在日誌中記下了對三百多種動植物的觀察，且許多都是之前在科學上未知的物種。其中之一就是草原犬鼠。

一八〇四年九月七號，在如今內布拉斯加州的博伊德縣（Boyd County），遠征部隊發現了一個由松鼠般的小型動物所聚集而成的「村莊」，法國的陷阱獵人與商人稱之為petits chiens（意思是小狗）。可以想像當時的景象有多驚人——當人類接近時，數百隻小型嚙齒動物在洞穴入口發出吠叫聲以警告同伴，然後一溜煙遁逃到地底。路易斯形容這種尖銳的嘯叫聲就像「小小的玩具狗」在吠叫。

遠征部隊的隊員捉了一隻作為吉祥物。這隻草原犬鼠靠原野上的青草成長茁壯，並且和部隊一起抵達北

達科他州曼丹堡（Fort Mandan）的冬野營。路易斯和克拉克認為這隻吉祥物會是很好的禮物，於是決定把牠送給傑佛遜總統。一八〇五年四月，一位下士和他的組員為了運送禮物，南下至密蘇里河再回到東部。總統非常高興，把這隻草原犬鼠當作寵物飼養了短暫時間，然後在一八〇五年十月轉送給畫家兼博物學家查爾斯．威爾森．皮爾（Charles Willson Peale），讓他在他位於費城的博物館展示，而這也是全美第一間自然史博物館。在那裡，活生生的草原犬鼠在塡充的鳥與哺乳動物、曼丹人的野牛皮大氅、以及其他由探索遠征部隊送回的「奇特」動物及藝術品之間，成為了矚目焦點。

九月八日

艾文

牠會向人討摸頭和下頷垂肉。牠喜歡蒲公英的嫩葉和芫荽葉。牠會觀察周遭發生的一切。牠能自由出入家中——當然是在監督之下，因為牠是個搗蛋鬼。牠受過如廁訓練，每天早上會聽從指令在一鍋溫水中大小便。牠是艾文（Ivan），十一歲、身長四英呎（一．二公尺）的寵物綠鬣蜥。

一九九八年九月八日是「全美綠鬣蜥關注日」（National Iguana Awareness Day），旨在幫助民眾認識綠鬣蜥，並勸導民眾不要把牠們當成「用完即丟的寵物」。綠鬣蜥在寵物交易中是最常見的一種爬蟲類。每天進口至美國的綠鬣蜥寶寶有將近一百萬隻，大多數是在牠們原本的國家中經人工繁殖而來，包括墨西哥南部、巴西南部、巴拉圭及加勒比海島嶼。牠們便宜、美麗又討人喜歡，簡直是完美的寵物，對吧？錯。綠鬣蜥成長迅速，不論是飲食、空間和光線都有特殊需求。事實上，受圈養的綠鬣蜥寶寶據估有百分之七十在的一年內死亡，原因是牠們的需求並未獲得滿足。

綠鬣蜥並不是那種可以摟摟抱抱的寵物。牠們不像貓一樣會發出咕嚕咕嚕的聲音，也不像狗一樣會熱情地舔你。那麼牠們爲何會如此受歡迎呢？可能是因爲能就近觀察奇異的爬蟲動物是個很新奇的體驗。艾文在家中很受重視，不僅能提供陪伴，也帶來了無限歡樂，但牠的飼主也投入了大量資源以維護牠的健康。全國綠鬣蜥關注日的支持者希望民眾能了解事實後，再決定要不要飼養綠鬣蜥。

九月九日

親身體驗大自然

大自然滿足了人類更崇高的需求，那就是愛美之心。

——拉爾夫・瓦爾多・愛默生，〈論自然〉第三章：美（” Nature” , Chapter 3: Beauty）

一八三六年九月九日，愛默生發表了他的散文〈論自然〉，內容分析了人類並未全然接受自然美的原因。這篇小品呼應了被稱爲「先驗論」（transcendentalism）的哲學與社會運動，其中提到神存在於自然萬物與人性之中，每個人都具有直覺與洞悉力，以及我們能透過研究自然以理解現實。愛默生寫道為了能眞正與自然交流，我們必須要遠離社會上的紛擾，走進大自然中，孤獨地進行觀察。

在這篇冗長散文的導言中，愛默生感嘆於人們傾向接受過去所累積的知識及傳統，而非親身體驗眼前的大自然。該散文分為八個章節——自然、商品、美、語言、紀律、唯心主義、精神與遠景，為我們與大自然的關係提供了獨特的見解。愛默生在結尾時強調我們現在只靠理性去理解自然，但若能恢復以心靈去感知自然，重新燃起我們對自然世界的興趣，就能獲得更大的滿足。愛默生的散文對全世界不同世代的人都有著深遠的影響，包括先驗主義者梭羅。梭羅曾為了觀察大自然，花了兩年、兩月又兩天的時間，獨自住在瓦爾登湖畔的單房小屋裡。而這棟小屋就蓋在他的良師益友愛默生所擁有的土地上。

九月十日

分享熱情

科學是文化不可或缺的一部分。這不是什麼神祕祭司經手的陌生事物，而是人類智識傳統的榮耀之一。

——史蒂芬・傑・古爾德（Stephen Jay Gould），《獨立》（Independent，一九九〇年一月二十四日）

生物學家史蒂芬・傑・古爾德（一九四一年至二〇〇二年）為一般大眾寫出了許多著作，包括《貓熊的大拇指》（The Panda's Thumb）、《火鶴的微笑》（The Flamingo's Smile）、《雷龍面臨的危險》（Bully for Brontosaurus）、《母雞的牙齒和馬的腳趾》（Hen's Teeth and Horse's Toes），以及《暴風雨中的刺蝟》（An Urchin in the Storm）。這些書中的許多散文最初都是古爾德定期爲《自然史》（Natural History）雜誌所寫的專欄文章。他在專欄中探討的主題廣泛，包括自然史、健康與長壽、種族刻板印象、演化與神創論（creationism），以及人類基因組。

古爾德於一九四一年九月十日生於紐約皇后區。五歲時，他的父親帶他到美國自然史博物館的恐龍廳認識了暴龍。古爾德爲之深深著迷。或許就是這些骨頭化石在他心中種下夢想的種子，使他日後成爲了一名古生物學家及演化生物學家。古爾德一生任職於哈佛大學與美國自然史博物館。他不僅因科學研究而獲獎無數，也透過寫作與演講教授大眾科學知識，兩者都是可貴的貢獻。

身爲科學家，我們的專業訓練告訴我們要保持客觀。而在這樣的情況下，有時我們會忘記自己爲何成爲科學家——爲了滿足我們固有的好奇心，爲了實現認識周遭世界的欲望，以及爲了感受發掘新事物的喜悅。而古爾德則是和非科學家的一般民眾分享了他對科學的熱情。

九月十一日

誰能得救？

二〇一二年，超過八千名科學家辨識出地球上一百種最受威脅的眞菌、植物及動物——一份易於管理的清單，以便了解哪些物種急需保育資源的投入。這些物種全都嚴重衰減，但另一個將其納入清單的衡量標準是幾乎沒有人捍衛這些物種，只因我們認為他們對人類沒有任何益處。舉例來說，清單上包含新加坡淡水蟹、扁鯊、泰山變色龍、沖繩畜鼠、阿滕伯勒豬籠草，以及奇藍尼托仙人掌。二〇一二年九月十一日，這份清單發表於國際自然保護聯盟（International Union for Conservation of Nature and Natural Resources，簡稱IUCN）於南韓所召開的會議上。擬定者強調只要依照他們的建議採取保育行動，這一百個物種大部分都能被救活。

但我們眞的會這麼做嗎？我們該如何選擇將心力和資金投入於何處？海龜和大貓熊等受人喜愛的物種，或是鱘魚和鮭魚等對我們有直接利益的物種，總是得到最多的關注。民衆的支持會影響保育決策，而遺憾的是，許多人認為我們的資源應專用於保育鳥類和哺乳類，而非蛞蝓、蜈蚣、蟋蟀、蜘蛛、鯊魚和蛇這類的「二等公民」。我們需要鼓勵民衆換個思考方式——體悟到所有生命都有其價值，並不只限於那些有魅力或有用的生物。而思維的改變唯有靠公共教育才有辦法做到。

九月十二日

從火裡誕生

法王法蘭西斯一世（Francis I）出生於一四九四年九月十二日，是一位重要的藝術贊助者，也是法國文藝復興運動的發起人。在如此衆多的選項中，這位國王挑選了被火焰圍繞的蠑螈作為個人徽記。而他的座右銘從拉丁文翻譯成中文，意思是「我滋養良善，撲滅邪惡」。

蠑螈長久以來都與火有關聯。古老的歐洲傳說宣稱蠑螈從火裡誕生，因此能忍受高溫。這樣的聯想很可能源自那些看過歐洲火蠑螈的人。這些黃橘色和黑色的蠑螈喜歡藏身於枯木中，而當枯木被當作木材扔進壁爐或柴爐時，蠑螈就會現身。希臘哲學家亞里斯多德描述蠑螈不僅能抵抗火，也能撲滅火。西元一世紀時，羅馬學者老普林尼又更加深了這樣的看法，因爲他曾寫道蠑螈的身體很冷，以致於只要接觸到火就能將其撲滅。義大利博學家李奧納多・達文西甚至聲稱蠑螈不具消化器官，僅以火爲食。

蠑螈能抵抗火的說法衍生出另一個主張，就是牠們能穿越火而「不留下火燒的痕跡」。基督教作家後來便用這樣的概念比喻正直之人「平息了慾望之火」。也因此，蠑螈逐漸演變成貞潔、純淨、童貞、自制與堅定信仰的象徵。法蘭西斯一世選擇蠑螈做爲徽記可說是十分恰當，因爲牠們代表著良善與力量。

九月十三日

老鷹和飛行機器人

老鷹展翅高飛，俯衝而下，用牠的利爪捕捉小型無人機，安穩地回到地面，然後領取牠的獎賞——一大塊生肉。此般情景是源自斯約德・胡根朵恩（Sjoerd Hoogendoorn）的創作。胡根朵恩是一名荷蘭保全顧問，在二〇〇一年九一一事件發生的那週剛好人在紐約市。由於深受恐怖攻擊的震撼，他想出了這個點子，希望能讓這個世界變得更安全一點。二〇一六年九月十三日，荷蘭國家警察宣布將展開訓練老鷹對付無人機的計畫——一項領先全球的執法創舉。荷蘭的成果很可能只是敵方無人機捕獲技術研發的一個開始。

無人機（無人飛行載具）有許多建設性的應用，包括森林火災偵查、汙染監測、搜救、空拍，以及反恐作戰行動。然而若是落在恐怖份子手中，就可能成為致命武器，被用來裝載炸藥或生化武器，朝毫無招架之力的目標直接撞擊。以猛禽捕捉無人機的好處是牠們能安全地把無人機帶回地面。其他方法，包括干擾無人機訊號或用鹿彈射下無人機，都會導致無人機撞擊地面，有可能因而危及地面上的生物和建築。

依據受訓老鷹的種類不同，捉住無人機的老鷹有可能是將移動物體視為食物或另一隻侵入地盤的猛禽。多虧牠們的敏銳視力，老鷹能捉住無人機的中心位置，避開轉動的螺旋槳葉片。派老鷹獵捕無人機無疑是將馴鷹術提升至一個嶄新的境界！

九月十四日

世界奇蹟

亞歷山大・馮・洪保德於一七六九年九月十四日出生於普魯士的貴族世家。年輕時的他萌生出對植物的熱情，不過在他的周遭環境中，並沒有太多種類的植物可供研究，也因此洪保德夢想著到異地探險。從一七九九年到一八〇四年期間，他探索了中南美洲各地，以行走、騎馬和划舟的方式行經了超過六千英哩

（九千六百五十公里）的路程。

洪保德是公認首位描述南美洲生物與地質奇景的科學家。除了植物學與自然史，洪保德也精通採礦與地質學、生物地理學及哲學等領域，可謂名副其實的文藝復興人。身爲當時最著名的科學家，洪保德的名聲響譽世界各地，數百種動植物皆以他命名，包括洪保德百合與洪保德企鵝。另外也有以他命名的地理特徵，包括格陵蘭的洪保德冰河和南美西岸的洪保德洋流。

洪保德的著作廣受喜愛，啓發了許多其他的博物學家與科學家。達爾文聲稱洪保德的《美洲赤道區旅行見聞》（Personal Narrative of Travels to the Equinoctial Regions of America）是他渴望以博物學家身份加入小獵犬號的原因。梭羅視洪保德爲榜樣，發展出一套生活方式，使自己能沉浸於大自然中。洪保德的書陪伴著約翰・繆爾長大，深深影響他對生態學及自然環境維護的看法。愛默生則稱洪保德爲「世界一大奇蹟」。

九月十五日

上古時期的動物

達爾文和小獵犬號在一八三五年九月十五日登陸加拉帕哥群島。數天後，達爾文在他的日誌中寫下：

「我在散步時遇見兩隻巨龜，每一隻至少都有兩百磅重。其中一隻正在吃一塊仙人掌，當我靠近時，牠看著我，然後安靜地離開了；另一隻則發出低沉的嘶嘶聲，把頭縮了進去。這些體型碩大的爬蟲類，在黑色火山岩、無葉灌木和大型仙人掌的圍繞下，看起來就像某種上古時期的動物。」

達爾文注意到不同島嶼的陸龜龜殼形態也會有所差異。後來他回到英格蘭，反覆思索自己的觀察後，開始猜測陸龜之所以改變龜殼形態，是為了適應各個島嶼上截然不同的環境。陸龜的龜殼形態普遍來說分為圓頂型和馬鞍型，而這點事實上可用來說明動物各自處於孤立的地理位置時，形態也可能隨之相異。擁有圓頂型龜殼的陸龜生活在較潮溼、海拔較高的島嶼上，那裡的食物充裕，也比較接近地面，便於取食。那些擁有馬鞍型龜殼的陸龜則生活在乾枯的島嶼上，在久旱無雨期間食物十分稀少。龜殼的前端如馬鞍般向上突起，這種演化而來的差異使陸龜能抬高脖子，吃到樹狀仙人掌的葉片。物種在適應新環境的過程中能隨時間演變，而這樣的概念正是達爾文推演出天擇演化論的重要關鍵。

九月十六日

鱷魚神

一九七五年九月十六日，巴布亞紐幾內亞（Papua New Guinea，簡稱PNG）——將近七百個種族的家鄉——脫離澳洲而獨立。而每年在獨立日這天，巴布亞紐幾內亞都會以音樂、舞蹈，以及以歌曲詮釋民間故事的方式，慶祝他們獲得文化認同。其中一個我最喜愛的PNG創世神話是基科里（Kikori）的故事，內容描述PNG及其下六百個左右的離岸小島是如何而來。

根據基科里的故事所述，起初世界上只有水和鱷魚神存在。後來，鱷魚神創造了第一個男人和第一個女人。由於四面八方都是水，因此鱷魚神讓這對男女生活在他的背上。他們不斷生育，最後由於子嗣太多，以

致鱷魚神的背上再也沒有多餘的生活空間。於是他命令這些人離開，而他們能找到的唯一陸地就是由鱷魚神的糞便所堆積而成的大型島嶼。不過他們很滿足，因爲這些土地十分肥沃，島嶼的魚獲量也很充足。鱷魚神的糞便島嶼後來演變成爲巴布亞紐幾內亞，也就是所有人類最初的家。

基科里創世神話選擇強而有力的鱷魚作爲造物主，並將人口過剩的主題融入於故事中，這一點也不令人意外。PNG的可居住土地面積有限，但生育率卻是太平洋區域之最。由此可見，民間故事也能爲了解人類文化提供切入的視角。

九月十七日

愛之鎖

紫菀是九月的生日花，其英文名稱是源自希臘文中的aster，意思是「星星」。根據希臘神話，在由泰坦巨人族掌管世界的「黃金時代」（Golden Age），衆神們居住於大地。後來人們變得貪婪邪惡，衆神們便一一離棄了大地。最後一個離開的是貞潔女神「愛絲翠雅」（Astraea）。當她回到天上後，化成了處女座。她因悲憫人間苦難而哭泣，結果眼淚與星塵融合，掉落於大地後，變成了星形的紫菀。

另一則描述紫菀起源的傳說是來自北美的切羅基族（Cherokee）。兩個部落爲了爭奪最佳獵場而開戰。戰爭中唯一的倖存者是逃進森林中的一對年輕姊妹。其中一位身穿母鹿皮製成並染成藍紫色的連身裙，另一位穿的是母鹿皮製成的亮黃色連身裙。一天晚上，賣藥草的女人在預知未來時，看見這對姊妹即將遭人追捕。於是她將神奇的魔藥撒在她們身上，並用樹葉覆蓋住她們。隔天早上，那對姊妹睡覺的地方長出了兩株花，一株是藍紫色的紫菀，另一株則是秋麒麟草。

在維多利亞時期，用紫菀作爲贈禮所傳達的訊息是愛與忠誠。送人單株紫菀代表的意義則是「愛之鎖」，希望能藉以獲得對方的情感回應。在今日，紫菀是其中一種在花藝擺設中常見的花，花色包括白、粉、紅、藍、淡紫、紫和紫紅，至今仍是愛的象徵。

九月十八日

碰觸

皮膚在成人身體中佔了大約八磅（三．六公斤）的重量。除了保護身體和調節溫度等功能，皮膚也能帶給我們感覺。人類的皮膚有大約五百萬個神經受器，用來感知碰觸、溫度、震動、按壓與疼痛。九月是全美皮膚照護關注月，目的是要強調將人體最大的器官照顧好有多重要。當我們還在母親的子宮裡就已發展出觸覺。一旦來到外面的世界後，嬰兒能藉由觸摸而獲得安慰。爾後，碰觸更提供了另一種欣賞與理解大自然的方式。碰觸使我們能感覺到被貓舔時那種砂紙般的舌頭觸感，以及被愛人親吻時嘴唇的柔軟。

碰觸對某些動物來說是最重要的感覺，其中許多動物都發展出向外延伸的身體結構，藉以感覺環境。昆蟲與甲殼動物具有觸角（依據族群的不同，觸角也可能具有感覺熱、震動與化學物質的功能）。大多數哺乳類則具有感覺毛——特化的毛髮，例如鬍鬚。另外還有星鼻鼴，牠們擁有全世界最靈敏的鼻子。二十二根粉紅色的肉質附器環繞著星鼻鼴的鼻尖，使其在鑽入地底尋找食物時，一秒內就能碰觸到十幾個物體，包括蠕蟲、昆蟲及甲殼類。超過十萬條神經纖維能將感覺從這種動物的星狀鼻傳送至大腦，數量比人類手上的觸覺受器還要多六倍以上。

九月十九日

印蒂與瑪瑪基利亞

太陽和月亮在許多傳統文化中都具有特殊意義。儘管他們有時被視爲彼此敵對，但在更多情況下他們是以婚姻結合的關係。印加文明在九月十九日當天或前後歡度春分（赤道以南），以盛宴、舞蹈及狂歡的方式慶祝太陽神「印蒂」（Inti）與月神「瑪瑪基利亞」（Mama Quilla）的結合。印蒂在印加神話中是地位最高的神祇，農民特別尊崇印蒂，因爲他們須仰賴溫暖的陽光爲成長的作物帶來養分。印蒂經常被刻畫爲閃耀著光芒的金色圓盤，中間有一張人臉。

瑪瑪基利亞（月亮媽媽）標記著時間的推移。印加人利用月亮的盈缺計算出月份的循環，再從中訂立宗教節慶的日期。女性對瑪瑪基利亞有著特殊的情感連結，因爲她掌控著月經週期。銀子被視爲瑪瑪基利亞掉落於大地的眼淚，而且她經常被刻畫爲具人類形象的銀盤。印加人對月蝕感到恐懼，因爲他們認爲月亮上的陰影代表著野生動物正在攻擊瑪瑪基利亞。若這隻動物傷害了這位女神，夜晚將墜入永恆的黑暗之中。

除了在春分期間舉行盛宴和表演舞蹈，印加人也會以固定的儀式詮釋印蒂與瑪瑪基利亞的結合，藉以歌頌富饒及生育。正因如此，一般認爲春分是受孕的絕佳時機。

九月二十日

東北虎郵票

有些人奉獻一生投入於保育相關的研究、方針擬定、教育及大眾推廣、提倡運動或立法。有些人則自願以出力或捐款的方式加入保育行列。不過，從二〇〇九年開始，所有人都能透過一種創新又不需花大錢的方法支持國際野生動物保育。爲了提升對瀕危野生動物的關注，並對其保育活動有所貢獻，世界自然基金會（World Wildlife Fund）提議發行及販售附捐郵票：一種於郵資數值外加刊捐款數值的郵票，以作爲公益慈善用途。於是，在兩黨壓倒性的支持下，二〇〇九年的《多國物種保護基金附捐郵票法案》（Multinational Species

Conservation Funds Semipostal Stamp Act）於美國國會通過。

二〇一一年九月二十日，美國郵政署發行了一款「搶救瀕危物種」（Save Vanishing Species）的附捐郵票，上面印有一隻由美國插畫家南西・史鐸（Nancy Stahl）所設計的東北幼虎。所有收入都將捐給美國魚類及野生動物管理局所掌管的多國物種保護基金。除非重新授權，否則過了二〇一七年年底後，這款價值六十分錢的郵票將不再發行。截至二〇一七年八月共售出三千八百多萬張郵票，為多國物種保護基金募得了超過四百一十萬美元，用於協助瀕危野生物種的保育工作，包括老虎、大象、犀牛、巨猿及海龜。

九月二十一日

世界末日種子庫

全世界有超過一千七百間儲存食用作物種子的基因銀行，以預防植物因戰爭或自然災害——包括疾病——而徹底消失。然而，許多這類的銀行本身也無法抵抗戰爭、自然災害、管理不善或冷藏室故障所帶來的破壞。有鑑於此，二〇〇八年，斯瓦爾巴全球種子庫（Svalbard Global Seed Vault）創立於挪威斯瓦爾巴群島中的斯匹茲卑爾根島（Spitsbergen）。這座建於永凍層地底的種子庫位置偏遠，距離北極約六百二十英哩（一千公里）。由於其目的是要預防其他一千七百間基因銀行無法正常運作，因此也經常被稱為「世界末日」種子庫。每一個在那裡儲存種子的國家都有該國種子的所有權及使用權，只有自己能提取自己的種子。截至二〇一七年二月，種子庫內共有超過九十四萬份樣本，由世界上大多數國家所提供。這座種子庫能容納四百五十萬份樣本，每一份樣本包含約五百顆種子。

二〇一五年九月二十一日，路透社報導因敘利亞戰爭的影響，種子庫首次接獲領回種子的要求。申請提取的單位是國際乾旱地區農業研究中心（International Center for Agricultural Research in Dry Areas，簡稱ICARDA），原因是敘利亞的阿勒普（Aleppo）飽受戰爭摧殘，以致研究學者無法從當地的基因銀行領回種子。二〇一七年二月，ICARDA將一萬五千多份樣本歸還至斯瓦爾巴全球種子庫，包括馬鈴薯、稻米、小麥和鷹嘴豆。斯瓦爾巴全球種子庫正在實踐當初的設計目的：作爲全世界糧食供給的終極保障。

九月二十二日

何謂生命？

水牛在十九世紀中期逐漸從加拿大西北部的平原中消失。當時加拿大政府欲取得第一民族（First People）的狩獵場，以興建州際鐵路；移民則希望獲得土地以畜養牲口。爲了取得土地的掌控權，同時也希望能協助第一民族存活，維多利亞女王提出了交換條件：第一民族必須「割讓、放棄、引渡及交付」狩獵場的所有權利、資格及特權，以換得財務上的援助，以及在飼養牲畜和種植作物方面的協助。

西克西卡第一民族（Siksika First Nation）——又名「黑腳族」（Blackfoot）——的酋長克勞福特（Crowfoot）深知無法抵抗入侵者，而自己的族人也必須適應改變，因此只能選擇放棄水牛。一八七七年九月二十二日，他在亞伯達省（Alberta）南部簽署了《第七號協議》（Treaty Number 7），之後其他酋長也紛紛跟進。儘管後來雙方並未完全遵守協議內容，而他的族人也有許多死於飢餓與疾病，然而克勞福特仍堅信公然訴諸暴力只會使局面惡化。他在一八九〇年去世，以一名鬥士及和平追求者之姿受人景仰。據傳，他死前留下了這段話：再過一陣子我將離你們而去。我不知道自己將身往何方。無人能知生從何來，死向何處。

何謂生命？生命是夜間流螢的微光，是冬季水牛的氣息，是那道掠過草地並消逝於暮色中的小小光影。

九月二十三日

珍貴的皮大衣

利慾薰心的獵人和追求流行的消費者向來覬覦海獺的毛皮，甚至一度將其視爲最珍貴的一種皮草。海獺的毛皮因厚度而受人喜愛。牠們不像大多數海洋哺乳動物，身上沒有鯨脂讓牠們能在冰冷的海水中保暖，只能仰賴毛皮禦寒。牠們的毛比任何哺乳動物都還要濃密。相較而言，人類的頭皮平均每一平方英吋會有七百根頭髮，而海獺身上平均每一平方英吋就有一百萬根毛。海獺的毛皮共有兩層——長長的護毛及濃密細軟的底層毛。

海獺的數量在過去很可能一度高達百萬隻，然而到了一九〇〇年代早期，毛皮交易導致牠們的數量銳減至一千到兩千隻之間。目前據估世界各地共有十萬六千隻海獺。牠們的數量之所以稍微回升，都要感謝一九一一年美國、日本、俄羅斯及大不列顚簽署了第一個國際野生動物保護協定後，各界開始投入於相關的保育工作。此一保護協定的名稱爲《北太平洋海豹公約》（North Pacific Fur Seal Convention），旨在控管普里比洛夫群島的海豹與海獺商業獵捕，並禁止遠洋獵捕。阿留申人（Aleut）與阿伊努人（Aino）是唯一的例外，因爲他們使用傳統技術獵捕海豹，而且不是爲了商業利益。

九月的最後一週是「海獺關注週」（Sea Otter Awareness Week）。儘管海獺的獵捕仍受管制，然而近海鑽油與貨輪的漏油事故，對脆弱生物族群的存亡仍是一大威脅。

九月二十四日

幸福的青鳥

彩虹之上，
青鳥悠然飛翔。
而你所做的美夢
一定都會實現。
——《彩虹之上》（Over the Rainbow），出自電影《綠野仙蹤》（The Wizard of Oz）

今天是全美幸福青鳥日。青鳥長久以來在不同文化中皆被視爲幸福的報信者，包括古時的中國及現今北美的第一民族。在全世界的許多地方，這種鳥是喜悅、繁榮、健康與更生的象徵，包括在北美發現的三種青鳥：東方知更鳥、西方知更鳥及山地知更鳥。全球民調顯示，藍色——也就是天空、海洋、湖泊與泉水的顏色——是一般人最喜愛的顏色。而青鳥身上醒目的藍色羽毛反映的正是大自然的色彩。

比利時劇作家莫里斯・梅特林克（Maurice Maeterlinck）在他的劇作《青鳥》（L'Oiseau bleu）中創造了「幸福的青鳥」這樣的說法。一九〇八年九月，這齣戲在莫斯科首映，內容描述名爲米蒂兒（Mytyl）的女孩和哥哥蒂迪爾（Tyltyl）在仙女貝麗（Berylune）的協助下，展開一場神奇的探索之旅，一路經過各個不同的奇幻王國，只爲尋找「幸福的青鳥」。這兩個孩子最後空手而歸，了解到「幸福的青鳥」其實就是蒂迪爾的寵物鳥，一直都在自己的家中。而他們的家和外面的森林從此看起來更加美好了。這個故事要傳達的是儘管每個人都想追求幸福，但眞正的幸福必須從「心」找起。

九月二十五日

嗅出癌症

狗的鼻子主宰了牠的大腦，並爲牠解讀這個世界。人類擁有大約五百萬個氣味受器，臘腸犬則擁有一億兩千五百萬個，尋血獵犬甚至擁有三千億個。我們訓練狗嗅出毒品、炸藥、血液、白蟻、臭蟲、松露、人類遺體和野生動物糞便。惡性腫瘤細胞會產生揮發性有機化合物，因此是否也能訓練狗嗅出癌症？一九八九年，這個問題在醫學期刊《刺胳針》（The Lancet）中提出，起因是一位女性宣稱她的狗——邊境牧羊犬和杜賓犬的混種——對她身上的皮膚膿瘡格外感興趣，後來經證實為黑色素瘤。

二〇〇四年九月二十五日，《英國醫學期刊》（British Medical Journal）中的一篇文章指出，在經過訓練後，狗能依據尿液的氣味分辨出有膀胱癌和沒膀胱癌的病人，且準確率高達百分之四十一，單憑運氣猜測的準確率則只有百分之十四。自從這項研究發表後，狗經發現能依據呼氣採樣偵測出肺癌和乳癌、依據組織採樣偵測卵巢癌、依據呼氣與水樣便採樣偵測大腸癌，以及依據尿液偵測前列腺癌。由於狗的鼻子十分靈敏，因此在極早的階段就能嗅出癌症。雖然受過訓練的狗無法取代醫生，但牠們已證明自己是很能幹的助手。

訓練狗偵測癌症並予以認證，整個過程歷時約六到八個月。不過因為有撫摸、陪玩、零食獎勵及其他正向的強化機制，狗倒是很享受訓練過程。牠們大概不會知道自己為癌症偵測領域帶來了多大的轉變。

九月二十六日

章魚的藏身處

在暴風雨之下我們會很溫暖
在海浪底下我們小小的藏身處
頭枕著海床休息
在靠近洞穴的章魚花園裡

我們會繞著四周唱歌跳舞
因為知道沒人能找到我們
我想待在海底
在陰暗處的章魚花園裡
——披頭四，《章魚的花園》（Octopus's Garden）

章魚是公認最機智的無脊椎動物（至少和一般家貓一樣聰明），長久以來地位受到推崇。古希臘與羅馬的藝術家會以章魚優雅的姿態美化陶器、錢幣和盾牌。在日本的阿伊努族與神道教傳說中，名為「阿伊努巨蛸」的巨大章魚能自行切斷觸手並再生，因此一般人認為牠具有療癒能力。信徒會到神社裡敬拜阿伊努巨蛸，供奉魚、蟹及其他軟體動物，希望能因而治好骨頭斷裂、淨化心靈及解放精神。

《章魚的花園》是由林哥．史達（Ringo Starr）譜寫及演唱的歌曲，於一九六九年九月二十六日發行。據林哥所述，「他（某位船長）告訴我所有關於章魚的事——牠們是如何在海床上四處移動，撿起石頭及閃閃發光的物體，自己建造花園。我心想，『眞是太神奇了！』因為當時的我也很想待在海底。」實際的情況是，章魚會將螃蟹和軟體動物等獵物帶回牠們的洞穴裡，享用完後會留下蟹殼和其他殘骸，散落在牠們家四周。這些物體能幫助牠們掩飾和保護自己的藏身處，但在林哥的想像中，這些精心裝飾的「花園」是如此奇幻迷人。

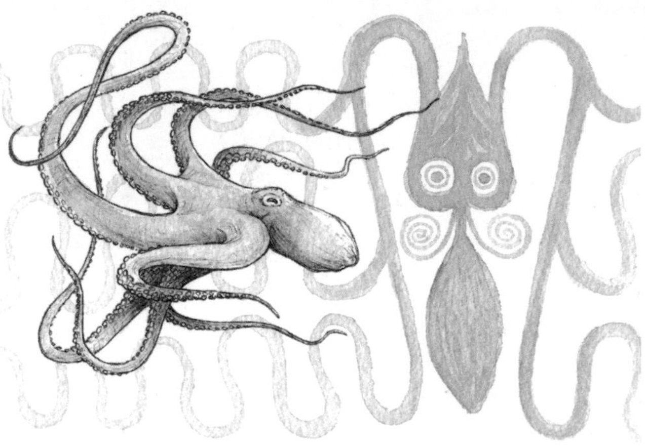

九月二十七日

警告呼喊

彷彿滴水穿石，從出生到死亡的過程中不斷接觸到危險化學物質，到最後可能會演變成一場大災難。

——瑞秋．卡森（Rachel Carson），《寂靜的春天》（Silent Spring）

瑞秋．卡森——生態學家、海洋生物學家、環保人士及知名自然作家——在寫了數本與海洋有關、發人省思的著作後，於一九六二年九月二十七日出版了《寂靜的春天》。在該書中，卡森警告民眾長期濫用殺蟲劑的嚴重後果，並呼籲大家改變看待自然世界的方式。

《寂靜的春天》結尾總結了卡森想傳達的訊息：「『操控自然』是一種很傲慢的說法，源自極端守舊的生物學及哲學觀念，竟認爲大自然之所以存在是爲了人類方便。應用昆蟲學（即殺蟲劑的使用）的觀念與實踐大多屬於科學的石器時代。令人擔憂又深感不幸的是，如此原始粗糙的科學卻擁有最先進駭人的武器，而使用這些東西消滅昆蟲，其實同時也是在傷害地球。」

在她的所有著作中，卡森強調人類只是大自然的一部分，卻擁有改變全世界自然生態的力量。她鼓勵我們學習欣賞自己的周遭環境：「開拓視野的其中一個方法是問問自己，如果我從未有機會看到眼前的事物，如果我知道自己不會再看見同樣的景象，會有什麼感覺？」如果我們能珍惜大自然，或許就不會認爲自己必須要控制她了。

九月二十八日

現今仍在流動的水

火星俗稱「紅色星球」，其英文名稱Mars是依據羅馬戰神命名而來。科學家長久以來推測火星上可能曾有生命，或甚至到了今日都還存在，原因是火星具有適合居住的條件，其中之一就是液態水。

自二〇〇六年起，NASA的火星偵察軌道衛星（Mars Reconnaissance Orbiter，簡稱MRO）開始搭載科學儀器環繞火星飛行，並利用照相機捕捉壯觀畫面。二〇一五年九月二十八日，NASA宣布行星科學家在研究MRO所拍攝的照片後，觀測到火星地表的斜坡上有一百公尺長的條紋，這證實了火星上仍有水合礦物鹽與液態水向下坡流動。這些照片裡的並不是結冰的水或古老的水，而是現今仍在流動的水。這些條紋似乎會隨時間消長，在溫季裡沿著陡坡向下流動，在較涼爽的季節裡則會消退。這項重大發現令科學家興奮不已，他們在尋找外星生命時，一直謹記著「跟著水走」這條眞理。儘管是鹽水，然而至今在火星地表仍有水在流動，爲我們重新燃起了希望，因爲這代表至少在過去的某段時間，曾有生命存在於這個星球上。

NASA的MRO已經爲二〇二〇年的火星探索計畫找到適合的登陸點，預計在那年的夏季升空。這項機器人探索計畫有四個目標：（一）判定火星上是否曾有生命存在，（二）描述火星的氣候特徵，（三）描述火星的地質特徵，以及（四）爲人類探索計畫做好準備。就讓我們持續關注下一次的外星生命搜尋任務吧！

九月二十九日

鵝鳴

今天是賓州密夫林郡（Mifflin）和朱尼亞塔郡（Juniata）的「鵝日」（Goose Day）。這項活動背後有一段曲折的歷史。西元四八〇年，教宗斐理斯三世（Pope Felix III）為紀念天使長米迦勒，將九月二十九日訂為「米迦勒節」。到了十五世紀，米迦勒節在不列顛群島演變成為一個「季日」（quarter day）——每年用來區分季度的四個日子（相隔三個月，皆為宗教節日），同時也是每季的結帳日。一般人相信在當天吃鵝肉能為財務帶來保障，於是這個日子逐漸演變成現今大家所知的鵝日。一七八〇年代，英國殖民者將這樣的信仰及節日帶到了賓州。

鵝受人喜愛，不只是因為牠們擁有鮮美多汁的肉質和阻止破財的能力。人工馴養的灰鵝是很稱職的看守動物，這是因為面對入侵者時，牠們不僅地域性強，也很好鬥。鵝是羅馬守護女神「朱諾」（Juno）的聖物。根據傳說，西元前三九〇年，羅馬的卡比托利歐山丘（Capitoline Hill）就是因為朱諾的鵝發出警告的鳴叫，才躲過高盧人的入侵。高盧人佔領了整個羅馬，只有卡比托利歐山丘倖免。當高盧人接近時，住在朱諾神廟附近的鵝發出咯咯叫聲和嘶嘶聲，並用翅膀拍打攻擊高盧人。這場騷動使正在睡覺的指揮官和他的手下提高警覺，後來他們趕走了高盧人。為了紀念，羅馬人長久以來都會慶祝鵝日，並在當天帶著金鵝參加一年一度的遊行活動。

九月三十日

親吻海洋

我愛牡蠣。這種感覺就像用嘴親吻海洋一般。

——利昂・保羅・法格（Léon Paul Fargue），法國詩人（一八七六年至一九四七年）

一九五四年，旅館老闆布萊恩・柯林斯（Brian Collins）獲得了阿瑟・健力士（Arthur Guinness）的贊助，因而得以舉辦牡蠣節。他的目標是要使愛爾蘭高威（Galway）的旅遊季延長至九月。自那時起，這項活動每年都會舉行，成為了全世界歷時最長的牡蠣節。「高威國際牡蠣與海鮮節」（Galway International Oyster & Seafood Festival）的遊客量高達五十多萬名，他們所消費的牡蠣數量則超過三百億個，搭配著香檳、葡萄酒與健力士黑啤酒一同吞下肚裡。這場節慶如今為期四天，舉辦時間為九月的最後一個週末。

活動一開始有健力士黑啤酒及牡蠣作為招待。接著可參加美食講座，跟著烹飪示範學做菜，以及隨著愛爾蘭一流音樂家的演奏打拍子。品嚐海鮮小徑（Seafood Trail）上由各個餐廳所提供的美食佳餚。參加世界開牡蠣冠軍盃。剝開三十個牡蠣的殼需要花多少時間？（目前健力士世界紀錄的保持人在三分鐘內就剝了兩百三十三個牡蠣的殼。）如果你眞的很愛牡蠣，且擁有幾近無限大的胃口，就報名參加部落牡蠣食客對決吧（吃牡蠣大賽）！參加狂歡節派對（Mardi Gras Party），帶著香檳漫遊在高威街頭，最後在豪華舞會上展現舞姿。如果你需要額外的動機：三十間高威酒吧提供免費牡蠣和一品脫的健力士。

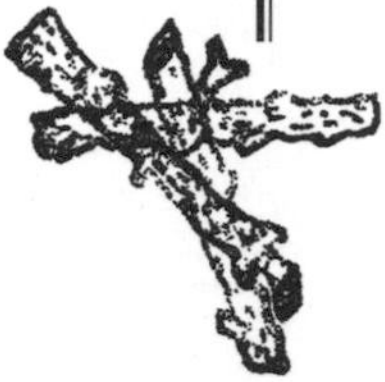

October
十月

十月一日

尊重非人智慧

我們的祖先從狩獵演進到農耕後，喪失了對動物的尊重，開始視自己為自然的統治者。為了替自己對待其他物種的方式辯護，他們必須貶低其他物種的智能，拒絕承認他們也擁有靈魂。

——法蘭斯・德瓦蘭（Frans de Waal），《紐約時報》，二〇一六年

今天是「智能日」（Intelligence Day），目的是要紀念於一九四六年十月一日成立的門薩協會（Mensa Society）——全世界規模最大、歷史最悠久的高智商同好組織。不過今天先別把人類當成唯一主角，讓我們也來頌揚非人動物的智慧吧！

隨著我們對動物認知（心智能力）的研究愈趨深入，其他動物在我們眼裡也愈顯「聰明」。成年公猩猩會擬定計畫：牠們能用口語表達自己隔天早上預計往哪個方向出遊。黑猩猩會表現同理心：牠們會帶食物給受傷的同伴，並且放慢走路速度，讓同伴能跟上。巨猿、虎鯨、大象、喜鵲和瓶鼻海豚皆能從鏡子中認出自己，代表牠們具有自我意識。北美星鴉能記得牠們一年前在哪些地點埋下數千顆種子。還有許多不同的動物，包括頭足綱和靈長類動物，都會使用工具。

法蘭斯・德瓦蘭是專門研究動物認知的動物行為學家，他提出質疑：「若我們

身處的自然世界缺乏所需的促成條件，世上的物種要如何發展出規劃、同理心及自我意識等能力？」德瓦蘭暗示與其堅持人類在智能上的優勢，我們反而應該爲自己與其他動物之間的關聯感到驕傲。

十月二日

吉祥物

「刷牙，刷牙，刷牙。拿出新的伊帕納牌（Ipana）牙膏！讓你的牙齒清潔亮白！」這首朗朗上口的廣告歌肯定能勾起某些美國讀者的回憶。我還清楚記得一九五〇年代，「巴奇海狸」（Bucky Beaver）打斷「靈犬萊西」（Lassie Come Home）和「紙飛機」（Sky King）等節目播放，叫蛀牙菌先生（Mr. Decay Germ）滾開的廣告。如今在美國的雜貨店已看不到伊帕納牌牙膏，不過在二〇〇九年十月二日，加拿大醫藥公司「美適」（Maxill）收購了伊帕納後，巴奇海狸又回來了。

許多公司都使用動物作爲吉祥物。政府雇員保險公司（Geico）的壁虎（Gecko，讀音與公司名稱相似）向大家聲明：「這是我最後的請求：我是一隻壁虎，不要把我跟Geico搞混了。Geico是一家能替你省下數百美元的汽車保險公司。所以，不要再叫我Geico了！」夜晚的沼澤裡，百威啤酒（Budweiser）的青蛙「巴德」（Bud）、「衛斯」（Weis）和「厄爾」（Er）呱呱叫著自己的名字，一開始只是隨意亂喊，後來開始按照順序：「巴德—衛斯—厄爾（Bud-Weis-Er，即百威啤酒的英文名稱）。」東尼虎（Tony the Tiger）表示安樂氏香甜玉米片（Kellogg's Frosted Flakes）「吼……眞是好吃極了！」粉紅色的勁量兔（Energizer Bunny）則宣稱勁量電池「有永遠用不完的能量」。從一九九七年到二〇〇〇年間，都可聽見塔可鐘速食連鎖店的吉娃娃大聲吠叫：「¡Yo quiero Taco Bell!（我想要塔可鐘！）」

廣告行銷經常以動物作爲號召是有原因的。研究顯示當動物成爲廣告主角時，利潤也會跟著提升。我們會因爲動物令人印象深刻，而對商品產生情感連結——牠們可愛、有趣，或是展露出某種人類特質，例如忠誠、有力或勤奮。當我們看到架上的商品時，一想到廣告中的動物，便會露出笑容，接著毫不猶豫地把商品扔進購物車裡。

十月三日

為動物祈福

聖方濟（St. Francis）來自義大利的阿西西（Assisi），是羅馬的天主教修士及傳道者，於一二二六年十月三日辭世。許多聖方濟的生平故事都強調他對動物的愛與善意。他曾對小鳥傳道，並馴服了一隻會吃人的狼。爲了紀念聖方濟對所有動物的關懷，在十月上旬，也就是十月四日「聖方濟瞻禮日」（Feast Day of St. Francis）的前後，世界各地的人會帶著他們的寵物——狗、貓、蛇、沙鼠、兔子、鬣蜥、烏龜、鸚鵡及其他動物——到朝聖地點，接受一年一度的動物祝福禮。根據羅馬天主教傳統，祝福儀式包括爲寵物祈禱並灑上聖水。許多其他宗教，包括猶太教和一位論派，皆遵行爲動物祈福的這項傳統，不過不一定都是因爲聖方濟的緣故。

多數人對寵物與人的緊密關係及牠們的陪伴都深有同感，也很肯定動物的治療價值。但來到教室，蛇、倉鼠、小雞、壁虎、蝌蚪、金魚、狼蛛、天竺鼠和寄居蟹所發揮的教育價值也不容小覷。在二〇一四年至二〇一五年間，美國人道協會（American Humane Association）與寵物照顧信託（Pet Care Trust）針對北美將近一千兩百位老師進行調查，結果顯示老師們相信班級寵物能幫助孩童學習對其他生物同理、尊重及負責。寵物教導孩童付出自己，而這點正是身而為人的基本要素。

十月四日

為保育交換債務

開發中國家經常會將他們的熱帶森林轉換成木材，以賺取「快錢」來償付外債。一九八四年十月四日，在保育生物學家湯瑪斯・洛維喬（Thomas Lovejoy）為《紐約時報》撰寫的社論中，他提到減少債務和提倡保育能透過「外債換取自然」（debt-for-nature swaps）的方式同步進行。

其概念是讓開發中國家投入保育工作，藉以免除部分外債。首先，自然保育團體與債務國合作發展出一項計畫，例如土地保護。接著，該保育團體再以折扣價向債權國購買部分債權，使各方都能從中獲益。債務國能減少外債，而債權國因認定債務永遠無法完全償清，因此願意以折扣價賣出債權，藉以獲得報償。自然環境也能受惠，因債務國允諾會按協議好的時間表償還債務，作為支持保育計畫的資金來源。

一九八七年，玻利維亞成為第一個參與外債換取自然計畫的國家。非營利組織「保護國際」

（Conservation International）以十萬美元的折扣價，替玻利維亞買下六十五萬美元的債務。作為交換條件，玻利維亞必須撥款用於管理及保護「貝尼生物圈保留區」（Beni Biosphere Reserve）和周圍的三大緩衝區。其他國家也陸續加入了外債換取自然計畫，包括祕魯、巴西、迦納、墨西哥、厄瓜多、尚比亞、菲律賓、哥斯大黎加和馬達加斯加。他們為長期保育工作的存續帶來了希望。

十月五日

糖尿病通報犬

二〇〇四年十月，馬克・魯芬納克特（Mark Ruefenacht）創立了名為「糖尿病通報犬」（Dogs for Diabetes，簡稱D4D）的非營利組織。魯芬納克特是第一型糖尿病患者。一九九九年，他經歷一次嚴重的低血糖發作時，他的受訓導盲幼犬奮力將他從神智不清的狀態喚醒，使他得以在喪失行為能力前即時自救。

魯芬納克特具有鑑識科學的專業經歷，知道狗有能力嗅出毒品、酒精和炸藥。從他和自己的狗相處的經驗中，他推測或許能訓練牠們靠嗅聞偵測低血糖發作，進而提前警告患者。魯芬納克特花了五年的時間，與其他的狗訓練師針對各種訓練項目合作，包括搜尋救援和癌症偵測。結果發現糖尿病患在血糖過低時會呼出一種氣味，而狗在接受訓練後能嗅出這種氣味，並警告牠們的訓練師。

自二〇〇四年起，已有超過一百二十隻狗——包括拉布拉多、黃金獵犬和其他犬種——接受D4D的氣味訓練。一旦這些通報犬與糖尿病患者配對後，牠們會睡在飼主的床邊，不分日夜陪伴他們。不論是糖尿病童的父母，或年邁父母患有糖尿病的子女，都能稍微放心了，受過氣味訓練的通報犬會守護他們所愛的人。

十月六日

瘋狂帽客日

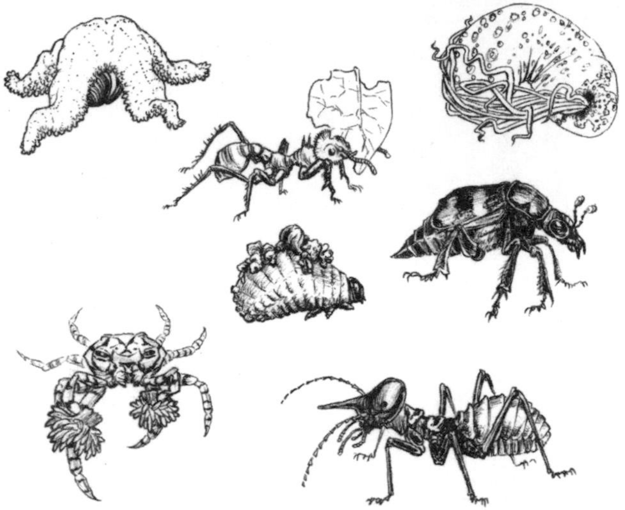

十月六日是「瘋狂帽客日」（Mad Hatter Day）！一九八六年，一群來自科羅拉多州波德市（Boulder）的電腦技師提議人們停止工作一天，改做些蠢事，比較不會危害身心。他們發起了瘋狂帽客日，藉以頌揚在路易斯・卡羅的《愛麗絲夢遊仙境》裡那位胡鬧瘋癲的製帽匠（Hatter）。他們之所以選擇十月六日，是因爲在這本書的插畫中，製帽匠所戴的大禮帽上面寫著「本款式10/6」。卡羅的原意其實是指這頂帽子的價格，不過倒也無妨。在故事中，製鞋匠偕同總是遲到的三月兔（March Hare）和愛唱歌的睡鼠（Dormouse），參加了一場永無止盡的午茶派對。

現在讓我們改爲想像另一場午茶派對，出席的都是大自然中眞實的古怪動物。仔細觀察一群海星先用腕足撬開蛤蜊，再將自己的胃擠出嘴外，附在露出的獵物上慢慢消化，然後將胃收回體內。切葉蟻將盆栽植物的葉片切下帶回地底巢穴，在那裡培育眞菌。一對埋葬蟲正在打量一隻死掉的老鼠，打算帶回去作爲幼蟲的食物。兵蟻部隊齊步走進了午茶派對的房間。拳師蟹嚇了一跳，準備用雙鉗夾住海葵發動攻擊。三線馬鈴薯甲蟲幼蟲在牠有毒的糞便上打滾，藉以保護自己。而海參在遇到危險時則會收縮肌肉，向敵害噴出腸子。比起路易斯．卡羅幻想世界中的動物，眞實生活中的自然生態甚至更爲古怪。

十月七日

永不復返

渡鴉回答：「永不復返。」

——埃德加．愛倫．坡（Edgar Allan Poe）《渡鴉》（The Raven）

埃德加．愛倫．坡的《渡鴉》一詩講述敘事者因戀人勒諾（Lenore）之死而悲痛到幾近發狂時，一隻神祕的渡鴉突然造訪。對於敘事者的每個提問，渡鴉的回覆都是「永不復返」，以致敘事者在過程中緩慢陷入瘋狂的狀態。愛倫．坡死於一八四九年十月七日。

在愛倫．坡之前，已有許多作家將渡鴉描繪爲不幸的預兆。在《牧歌集》（Eclogues）中，羅馬詩人維吉爾（Virgil，西元前七〇年至一九年）反覆提及某則民間傳說，表示在一個人的左側看到渡鴉是種凶兆。在《坎特伯里故事集》（Canterbury Tales）中，喬叟（Chaucer，約西元一三四三年至一四〇〇年）同樣也寫道渡鴉的出現代表不吉利。幾乎所有地方只要渡鴉現身，人們就會聯想到超自然力量。渡鴉的黑色羽毛、粗啞叫聲和食腐肉的習性，都強化了牠不祥的形象。

不過渡鴉同時也被視爲是對人有益的動物，例如在古希臘，渡鴉是智慧與好運的象徵。巴比倫水手會從船上釋放渡鴉並觀察牠們的反應。如果渡鴉堅定地飛往某個方向，水手們就會知道到哪裡可以找到陸地。加拿大育空（Yukon）的第一民族會跳一種用於討好祖靈的渡鴉舞，以祈求祖靈爲他們送上獵物。對美國太平洋西北地區的海達人（Haida）與特林吉特人（Tlingit）來說，渡鴉是文化英雄。在薩滿（shaman）信仰06的哲學中，善與惡同時存在於每個生命中，而渡鴉也不例外。

十月八日

躍過瀑布

想像一下，有種動物一生的明確目標就是繁衍後代。爲了做到這點，這種動物必須離開海洋回到自己的出生地，產卵於淡水中。牠奮力地逆流而上，躍過瀑布，被強勁的水流沖回下游後，又繼續嘗試。在產卵的數天或數週後，牠就會因耗盡所有氣力而死去，可謂耐力、犧牲自我與忠於家鄉的代表。我們稱這種動物爲「鮭魚」，其英文名稱salmon衍生自拉丁文salire，意思是「跳躍」。二〇一五年，美國鮪魚罐頭公司「海底雞」（Chicken of the Sea）宣布將十月七日爲年度歡慶節日「全美鮭魚日」（National Salmon Day）。根據二〇一七年的統計數據，鮭魚在美國最常消費的海鮮中排名第二（僅次於蝦子），不過這種紅肉魚早在經人宣傳具有高含量omega-3脂肪酸之前，就已經是一種重要的蛋白質來源了。

某些原住民會舉行「第一隻鮭魚」的歡迎儀式，藉以確保這種魚類能持續返回家鄉。舉例來說，在英屬哥倫比亞的溫哥華島（Vancouver Island），夸扣特爾（Kwakiutl）漁民捉到當季的第一隻紅鮭後，會拔起魚叉向紅鮭祈禱，請求牠守護自己的家人，並送來更多同類，讓漁民能繼續用叉捕魚。這位漁民的妻子會隨同丈夫在海邊向紅鮭祈禱，之後再將魚烤來獻給來訪嘉賓。若烤好的魚眼在那天晚上沒被吃掉，紅鮭將會永遠消失。吃完魚後，這位漁民的妻子會將魚皮和魚骨包在一塊食物墊裡，扔進大海中，象徵生命的火焰將重新燃起。

十月九日

天鵝之歌

法國浪漫作曲家卡米爾・聖桑（Camille Saint-Saëns）出生於一八三五年十月九日。在自己的作品當中，他最愛的是想像力豐富的《動物狂歡節》（Carnival of the Animals）。該組曲中的每一個樂章都代表一個或一群不同的動物，由不同樂器演繹，反映出該動物的性格與特色。

《動物狂歡節》由弦樂與雙鋼琴揭開序幕——鮮明的顫音表現出獅子昂首闊步、伸展身子及張嘴咆哮的

06 分布於北亞、中亞、西藏、北歐與北美的巫教；該信仰中的「薩滿」被認為有控制天氣、預言、解夢、占卜和旅行至屬靈世界的能力，身份類似巫師。

模樣。接著，小提琴模仿咯咯私語的小雞，單簧管則詮釋高聲啼叫的公雞。雙鋼琴以八度上下行音階齊奏，代表奔跑競逐的公驢。弦樂與鋼琴以「龜速」重現《康康舞曲》（Cancan）的旋律，藉以刻劃出慢條斯理的烏龜。低音提琴與鋼琴傳出沉重緩慢的樂音，模擬動作笨拙的大象跳舞的樣子。另外還有袋鼠、魚、驢、鳥，甚至骷髏頭，都在這場狂歡節中亮相。

倒數第二曲是《天鵝》（The Swan），是其中最著名的樂章，也是唯一一首聖桑能夠在生前演奏與發表的曲子。大提琴獨奏描繪出天鵝悠游於水面的模樣，雙鋼琴則刻劃出水波盪漾的畫面。古希臘與羅馬人（錯誤地）相信一向安靜的天鵝唯有在生命到了盡頭時，才會唱出最優美的歌聲，而如此浪漫動人之舉也反映出最極致的「天鵝之歌」。

組曲的終章是各種樂器的合力演出——狂歡節中的所有動物齊聚一堂。就在最後的和絃宣告全曲結束前，聖桑給了我們六聲「驢叫」，代表公驢在結尾的歡笑聲。

十月十日

太陽之花

金盞花是十月的生日花，代表溫暖與強悍、優雅與奉獻。數世紀以來，藥草師將金盞花的頭狀花序視為珍貴的內服及外用藥材，能用於治療發燒、黃疸、疣及蜂螫。身兼植物學家、藥草師與醫生的尼可拉斯・卡爾培柏（Nicholas Culpepper，一六一六年至一六五四年）稱金盞花為「太陽之花」，並主張將乾燥的金盞花、豬油、松脂和樹脂製成膏藥敷在胸口，就能使心臟變得強壯。

歡樂的慶典適合搭配色彩鮮艷的花朵，因此在世界各地的文化中，經常可見亮黃與橘色的金盞花出現在節慶中。十月下旬或十一月上旬會有爲期五天的印度教「排燈節」（Diwali）。傳統習俗包括點亮家中的蠟燭和油燈，並以金盞花作爲裝飾——餐桌上擺放著金盞花環，大門前則灑滿了金盞花瓣。從十月三十一日到十一月二日，墨西哥人會慶祝「亡靈節」（Dia de los Muertos）。該節日的目的是歌頌生命，以及因懷念而呼喚死者歸來。死者的親人會設置色彩繽紛的祭壇，放上死者喜歡的食物、個人物品，以及被視爲「亡靈之花」的金盞花。在某些村莊裡，人們會將金色與橘色的金盞花鋪成一條小路，從前門通往死者的墳墓。金盞花的濃烈香味據說能指引死者的靈魂回到家中的祭壇。

十月十一日

美國第一個重大保育成功案例

據估三千至六千萬隻美洲野牛曾一度主宰著後來成爲美國的大片土地。除了有助於維持平原及草原的生態系統，這些體型碩大的草食動物也形塑了許多北美部落的生活方式。隨著移民者向西拓展，他們開始把獵捕野牛當成一種娛樂。他們也會宰殺野牛，用牠們的肉餵飽搭建鐵路的工人，用骨頭製作肥料和骨瓷，以及用皮革縫製長袍。到了一八八〇年代晚期，美國廣大的野牛群已逐漸減少至僅僅一千隻。

一九〇五年，威廉・霍納迪（William Hornaday）、狄奧多・羅斯福（Theodore Roosevelt）和其他有志人士為恢復野牛族群數，一同創立了「美國野牛協會」（American Bison Society）。一九〇七年十月十一日，由布朗克斯動物園圈養的十五隻野牛經鐵路運送至「維奇塔山野生動物保育區」（Wichita Mountains Wildlife Refuge），就位於奧克拉荷馬州的西南方。當時，北美大平原南部的野牛已滅絕三十年之久。於是，這些新來的牛群就在這裡茁壯成長、繁衍後代。

儘管在今日，美國的野牛數量據估已達三十四萬隻，然而多數是與家牛混種而來的半馴化野牛。真正自然放牧的野牛群只出現在黃石國家公園（約三千五百隻），以及猶他州南部的亨利山脈（Henry Mountains）與布克懸崖（Book Cliffs）（加起來約五百隻）。美洲野牛的復育被視為美國第一個重大保育成功案例，自此這種動物不再被列為瀕危。不過這項保育行動尚未結束。超過六十個美洲原住民部落目前正投入相關工作，以期恢復自然放牧野牛在西部與中西部草原棲地的族群數。

十月十二日

《臭鼬》

諾貝爾文學獎於每年十月中頒發。一九九五年的得主謝默斯·希尼（Seamus Heaney）大概是繼威廉·巴特勒·葉慈（William Butler Yeats）之後，最著名也最受歡迎的愛爾蘭詩人。《臭鼬》（The Skunk）是希尼的其中一首有名詩作，發表於一九七九年的詩集《野外工作》（Field Work）中。那是一首情詩，內容描述一隻臭鼬令希尼聯想到自己的妻子。第一次聽到這種比喻時，你可能會覺得用臭鼬形容對方具有貶損之意。但事實上，這樣的說法反而表現出他的愛與溫柔。

一九七〇年至七一年間，希尼在柏克萊加州大學擔任客座講師。在那段時期，他非常想念自己遠在愛爾蘭的妻子。而這首詩的靈感正是來自希尼每天傍晚在花園餵食的臭鼬訪客。在詩的第二節，他描述自己在等候臭鼬時的心情，寫道：「我開始緊張得像個偷窺狂。」而在最後一節，希尼對比了等候臭鼬和在床上等妻子換睡衣的情景。以下是《臭鼬》六節內容當中的第一節和最後一節：

筆挺、黑色、條紋、紋飾，宛如喪禮彌撒上
神父穿的十字褡，臭鼬的尾巴
炫耀著臭鼬。夜復一夜

我期待她的造訪如同期待訪客。

這一切在昨夜又回到我身邊，臨睡前
妳的東西如煤灰般落下將我喚醒，
頭朝下、臀朝上，妳在底層抽屜翻尋
那件黑色低胸睡袍。

十月十三日

在自然中冥想

一九七五年十月十三日，《時代》雜誌的封面人物是瑪哈禮希・瑪赫西・優濟（Maharishi Mahesh Yogi），超覺靜坐（Transcendental Meditation）的創始人。雜誌中的文章以「風靡全球的超覺靜坐：四十分鐘的幸福」作爲標題。醫學專家已證實冥想能帶來許多潛在好處，而超覺靜坐也不例外。冥想能降低血壓和增強活力，也能減輕緊張、壓力和焦慮，並提升創造力與安定情緒。瑪哈禮希・瑪赫西・優濟成爲了全世界超覺靜坐者追隨的大師，而其中有許多人都崇尚在自然中冥想。

許多冥想中心和修道院都位於偏遠的山區和森林中，這是有原因的。野性的大自然能喚醒我們的感官，強化我們的感受，拓展我們的心智，並促進心靈上的成長。然而自然冥想不一定要在壯觀、恬靜的環境中實行，你也不需要加入靜修中心才能做到。試著在後院、公園中或空地上冥想。找一個舒適的地方——大石頭、樹幹、草地或躺椅都行。深呼吸數回後，專注在自己的呼吸上。覺察自己的周遭環境，彷彿自己是初次體驗一般。享受自然之美帶來的愉悅。感覺微風吹拂過你的臉頰、陽光灑落在你的背上。聆聽鳥鳴，感受寧靜。嗅聞空氣、土地的味道。讓自己融入大自然中。

十月十四日

大自然的音樂演奏

十月是「全美保護聽力月」（National Protect Your Hearing Month）。閉上雙眼聆聽大自然的聲音——微風吹過顫動的樹叢，雨滴墜落於湖面，大藍鷺從地面颼颼飛起，雷聲隆隆和閃電劈啪，浪花拍打著岸邊，以及火山爆發時熱氣呼嘯地噴出排氣孔。這些都是大自然的音樂演奏。

聽力的演化很可能是爲了偵測掠食者的出沒。許多動物的聽力比人類還要好。人類的平均聽力範圍約爲二十赫茲到兩萬赫茲。狗能聽見的範圍約爲六十七赫茲到四萬五千赫茲，貓是五十五赫茲到七萬九千赫茲，至於蝙蝠則是一赫茲到二十一萬兩千赫茲。蝙蝠能利用超音波叫聲辨識蛾的方位。雖然許多蛾還是能聽見某些超音波蝙蝠叫聲，但一直到最近，仍未有任何的蛾能偵測到蝙蝠發出的最高聲波頻率。最高記錄保持者是北美的吉普賽舞蛾，能聽見十五萬赫茲的聲波。到了二〇一三年，漢娜．摩爾（Hannah Moir）與她的同事指出大蠟蛾（學名Gallenia mellonella）能偵測到三十萬赫茲的超音波，使其成爲能聽見最高聲波頻率的動物。這是一種演化上的軍備競賽。隨著蝙蝠的叫聲變得越來越難察覺，蛾也逐漸提升了偵查高頻率叫聲的能力。就目前情勢研判，蛾——至少是大蠟蛾——很可能略勝一籌。

十月十五日

少了蜘蛛的蜘蛛絲

E・B・懷特（E. B. White）的著作《夏綠蒂的網》（Charlotte's Web）於一九五二年十月十五日出版，內容敘述小豬「韋伯」（Wilbur）與穀倉裡的蜘蛛「夏綠蒂」（Charlotte）之間的友誼。當夏綠蒂聽說韋伯將被宰殺時，她用網編織出讚美韋伯的話，吸引別人協助拯救她的朋友。

身兼節肢動物學家與作家的懷特並不是唯一懂得欣賞蜘蛛絲的人——這種物質比人類的韌帶還要強韌一百倍，比肌腱還要強韌十倍，在相同重量的情況下甚至比鐵還要強韌，而且也比尼龍還要有彈性。如果我們能用蜘蛛絲製造材料呢？由於蜘蛛具有領域性又是肉食動物，我們無法集體飼養蜘蛛以收集大量蜘蛛絲。

於是科學家與生物科技學家想出了替代方案，目前正在製造合成的蜘蛛絲。猶他州立大學的藍迪・路易斯（Randy Lewis）和同事利用基因轉殖（基因改造）的山羊、苜蓿、蠶和大腸桿菌，做出了合成蜘蛛絲蛋白，並將其織入纖維中。

這些研究學者正投入於人造絲的大量生產，以製作出更強韌又更輕盈的纖維，用來取代專用於製作軍服的尼龍。日本先進生物材料公司Spiber和戶外休閒品牌North Face合作，用人造蜘蛛絲創造出「月球派克」（Moon Parka）大衣——既耐穿又輕盈，一件定價一千美元（目前只在日本銷售）。將來有一天，以合成蜘蛛絲製成的人工韌帶或許能使膝蓋或肩膀受傷的人蒙福，增加他們的靈活度。而用同一材質製作的防彈背心或許也能保護執法人員。只要我們的想像力無邊無際，未來就會有無限多種可能。

十月十六日

出動你的駝鹿吧！

細長的腿支撐著笨拙的褐色身軀。正面以沉重的頭飾、豐滿又低垂的超大鼻子，以及一片懸蕩在喉嚨的皮膚作爲裝飾。背面則以看起來不特別有用的粗短尾巴作爲矚目焦點。這裡所描述的就是駝鹿，世界上體型最大的鹿家族成員，不僅在文化上是荒野的象徵，更帶有一絲神祕的色彩。

明尼蘇達州的人很愛護他們的駝鹿。爲配合駝鹿的交配（發情）季節，在十月的第三個週末，明尼蘇達州的大沼澤城（Grand Marais）會舉辦「瘋狂駝鹿家族節」（Moose Madness Family Festival）。每年到了這個時期，駝鹿都會變得有點狂野。雄鹿爲了吸引雌鹿會低鳴和嘶吼，也會爲了接近雌鹿而與其他雄鹿打架。有時這些打鬥會演變成持續數小時的「史詩之戰」，過程中雄鹿會卡住對方的鹿角互相撞擊。大型雄鹿的重量可達一千兩百磅（五百四十五公斤）以上，並且能長出一對總寬達五英呎（一・五公尺）以上的鹿角。兩隻壯碩的雄鹿纏鬥，在睪丸激素高漲的情況下，可謂眞眞實實的「瘋狂駝鹿」。

在爲期三天的節慶中有許多活動可以參加。除了由野生動物專家主導的駝鹿相關講座與研討外，你也可以參加駝鹿步道路跑賽（穿著自己最符合駝鹿主題的服裝），猜猜罐子裡有多少顆駝鹿糞，參與駝鹿卡通猜謎，或是在駝鹿主題的俳句比賽中試試身手。就讓比賽開始吧！或是像大沼澤城的人所說的：「出動你的駝鹿吧！」

十月十七日

多毛女性部落

一種碩大多毛、看起來既像人類又像猩猩的動物，在非洲中部的熱帶與亞熱帶森林引起了恐慌。當地人認爲這種生物會吃人且具有神力，西方科學家則不相信這種動物眞的存在，不論傷人與否——直到一八四七年他們才完全改觀。就在那年，待在西非的湯瑪斯・塞維奇神父（Reverend Thomas Savage）——一位受過訓練的美國醫生兼傳教士——看到了從加彭（Gabon）採集來的動物骨頭和罕見頭骨。據當地人形容，這種動物「體型巨大，看起來就像猴子」。他認出這是新的靈長類物種，於是將骨頭轉交給哈佛大學的解剖學家謝弗里斯・懷曼（Jeffries Wyman）。懷曼將此一新物種命名爲「類人猿大猩猩塞維奇」（Troglodytes gorilla Savage），藉以表揚塞維奇在描述物種上的功勞。（如今該物種的名稱爲大猩猩〔Gorilla gorilla〕。）

gorilla這個名字取自迦太基（Carthaginian）航海探險家漢諾（Hanno）的記述。他曾在將近兩千五百年前沿著非洲西岸航行，並通報看見一群長得像人類的多毛生物，其中大多為女性。據翻譯人員所述，當地人稱這些動物為gorillai（不明語言），大概的意思是「多毛人」。我們從漢諾的希臘文轉譯中借用了gorilla一字，意指「多毛女性部落」。

一九〇二年十月十七日，德國軍官兼探險家羅伯特・馮・貝林吉上尉（Captain Robert von Beringe）在維龍加山脈的山脊上，發現一隻體型更大的大猩猩，也就是「山地大猩猩」（Gorilla beringei beringei）。雖然山地大猩猩壯碩無比，雄性還會做出捶胸的示威動作，看起來頗嚇人，不過在動物學家喬治・夏勒（George Schaller）和黛安・弗西（Dian Fossey）的努力下，我們也看到這些雄偉的動物其實具有溫和的天性。

十月十八日

理應獲得更多尊重

孩子們在學會騎三輪車之前，就已經聽過《三隻小豬》和《小紅帽》的故事，大野狼邪惡又恐怖的印象從此深植腦海。為了消弭一般人的錯誤觀念，以及為這些長久以來遭到誤解與迫害的動物討回公道，野生生物保衛者組織（Defenders of Wildlife）自一九九六年起，將十月的第三週訂為「全美狼關注週」（National Wolf Awareness Week）。

過去曾有一段時間，灰狼的身影遍及美國下四十八州的多數地區，然而到了一九〇〇年代早期卻所剩無幾。在無節制的狩獵活動與政府的根除計畫之下，牠們成為了犧牲者。在過去數十年內，幸虧有了保育與再引入行動，灰狼得以在某些地區恢復數量（例如五大湖地區與黃石公園），但牠們仍舊得面對人類的低容忍與恐懼。

洞穴壁畫顯示早期的人類很尊敬狼。我們和狼的社會行爲有許多共同點——以家庭爲單位群居，維持配偶關係，以及合作獵食。很久以前，狼甚至可能曾在人類的火堆旁取暖，而人類則可能受惠於狼的吠叫與嚎叫警示，提前得知危險的到來。然而在人類開始發展農業與馴養牲畜後，人與狼的關係嚴重惡化。由於狼會獵食家畜，導致人與狼成爲互相對立的敵人。如今我們占有優勢，能決定狼的去向及數量。身爲生態系統中的關鍵組成份子，灰狼值得獲得更多尊重。再次地，我們必須要學習如何與狼共存。

十月十九日

雨林日

你有特別喜愛的生態系統嗎？我最愛的是熱帶雨林。在〈熱帶地區的演化〉（Evolution in the Tropics）一文中，演化生物學家費奧多西．多布贊斯基（Theodosius Dobzhansky）寫道：「熱帶生物似乎將所有的限制都拋諸風中。這裡的生命旺盛、華美、豔麗，有時甚至可說是花俏，充滿了大膽與狂放，但最重要的是極其強大又具張力。」在我的旅遊／冒險回憶錄《尋找金蛙》（In Search of the Golden Frog）中，我思索著多布贊斯基的描述，回憶起我自己對雨林的印象：「旺盛：葉幅寬達兩公尺的大王蓮，強壯到能讓小孩坐臥於上。華美：從青苔到林冠，四面八方皆為綠色植被。豔麗：斑斕的紫、綠和青色蜂鳥羽毛在陽光中閃耀。花俏：藍綠、黑和橘色的箭毒蛙。大膽與狂放：喧鬧的鸚鵡叫聲響徹林冠。強大又具張力：翡翠樹蚺將小鳥擠壓致死，再完整吞下。」如今，距離我在一九六八年初次造訪熱帶地區已過了五十年，雨林對我來說仍具有難以抵抗的魅力。

十月十九日是雨林日（Rainforest Day），希望能藉機提升世人對雨林破壞的關注。儘管雨林曾一度涵蓋約百分之十四的地表，然而如今卻降到僅剩百分之六。森林因放牧、務農、木料與採礦所需而遭到砍伐。專家對此提出警告，指出全世界的雨林在二〇六五年之前可能就會消失殆盡，而如此損失勢必會導致嚴重後果。雨林所生產的氧氣占全球氧氣總量的百分之二十八。所有的動植物中更有超過半數的物種生活在雨林中。若是少了雨林，我們要如何生存？

十月二十日

國際樹獺日

一七〇〇年代晚期，西維吉尼亞州的硝石礦工在一處洞穴中，挖掘到某種動物的細長腿骨及腳骨，後者附有看似凶猛的尖爪。他們將骨頭化石轉送給副總統湯瑪斯・傑佛遜（Thomas Jefferson）。傑佛遜熱愛科學，且對古生物學特別感興趣。一七九七年，他在美國哲學學會（American Philosophical Society）上朗讀自己的文章，當中提到了這些化石。傑佛遜建議將其命名爲Megalonyx，意思是「巨爪」，並認爲此一動物是某種獅子或野貓。雖然科學家逐漸確信物種滅絕在地球生態中扮演重要角色，然而傑佛遜支持「完整自然」（completeness of nature）的主張，相信自然界固有的平衡會預防自然現象造成的生物滅絕。他認爲「巨爪」可能還存活在世上，並囑咐路易斯與克拉克[07]在一八〇四年至一八〇六年的遠征中留意其蹤跡。這種動物後來經證實是一種巨大的地懶，是源自最近的冰河時期在北美東部的更新世遺跡，於是被命名爲「傑氏巨爪地懶」（學名Megalonyx jeffersonii）。

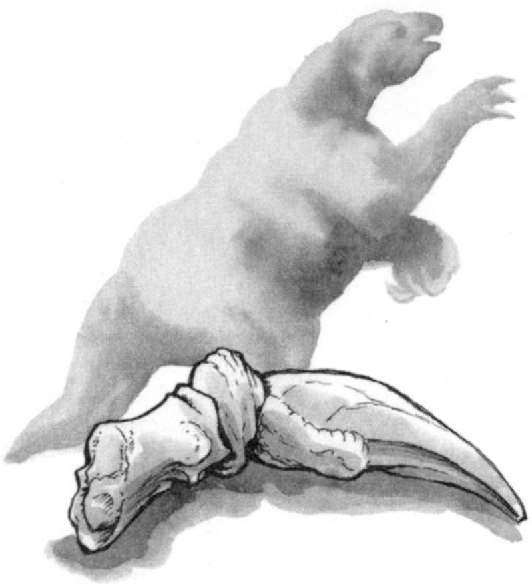

十月二十日是「國際樹懶日」（International Sloth Day），由哥倫比亞保育與野生動植物組織AIUNAU於二〇一〇年所發起。樹懶的英文sloth亦具有「懶惰」的涵義，是基督教七宗罪之一（其他包括傲慢、貪婪、色慾、忌妒、貪食和憤怒）。而樹懶之所以依據七宗罪之一的「懶惰」命名，也是基於牠們動作遲緩、看似懶散的緣故。現今世上共有六種樹懶，皆生活於中美洲與南美洲，且比起身長九．八英呎（三公尺）的傑氏巨爪地懶，個子都要小上許多。

十月二十一日

救救壁虎！

十月二十一日是「全美爬蟲類關注日」（National Reptile Awareness Day），一項由美國爬蟲類同好所發起的活動，旨在扭轉大眾對這些動物的成見。在這一天，不論是保育人士或組織都致力於向外宣傳，以期能針對這世界上超過一萬種的爬蟲類，推廣大眾教育、保育及鑑賞活動。

公共宣傳能帶來截然不同的改變。其中一個顯著的例子就是名爲「救救壁虎！」（Save the Geckos!）的推廣計畫。在巴拉圭南部，廣爲流傳的民間傳說認爲在一般人家中，被趨光性昆蟲引來的兩種壁虎不僅具有毒性，還會傳播一種嚴重的皮膚病。二〇一〇年，生物學家路易斯・薩里亞哥（Luis Ceríaco）和同事針對八百六十五位民眾進行調查，發現百分之二十二的人會殺死他們看見的壁虎。另外百分之八的人則會請別人幫忙將其殺死。薩里亞哥和同事合寫了一本關於小男孩與寵物壁虎的童書。這本書澄清了壁虎有毒與傳播疾病的迷信，並敘述當壁虎停止吃蚊子時會有瘟疫降臨。生物學家在一百一十四所幼稚園及小學的孩童面前分享這則故事。在聽到故事的一週前，孩子們被要求畫出一隻壁虎，並用五個形容詞加以描述。在聽過故事後，他們又被要求做同樣的事。過程中可看出孩子們對壁虎的態度有了明顯的改善。在聽故事前，大多數學生會用「危險」和「醜陋」等字眼形容壁虎，然而聽過故事後，他們會改以「有用」和「友善」作爲描述。希望這些孩子和他們的父母不同，能懂得欣賞和保護當地的壁虎。

07 指梅里韋瑟・路易斯（Meriwether Louise）上尉和威廉・克拉克（William Clark）少尉，在美國國內首次橫跨大陸西抵太平洋沿岸的往返考察中擔任領隊。

十月二十二日

袋熊日

如果你曾有靈感想做出袋熊形狀的巧克力蛋糕、餅乾、布朗尼或牛奶糖，那麼今天是付諸行動的最佳時機，因為十月二十二日就是「袋熊日」（Wombat Day）。自二〇〇五年起，澳洲人都會在這天烘焙與享用這些美味的食物，以資慶祝。

袋熊的近親無尾熊或許可愛和好抱的程度都略勝一籌，不過袋熊——矮胖結實又有粗短的腿——也有屬於自己的魅力。牠們一點都不平凡。首先，袋熊的新陳代謝十分緩慢，且擁有極長的腸道，需花八至十四天消化一餐所吃進的草和樹根。水分大部分會經消化道吸收，導致糞便被壓縮成緊實的立方體。袋熊會在牠們的巢穴附近排便，藉以標記地盤。牠們大部分時間都待在巢穴中——占了一生中約百分之七十五的時間。袋熊善於挖掘地洞，甚至能勝過人類用鏟子挖洞。幸好牠們擁有開口向後的育兒袋，使袋熊媽媽不會因為正在挖洞，而讓育兒袋中的寶寶滿身是土。袋熊就像是迷你推土機，能把牠們扁平的前額當成破城槌，衝破灌木叢、籬笆和紗門。

不妨辦一場袋熊派對慶祝這天吧——品嚐巧克力、分享袋熊的傳說故事、歡唱與袋熊有關的歌曲。如果

能找到人教你，甚至還能跳個袋熊舞。根據「袋熊之家」（Wombania）網站所述，袋熊巧克力蛋糕必須在派對上吃完，否則你的袋熊日願望就不會實現囉。

十月二十三日

創世

詹姆斯・厄謝爾（James Ussher，一五八一年至一六五六年）是一名聖經學者，也是愛爾蘭天主教會的大主教。他最爲人所知的貢獻就是編寫出「厄謝爾年表」（Ussher Chronology），一本多達兩千頁的鉅著。在當中，他嚴謹遵從聖經舊約的內容，指出世界是在西元前四〇〇四年十月二十三日創造而來。

在十七世紀時，一般人普遍認同創世的年份就是依聖經推斷出來的西元前四〇〇〇年，並假定世界會存續六千年之久——在耶穌誕生前已存在四千年，之後會繼續存在兩千年。然而年代學家早已證實大希律王（King Herod）——曾下令將伯利恆及附近地區的所有男童擄爲奴隸——死於西元前四年，耶穌不可能在那之後出生。因此，厄謝爾才將西元前四〇〇四年訂爲創世年分，而非公認的四〇〇〇年。猶太曆中的一年始於秋天，而十月則是舊時儒略曆（Julian calendar）中的秋分。根據聖經，上帝花了六天創造世界，接著在第七天休息；猶太人的安息日是星期六，換句話說，上帝勢必是從星期日開始工作的。厄謝爾認定十月二十三日是創世的日期，這是因爲當天是西元前四〇〇四年秋分後的第一個星期日。至於厄謝爾爲何將上帝創造光的時間訂爲正午，則沒有確切原因。

在一九九一年《自然史》（Natural History）雜誌的一篇文章中，演化生物學家史蒂芬・傑・古爾德（Stephen Jay Gould）雖然並未替厄謝爾年表的內容辯護，不過他認爲該書「是當時那個年代值得尊敬的貢獻」。古爾德也在文末呼籲大家「評斷他人時，要用合乎對方條件的標準，而不是用後來才建立的準則，因爲這些對方不可能知道或納入評估」。

十月二十四日

一場因鳥羽而發起的保育行動

伊利諾奧杜邦學會（Illinois Audubon Society）正努力拯救野鳥，使其不致滅絕。為了達到此一目標，我們提議女性宣誓除了鴕鳥羽毛外，不穿戴由任何鳥類或鳥羽所裝飾的帽子。鴕鳥羽毛例外，是因為收集羽毛的過程中不會虐待或宰殺鴕鳥。

——《芝加哥論壇報》（Chicago Daily Tribune），一八九七年十月二十四日

在十九世紀，經剝製08處理的蜂鳥、知更鳥、紅頭啄木鳥和巴爾的摩黃鸝被用來妝點女帽。此外，雉、

雪鷺、白鶚、大藍鷺和天堂鳥的羽毛也被拿來作爲帽飾。到了一八〇〇年代中期至晚期，每年全世界共有數百萬隻鳥因女帽潮流而遭到殺害。《好主婦》（Good Housekeeping）雜誌在一八八六年至一八八七年的冬季號中指出：「在鱈魚角，每一季光是一間製帽公司就會宰殺掉四萬隻燕鷗。」

到了一八九〇年代晚期，關注鳥類銳減議題的女性保育人士在她們舉辦的茶會上，遊說上流社會的友人杯葛鳥羽製帽產業。一八九六年，因對鳥類被宰殺以裝飾女帽的行徑感到憤怒，波士頓名媛哈里葉・海門威（Harriet Hemenway）與米娜・霍爾（Minna Hall）創立了「麻州奧杜邦學會」（Massachusetts Audubon Society），致力於保護鳥類。到了一八九八年，奧杜邦學會已在美國其他的十五州及華盛頓哥倫比亞特區內設立分會。在麻州奧杜邦學會的敦促下，美國更通過了第一部聯邦等級的動植物保護法，也就是一九〇〇年的《雷斯法案》。

十月二十五日

烹飪珍寶

你喜歡哪一種松露料理方式？刨成薄片撒在熱氣蒸騰的義大利麵、牛排、魚肉或鮮蝦上？用油、蜂蜜或伏特加浸泡？還是加進巧克力蛋糕中烘烤？松露是某些特定眞菌的子實體，生長在地下，通常會與樹根共生。這些子實體會散發濃郁香氣，味道強烈又帶有土壤的氣息，是世界上數一數二的烹飪珍寶。義大利的白

08 一種製作標本的技術，作法是將鳥獸的毛皮取下，經防腐處理後以可塑性材料填充，最後再將毛皮縫合完成。

松露一盎司價值一百二十五美元——或甚至更貴。法國的佩里哥（Perigord）黑松露一盎司則約三十五美元。以盎司為單位，某些種類的松露可說是世界上最昂貴的食物，位居前段的還包括番紅花和魚子醬。古羅馬人熱愛松露，並認為是眾神之王邱比特將閃電扔向他的神聖橡樹後，松露才因而生長出來。邱比特向來以放縱情慾著稱，而這也說明了松露為何長久以來被視為是一種催情食材。

人們通常會利用狗和母豬來「獵松露」，因為牠們具有靈敏的嗅覺。狗必須透過訓練才能勝任，然而母豬天生就能挖出松露，因為在松露中有一種合成物，類似公豬唾液中的性費洛蒙「雄甾烯醇」，使母豬深受吸引。靠狗尋找松露的好處是能訓練牠們交出獵物，要防止豬把挖到的寶物吞下肚，可就困難多了。

每年的十月初到十一月中，義大利北部的阿爾巴（Alba）都會舉辦年度「國際白松露節」（International White Truffle Festival）。這場令饕客雀躍不已的活動已有將近九十年的歷史。到場的人能參加獵松露活動，在市集上購買新鮮松露，以及四處品嚐小吃攤上的松露美食。

十月二十六日

皇室贈禮

喬治・華盛頓深知騾（公驢與母馬的雜交種，不具生殖能力）在農耕上的價值。他希望能進行繁殖計畫，但首先需要準備高品質的驢存量。美洲驢是早期拓荒者帶來的驢隻後代，體型矮小。西班牙的安達盧西亞驢——高大、強壯又沉穩——是公認的首選，但西班牙為了維持控管而禁止出口。在當上總統的四年前，

華盛頓直接寫信給西班牙國王查爾斯三世（King Charles III），詢問是否能購買高品質的驢作爲種畜（breeding stock）。一七八五年十月二十六日，一艘大船在波士頓港停靠，船上載著來自查爾斯三世的禮物：一隻公驢和兩隻母驢，其中公驢恰如其分地被命名爲「皇室贈禮」（Royal Gift）。隔年，法國的拉法耶特侯爵（Marquis de Lafayette）又送給華盛頓一隻馬爾他公驢和數隻母驢。這些驢子和安達盧西亞驢配種生出了強壯的種畜，之後再用來和馬雜交。

華盛頓成爲了美國史上第一位騾育種家，而「皇室贈禮」也獲得了開創美國騾業的殊榮。騾兼具驢和馬的優點，擁有母馬的勇氣、速度與運動能力，以及公驢的力量、聰穎、耐力與穩健步履。騾在農耕上取代了馬，並協助拓荒者拉貨車和驛車。牠們也負責拖運補給品到金礦場，再將金子運送至銀行。到了一八〇八年，美國據估已有八十五萬五千隻騾。在雷根總統執政期間，一項明訂十月二十六日爲「全美騾日」（National Mule Day）的法案於一九八五年經簽署生效，爲形塑美國歷史的贈禮立下了兩百周年的里程碑。

十月二十七日

平凡的馬鈴薯

十月二十七日是「全美馬鈴薯日」（National Potato Day）。美國人想出了許多誘人的馬鈴薯料理與食用方式：蒜味馬鈴薯泥、二次焗烤馬鈴薯、烤箱馬鈴薯料理、奶香焗烤馬鈴薯千層派、片烤馬鈴薯、馬鈴薯巧達湯、德國馬鈴薯沙拉、薯餅、薯片，以及薯條。在美國，每年每人平均會消耗一百三十二磅（六十公斤）的馬鈴薯。而在二〇一一年，美國人據估共吃了十五億磅的薯片！歐洲人更可說是最忠實的馬鈴薯愛好者，每年每人的消耗量爲一百九十四磅（八十八公斤）。

馬鈴薯有一段漫長又曲折的歷史。基因上的證據顯示，最早的馬鈴薯是在玻利維亞和祕魯的安地斯高地上培育而來，至少可追溯至西元前三四〇〇年。印加人吃馬鈴薯以補充營養和預防消化不良。他們會把生的馬鈴薯切成薄片，放在骨頭斷裂處以加速癒合；也會將馬鈴薯與死去的親人一同埋葬。在一五〇〇年代中期，西班牙征服者從南美洲帶著馬鈴薯回到歐洲。到了一六二一年，英國殖民者又將馬鈴薯帶入北美洲的中部。在一八九〇年代晚期，馬鈴薯對阿拉斯加克朗代克淘金潮（Alaskan Klondike Gold Rush）的礦工而言十分珍貴，他們甚至願意用一盎司的金子換等重的馬鈴薯。在經歷種種變化後又回到原點，如今祕魯所種植的馬鈴薯品種已超過兩千八百種。就相同的耕地面積而論，比起其他任一種主要作物，栽種馬鈴薯所得到的食物重量最大，而這點就是平凡的馬鈴薯值得讚許的原因之一。

十月二十八日

雄偉的飛行機器

每到十月底，世界各地的愛鳥人士會聚集在智利中部沿岸的比尼亞德爾馬（Viña del Mar），參加爲期四天的年度「智利鳥類節」（Birds of Chile Festival），一面賞鳥，一面將觀察到的奇特鳥種列入自己的「生涯鳥種名錄」。智利的鳥種豐富多元，共有約五百種鳥類，其中包括三種紅鶴、十種蜂鳥、少數鴂，六種鷸鴕、十一種信天翁、肉垂雉行鳥、五種鸚鵡、兩種鸛、三種鸌、兩種軍艦鳥、六種鰹鳥（包括藍腳與紅腳鰹鳥），以及許多種鴨和其他水禽類，而這些只是其中的一部分。

愛鳥人士最渴望看到的或許是安地斯神鷹（學名Vultur gryphus），智利（同時也是玻利維亞、哥倫比亞和厄瓜多）的國鳥。從重量加上翼展來看，安地斯神鷹是世界上最大的飛禽，稱之為「雄偉的飛行機器」一點都不為過。這種鳥類的重量可達三十三磅（十五公斤），翼展則可達十一英呎（三・三公尺）。安地斯神鷹會在海拔達一萬六千英呎（將近五千公尺）的高處築巢。對印加人來說，安地斯神鷹代表「哈南・帕查」（hanan pacha），也就是「上層世界」，包含天空、太陽、月亮和星星。不論在過去或現在，安地斯神鷹都受克丘亞人（Quechua）和其他安地斯文化尊崇為上層世界的領導者。如今，據估有一萬隻安地斯神鷹自由翱翔於荒野之中，持續作為力量、權力和自由的象徵鼓舞人心。

十月二十九日

挑食鬼

十月二十九日是「全美貓日」（National Cat Day），剛好給了貓飼主一個溺愛自家寵物的藉口。不過，許多飼主應該都有辦法忍住不給他們的貓零食吃，畢竟貓一般來說都不太願意嘗試新食物。大多數的貓都是挑食鬼，而這背後是有正當理由的。貓在經過演化後，變得只吃幾乎全肉的飲食。而在野外，由於嘗試新的食物很可能導致生病，因此還是吃自己熟悉的比較安全。

二〇一六年，亞德利安・休森休斯（Adrian Hewson-Hughes）和同事發表研究，指出食物中脂肪與蛋白質的比例會影響家貓的食慾。首先，研究者提供給貓的是脂肪與蛋白質比例相同的濕食選項，共有三種調配好的口味：魚肉、兔肉和柳橙。結果貓最愛魚肉，然後是兔肉；和你預期的一樣，柳橙位居遠遠落後的第三名。接著，研究者提供了九個選項：共三種口味（魚肉、兔肉和柳橙），每一種又分成三個不同的脂肪與蛋白質比例（分別為脂肪佔百分之九十、六十和三十）。結果發現就長期來看，貓會依據營養成分選擇食物，偏好脂肪只佔百分之三十的選項，而不去管口味——甚至連柳橙都能接受！貓是如何得知理想的營養比例為何，這點至今仍是個謎。不過話說回來，每位飼主都知道，貓本來就是很神祕的動物。

十月三十日

一場屬於動物的慶典

「排燈節」是屬於印度教徒、耆那教徒、錫克教徒和某些佛教徒的重要節日。這場為期五天的節慶充滿了歡樂氣氛，目的是為了慶祝光明擊潰黑暗、良善戰勝邪惡。排燈節始於印度曆「卡蒂卡月」（Kartika）中新月日的兩天前、當天或兩天後（格里曆的十月中至十一月中之間）。慶祝活動包括點亮數百萬盞燈、交換禮物、分享故事、唱歌跳舞和享用佳餚。

在尼泊爾，這場印度教節慶又稱為「提哈節」（Tihar），並以動物的慶典作為主軸。提哈節首日的主角是烏鴉和渡鴉，牠們因叫聲淒涼而被認為是死亡的信使。為了避免死亡與不幸在即將到來的一年中降臨，人們會將甜品和其他食物置於屋頂，獻給這些鳥類。節慶的第二天，人們會為狗準備零食，並為牠們戴上花環，感謝牠們為生活帶來歡樂。享有神聖地位的牛則在第三天受到尊崇，除了以花環裝飾，還會餵牠們吃高品質的草。根據文化背景的不同，尼泊爾人會將第四天獻給閹牛（代表土地）、牛糞（代表神聖的牛增山〔The Holy Goverdhan Hill〕）或他們自己，藉以淨化身體。到了最後一天，家中的姊妹會向自己的兄弟致敬。沒有人會在當天被遺漏——那些沒有姊妹或兄弟的人就和親戚一起慶祝。朋友、家人和動物一路上和我們建立了深厚情誼，他們就是我們人生的眞正意義。

十月三十一日

想像的真實

我只確信情感的神聖與想像的真實——想像所認知的美必然真實——不論這些在過去存在與否。

——約翰·濟慈，摘自寫給班傑明·貝利（Benjamin Bailey）的信，一八一七年

約翰・濟慈，廣受喜愛的英國浪漫主義詩人，出生於一七九五年十月三十一日，並於二十五歲時死於肺結核。在病情加劇的過程中，他變得十分執著於想像力的價值與必要，以幫助自己逃離現實。濟慈對於這種人類心智獨有的特質極為推崇，也因此經常被稱為「想像的詩人」。

想想我們是如何透過自己的想像去看待大自然。依據文化的不同，你可能看到的是月亮上的男人，也可能是月亮上的兔子、青蛙、水牛或龍。我們從岩石結構看到人的輪廓和仰臥側貌、老鷹鳥喙，以及剃刀鋒口。我們凝望著滿是雲朵的天空，看見天堂綻放的花、游泳的魚和烏龜、人臉、鼻子朝上的大象，還有毛茸茸的白兔。一棵巨柱仙人掌的外型看起來可能像章魚、大型的園藝鬆土除草機，或是插在棍子上的海星。我們也可能在樹皮、果皮和蔬菜皮的傷痕上看見臉孔。空想性錯視（pareidolia）是指人類的大腦感知到某個熟悉的圖案或影像，然而事實上眼前並沒有那樣東西。許多人，或甚至我們當中的大多數人，都有空想性錯視的經驗。

November

十一月

十一月一日

向野牛致敬

現在正是野牛開始交配的季節，公牛會不斷發出巨大的吼叫聲，就算距離好幾英里也聽得見。而且牠們的數量之多，導致叫聲綿延不絕……密蘇里河兩側的低地上聚集了大量野牛，我相信以該地為中心的兩英里範圍內，肯定有至少一萬隻野牛。

——梅里韋瑟・路易斯（Meriwether Lewis），一八〇六年七月十一日的日誌（蒙大拿州北中央地區）

十一月的第一個星期六是「全美野牛日」（National Bison Day），一項始於二〇一二年的年度慶祝活動，目的是要向整個美洲現生最大的陸上動物致敬。美洲野牛（通常亦稱爲美洲水牛）是堪薩斯州、奧克拉荷馬州和懷俄明州的代表性哺乳動物。此外，自一九一七年起，美國內政部也幾乎一直是以美洲野牛作爲官方印章的圖案。二〇一六年五月，巴拉克・歐巴馬（Barack Obama）總統簽署了《國家野牛遺產法》（National Bison Legacy Act），將美洲野牛正式定爲代表美國的哺乳動物，彰顯出美洲野牛在文化、生態、歷史和經濟上對美國傳統的貢獻。

美洲野牛不僅象徵美國西部的自由與開放精神，也深深影響北美大平原的生態及當地原住民的生活。更重要的是，牠們令我們體悟到自己具有迫使其他物種瀕危的破壞力，以及保護國內野生動植物及現存野地的責任。

十一月二日

化為擺脫束縛的蝴蝶

古希臘人相信當一個人去世時，靈魂（Psyche）會化爲蝴蝶飛離身體。阿茲特克人則相信他們已逝的親人會以蝴蝶的形象重回人間探視，確認在世的家人朋友一切安好。

許多不同的文化至今仍將蝴蝶與死者的靈魂聯想在一起，而這樣的信仰很可能是源自古希臘人與阿茲特克人。每到十一月上旬，帝王蝶就會從加拿大和美國遷徙至墨西哥的中部山區。許多當地人認爲這些蝴蝶是重返故鄉探視的逝者靈魂。黑、橘、白三色相間的帝王蝶不僅爲十一月二日的「諸靈節」（All Souls'Day）增添色彩，也成爲了該節慶的象徵。羅馬尼亞人會在親友去世後爲他開啓一扇窗或門，讓他的靈魂在化成蝴蝶離開身體後，能自由進出。在西班牙的安達盧西亞（Andalusia），在世的親人會在死者的骨灰上灑葡萄酒，代表向化爲蝴蝶解脫的靈魂敬酒致意。留在墓碑旁的花束通常會引來蝴蝶。飛舞的蝴蝶有時會逗留數秒鐘，看似猶豫的樣子就像不願離開前往下一站的靈魂。不論我們是否眞心相信蝴蝶是靈魂的化身，又或是將兩者間的關聯視爲一種有力的譬喻，都突顯出蝴蝶具有「重生」的象徵意義。

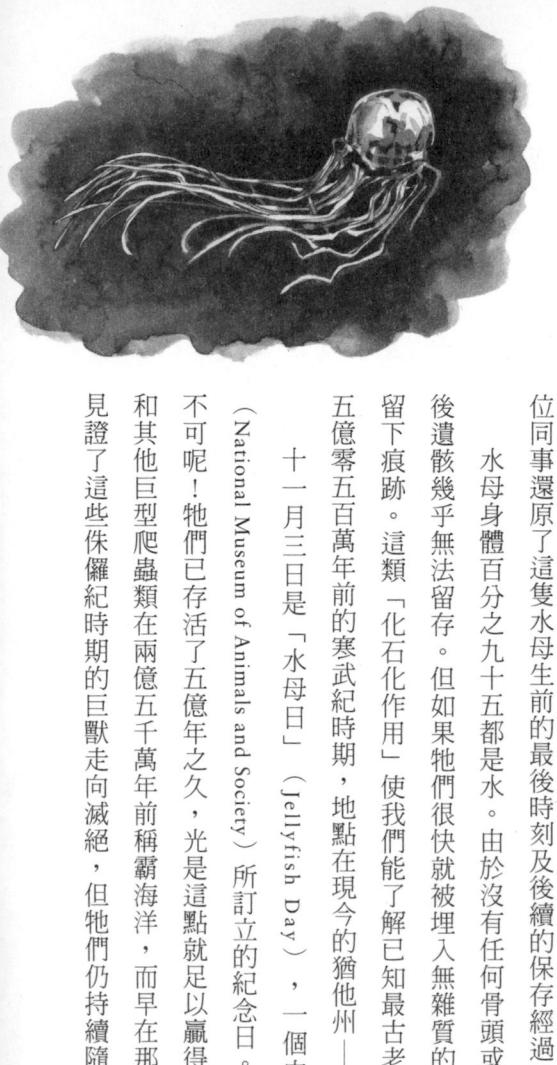

十一月三日

堅持到底

在大約三億一千萬年前的某天，一隻大小如智慧型手機的水母發現自己擱淺在一個古老的海灘上。在掙扎的過程中，牠將沙子吸進了體內。這具充滿沙的屍體被暴風或大浪帶到一個缺氧的潟湖後，沉入湖底的淤泥中。隨著時光流逝，這隻水母周圍的泥沙逐漸變硬，形成黑色的頁岩。密封在頁岩中的這團白沙加上蔓生的觸手，一九七三年於印度的一處採石場遭人發現。四十年後，古生物學家葛拉漢・楊（Graham Young）和一位同事還原了這隻水母生前的最後時刻及後續的保存經過。

水母身體百分之九十五都是水。由於沒有任何骨頭或其他堅硬的身體構造，死後遺骸幾乎無法留存。但如果牠們很快就被埋入無雜質的沉澱物中，就能在岩石中留下痕跡。這類「化石化作用」使我們能了解已知最古老的水母化石——源自大約五億零五百萬年前的寒武紀時期，地點在現今的猶他州——當時經歷了哪些事。

十一月三日是「水母日」（Jellyfish Day），一個由國家動物與社會博物館（National Museum of Animals and Society）所訂立的紀念日。爲何要向水母致敬？有何不可呢！牠們已存活了五億年之久，光是這點就足以贏得我們的尊敬。早期的魚龍和其他巨型爬蟲類在兩億五千萬年前稱霸海洋，而早在那之前水母就已存在。水母見證了這些侏儸紀時期的巨獸走向滅絕，但牠們仍持續隨洋流漂浮，藉著噴射動力在海中悠游。水母，地球上最古老的多器官動物，如今在所有的海域中都能見到牠們的身影。

十一月四日

保護來世

圖坦卡門（King Tutankhamen）在九到十歲的稚嫩年紀，就當上了埃及的法老王。他死時年僅十九歲，政權約從西元前一三三二年持續至西元前一三二三年。英國考古學家兼埃及古物學家霍華德・卡特（Howard Carter）在一九二二年十一月四日，發掘了位於帝王谷（Valley of Kings）的圖坦卡門陵墓。

圖坦卡門陵墓中的內容物反映出古埃及動物的象徵意義。盛香水的器皿上有意指十萬年的「蝌蚪」象形文字，代表著期望圖坦卡門能活得長久。距離中心第二遠的神廟屋頂飾以「涅克貝特」（Nekhbet）的圖像——埃及的禿鷹女神及法老的守護女神。兩尊木製雕像刻劃出圖坦卡門站在黑豹上的英姿，黑豹很可能用來比喻天空。從雕像中可見一隻大貓每天傍晚吞下太陽，到了隔天早上又將太陽吐出使其恢復光輝。另外兩尊能滑動的木製雕像則描述這位法老戴著有蛇形飾物（豎立的眼鏡蛇，象徵皇室）的冠冕，站在紙莎草筏船上獵殺象徵邪惡的河馬。獅子代表法老的權勢，也因此在圖坦卡門的王座前方有兩隻獅子探頭張望。王座的扶手是兩隻有翅膀的眼鏡蛇，中間刻有「上下埃及之王」的象形文字，椅腳下方則是獅子的腳掌。圖坦卡門的黃金面具上有象徵涅克貝特和瓦吉特（Wadjet）女神的裝飾，分別為禿鷹和眼鏡蛇。這位「少年法老」在前往來世的旅程中可說是備受保護。

十一月五日

泛靈論者獨立日

泛靈論（animism）是世界上最古老的宗教信仰，涵蓋的教義十分廣泛，但最根本的主張就是一切自然現象——包括動物、岩石、樹木和風——皆具有獨立於形體的靈魂或精神。拉丁文中的anima意思是「靈魂」。宗教專家推斷我們過著狩獵採集生活的祖先很可能信奉泛靈論。在今日，世界各地都有泛靈論的追隨者，包括非洲和美國。十一月五日是「泛靈論者獨立日」（Animist Independence Day），是泛靈論者爲慶祝人類從無知到啓蒙而發起的活動。

在某些遵行泛靈論的文化中，人們尊崇其他動物，通常將牠們視爲親人，或是祖靈的住所。舉例來說，馬達加斯加部分地區的人敬畏鱷魚，認爲酋長死後，他們的靈魂會寄宿在這種爬蟲類體內。某些部落則相信他們是鱷魚的後代。當一個人死後，在世的人會將一根長長的釘子釘入死者的額頭，使他的遺體無法移動，待遺體置入家族墳墓的數天後再將釘子取出。一旦墳墓覆土後，遺體就會長出尾巴，手和腳長出爪子，皮膚則會佈滿鱗片。這具遺體變身成一隻鱷魚，從此加入祖先的行列住在河裡。這種泛靈論的信仰導致人們崇敬鱷魚，不會獵捕這些有潛在危險的爬蟲類。泛靈論能使人對大自然懷抱著無比的敬意。

十一月六日

縮小版恐龍

角蜥又稱爲「角蟾」，外型就像縮小版的恐龍，除了頭上有突變而來的角，體側也有棘狀的大鱗片。納瓦荷人（Navajo）尊崇這些蜥蜴，認爲牠們是權力、力量和智慧的象徵。然而也有某些其他的文化對角蜥不那麼尊重。在加州南部，從一八〇〇年代晚期至一九〇〇年代初期，至少有十一萬五千隻角蜥經剝製處理後作爲紀念品販售。無數的角蜥被當成寵物飼養後卻死於不當飲食，原因是多數種類的角蜥只吃螞蟻。

德州的角蜥數量嚴重銳減。一九九〇年，律師巴爾特・考克斯（Bart Cox）邀請關注該議題的民眾參加奧斯丁自然中心（Austin Nature Center）的一場會議。該會議於一九九〇年十一月六日舉行，與會人數超過兩百人。也因爲這場會議的緣故，促成了「角蜥保育協會」（Horned Lizard Conservation Society）的創立。兩年半後，該學會向德州議會提出決議案，呼籲將德州角蜥正式定爲該州的代表爬蟲類。這項決議案背後的驅動力來自孩童：十歲的亞伯拉罕・霍蘭德（Abraham Holland）和弟弟諾亞（Noah）說服當地的眾議員支持這項法案。一九九三年六月法案通過，角蜥因成爲德州代表爬蟲類而受到關注，進而使民眾變得更加喜愛這種蜥蜴，也提升了大家保護牠們及其棲地的意願。

十一月七日

大自然的提振劑

根據傳說（不用懷疑是杜撰無誤），大約在西元七五〇年，一位名爲「卡爾迪」（Kaldi）的衣索比亞牧羊人觀察到他的山羊在吃了一種紅果實後，整晚不斷地彈跳嬉鬧。附近修道院裡的修道士將這種果實曬乾後沖泡成熱飲，並對效果非常滿意，因爲這種飲料讓他們能在多個小時的祈禱與冥想中保持清醒。這種紅果實就是咖啡豆。如今咖啡是全世界最受歡迎的飲料，在超過七十五個國家中種植。

可娜（Kona）是夏威夷大島的可娜地區所栽種的咖啡品種，由於生產成本高，因而成爲世界上數一數二昂貴的咖啡。一八二八年，傳教士薩繆爾・拉格斯（Samuel Ruggles）成爲在可娜地區透過扦插（從巴西）繁殖咖啡樹的第一人。到了一八四一年，咖啡園已陸續在當地建立。一八九九年，可娜地區已有超過三百萬棵咖啡樹。從生產、栽種到採收，所有的過程都經人工處理。許多可娜的咖啡農都已傳到了第五代。如今，該地區擁有約六百五十座咖啡園。昂貴的可娜咖啡是否眞的値得品味？就交由你自行評斷吧！

自一九七〇年起，爲期十天的「可娜咖啡文化節」（Kona Coffee Cultural Festival）在每年十一月的咖啡收成期間舉行，大約始於十一月七日。這場節慶的活動包括參觀咖啡園、多文化歌舞表演、採收咖啡豆體驗、以及搭配主餐與甜點的可娜咖啡食譜比賽。當然也少不了大量的咖啡可供品嚐。

十一月八日

駱駝市集

若想參加一場獨一無二的農村市集，就別錯過「普希卡駱駝市集」（Pushkar Camel Fair）。這場爲期五天的市集在印度的拉賈斯坦邦（Rajasthan）舉行。每年十一月，超過三十萬人會聚集在黃沙瀰漫的沙漠小鎮普希卡，爲的是買賣駱駝和其他牲畜，以及享受一場規模龐大的嘉年華會。這場市集舉行的時間點接近十一月的滿月，正好與印度教的節日「滿月節」（Kartik Purnima）重疊。當天印度教徒爲求赦免自己的罪行，會在普希卡湖沐浴。相傳創造之神「大梵天」（Lord Brahma）爲摧毀一隻地上的惡魔，從天上扔了一朵荷花下來，因而形成了這座湖。

普希卡市集以駱駝競跑揭開序幕，接著有民俗音樂演奏、說故事、舞蹈演出、美食嚐鮮、魔術秀、弄蛇表演、手工藝品販賣、以及騎駱駝等活動。還會舉辦競賽，包括駱駝選美比賽、最長俏鬍子比賽，以及男士的纏頭巾比賽。駱駝、牛、馬、綿羊和山羊的天然氣味和香辣鷹嘴豆咖哩、帶餡油炸麵團（pakora）、咖哩角（samosa）的誘人香味混在一起。五萬隻駱駝和其他動物不停叫喊、嗚咽、呻吟和嘶吼，就像在和弄蛇人的笛聲、商販的喊價聲及街頭樂手的演奏聲互相較勁。女性會收集駱駝糞，經乾燥處理後再賣回給駱駝牧人及商人，作爲他們生火煮飯的燃料。這場市集在滿月出現後落幕，清晨時數千名朝聖者則會在普希卡湖沐浴，

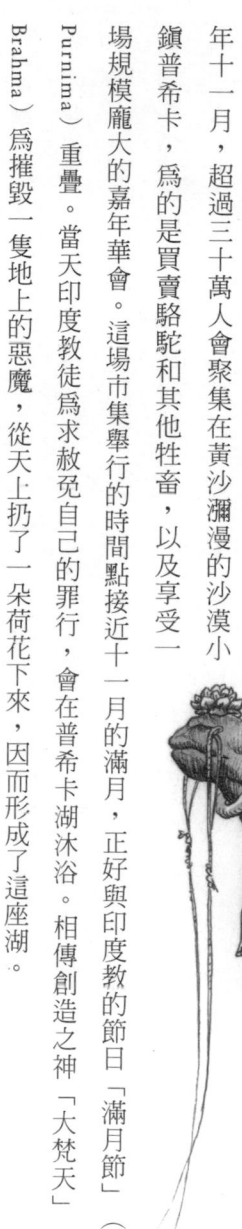

舉行他們的淨身儀式。

十一月九日

「啊哈！」

卡爾．薩根（Carl Sagan）於一九三四年十一月九日出生於紐約布魯克林。身兼天文學家、宇宙學家、太空生物學家和太空物理學家，薩根終其一生都在探究宇宙的奧秘，特別是我們的太陽系。他樂於向他人分享科學發現所帶來的喜悅，並設法拉近科學與一般民眾之間的距離。他曾說過一段令人印象深刻的話，鼓勵大家針對周遭環境提出問題並尋找答案：「當你靠自己獲得新發現時——即使你是地球上最後一個看到光的人——你將永遠忘不了這一刻。」

當科學家的其中一件樂事，就是當一切撥雲見日時體驗到的那種「啊哈時刻」。你能想像嗎？潮汐是由月亮造成（塞琉西亞的塞琉古〔Seleucus of Seleucia〕，西元前一五〇年）、彩虹形成背後的物理學（弗萊堡的席奧多瑞克〔Theodoric of Freiberg〕，一三〇〇年代早期）、細胞的結構（羅伯特．虎克〔Robert Hooke〕，一六六五年）、閃電是一種電（班傑明．富蘭克林，一七五一年）、放射線（亨利．貝克勒〔Henri Becquerel〕，一八九六年）、DNA的雙股螺旋立體結構（詹姆斯．華生〔James Watson〕與弗朗西斯．克里克〔Francis Crick〕，一九五三年）、液態水存在於火星上（盧金德拉．歐嘉〔Lujendra Ojha〕和NASA火星偵察軌道衛星的相關研究學者）——這些新發現是多麼令人興奮。

「啊哈時刻」並非專屬於科學家。即使不見得理解背後道理，所有的人都還是會透過「探尋的循環」了解周遭環境。我們觀察到某件令我們感到疑問的事物後，會收集資訊以獲得解答，然後再針對那項資訊認眞思考。省思後的我們又會提出別的問題，於是探尋的循環就這樣延續下去。

十一月十日

希望

古希臘人稱鑽石爲adamas，意思是「堅不可摧」。柏拉圖描寫鑽石是有生命的神靈，希臘人則相信鑽石是神的眼淚或掉落到地上的星星碎片。如今我們知道鑽石是十億年前在距離地表一百英里（一百六十一公里）的地底，在高壓高溫的條件下形成。

「希望之鑽」（Hope Diamond），一顆四十五．五二克拉、大小和形狀類似胡桃的藍色美鑽，背後有一段與王室密切相關的歷史。一六六六年，法國珠寶商尚巴蒂斯特．塔維尼耶（Jean-Baptiste Tavernier）在印度買了一顆未切割的一百一十二克拉鑽石，並於兩年後賣給了法國國王路易十四（King Louis XIV）。一六七三年，這顆巨鑽經切割加工成一顆六十七克拉的鑽石，成爲了著名的「法國藍鑽」（French Blue）。一七四九年，路易十四與瑪麗．安東尼皇后（Marie Antoinette）將這顆鑽石鑲入一條製作精美的墜子裡。一七九一年，路易十四與瑪麗皇后試圖逃到巴黎（但失敗）後，王室的珠寶被移交給政府。隔年，也就是法國大革命期間，鑽石遭竊。到了一八一二年再度現身時，這顆鑽石已爲一位倫敦鑽石商所有，並經裁切成如今較小的尺寸與形狀。一八三〇年代晚期，荷蘭銀行家亨利・菲力普・霍普（Henry Philip Hope）買下了這顆鑽石，從此一直爲霍普家族所有，直到一九〇一年爲止。在幾經轉手後，一九一一年，華盛頓哥倫比亞特區的名媛伊芙琳・麥克林女士（Mrs. Evalyn McLean）購得了希望之鑽。麥克林去世後，紐約珠寶商哈利・溫斯頓（Harry Winston）於一九四九年買下這顆鑽石。一九五八年十一月十日，溫斯頓將鑽石捐給了華盛頓哥倫比亞特區的史密森尼學會（Smithsonian Institution）。從那時起，已有超過一百萬名民衆到博物館目睹希望之鑽的光彩。

十一月十一日

悼念之花

在法蘭德斯戰場，罌粟花迎風搖曳，
一行又一行，綻放於殤者的十字架間，
標示著我們的疆域；而藍天裡
雲雀展翅飛翔，依舊英勇歌唱，
歌聲卻湮沒於連天炮火之中。
——約翰・麥克雷，《在法蘭德斯戰場》（In Flanders Fields）

一九一八年十一月十一日的上午十一點，在德國代表與協約國簽訂停戰協議後，第一次世界大戰正式落

幕。自此之後，美國人都會在這天予以慶祝，並稱之為「停戰紀念日」（Armistice Day）。一九五四年，該紀念日名稱更改為「退伍軍人節」（Veterans Day），以表揚所有美國退伍軍人的貢獻，並特別向退伍的作戰軍人致敬。美國的退伍軍人節和其他國家的停戰紀念日和「國殤紀念日」（Remembrance Day）——也稱為「罌粟花日」（Poppy Day）——指的都是同一天。

在一戰期間，陣亡軍人被埋葬在比利時西部的法蘭德斯戰場後，休眠的罌粟花種子開始發芽並遍布整片墓地。約翰·麥克雷中校是加拿大第一砲兵旅的隨行軍醫，他在一九一五年五月初寫下《在法蘭德斯戰場》一詩，向葬身於戰場的士兵表達哀悼之意。艷紅的罌粟花很快就成為了「悼念之花」。自一九二一年起，每到十一月十一日當天和前後，許多國家都會義賣人造罌粟花，包括美國、大不列顛、法國、加拿大、澳洲和紐西蘭，藉以補助退伍軍人與他們的親屬。對許多人來說，罌粟花象徵在戰爭中流下的鮮血。配戴罌粟花在身上則是一種致意的方式，向那些犧牲自我以換取他人自由的男女表示感謝。

十一月十二日

菊花

菊花（chrysanthemum，英文俗稱為mum），是菊科家庭的一員，也是十一月的生日花。早期畫作總是將菊花描繪為雛菊般的黃色小花。如今許多的菊花品種外型都很醒目，有些甚至長得像彩球。

菊花是在至少兩千五百年前在中國開始栽種，由於能用來治療多種病痛及預防老化，因此在中國代表

「長壽」。其效用如此強大，以致只有貴族才有資格種植。菊花在今日則象徵「陽盛」，一般認為具有強化免疫系統的功效。根據流傳已久的中國習俗，人們會在酒杯底放一片菊花瓣，代表希望能活得長久又健康。

日本於十八世紀引進菊花。除了皇室採用十六瓣菊花紋章作為家徽外，天皇坐的也是「菊花寶座」。日本的護照和五十元硬幣上都有金色菊花，而九月九日重陽節在日本也稱為「菊花節」。

如今，菊花是世界上極受歡迎的一種花，花語自維多利亞時代至今從未改變，象徵友誼、喜悅、愛情和憐憫——非常適合送給在十一月誕生的人。

十一月十三日

沉重的懲罰

唉！痛苦啊！怨毒的目光
不論老少皆怒瞪著我！
他們摘下了十字架，將這隻信天翁
掛在我的脖子上。

——塞繆爾・泰勒・科勒律治（Samuel Taylor Coleridge），《老水手之歌》（Rime of the Ancient Mariner，第二部第十四節）

在西印度群島（West Indies），信天翁據說能預示船隻到來。此一說法無疑反映出一項事實，就是當海上的風變強時，不論是船或信天翁都會進港以求庇護。廣爲流傳的航海傳說描述信天翁具有超自然力量，因爲牠們不須拍動翅膀就能展開長距離飛行。自從科勒律治的詩問世後，水手都相信殺死信天翁會招致厄運。

科勒律治在一七八七年十一月十三日動筆寫出《老水手之歌》。該詩的敘事者就是老水手本人，講述他的船在濃霧中受困於冰封的海域。一隻信天翁盤旋於上，顯然是要指引水手們穿越濃霧與浮冰。結果老水手非但未心存感激，還射殺了這隻鳥。沒過多久風停了，溫度也開始升高。水手們無水可喝，怪老水手招來厄運，於是把死掉的信天翁掛在他的脖子上以示懲罰。最後所有的水手都死了，只有老水手活了下來，從此必須帶著罪惡感向人訴說自己的故事。他總是以一段勸誡的話作爲故事結尾：「要勤於禱告，也要愛護所有事物，不論大小，因爲我們所敬愛的神也愛我們。他創造了一切，並且對萬物皆付出關愛。」（第七部第二十三節）

十一月十四日

萊爾與均變論

今天是查爾斯・萊爾（Charles Lyell）的生日。他於一七九七年出生於蘇格蘭，是當時那個年代最重要的地質學家。萊爾研讀法律，並於一八二五年獲准擔任律師，然而他眞正熱衷的是地質學。在三十三歲時，他出版了第一卷《地質學原理》（Principles of Geology）。這本劃時代的著作擴展了詹姆斯・赫登的均變論，並且傳達了一個重要信息，即數百萬年來改變地質的作用力至今仍影響著地球。該書顚覆了過去盛行的理論，即特殊的災難事件，例如聖經諾亞故事中的大洪水，是造成地貌改變的唯一原因。

許多現代的地質學家在兜了一圈後又回到原點，指出週期性的災難的確會左右地球的地質歷史。最著名的例子或許就是關於恐龍滅絕的假設，即造成的原因可能是小行星或慧星撞擊地球，或是火山大爆發。換句話說，天文因素可能會對地球長期的地質作用造成深遠的影響。

儘管如此，均變論仍是地質學的核心理論。查爾斯・萊爾留下了一項重要且恆久的精神財富，那就是他對達爾文的影響。在啓程加入小獵犬號之前，達爾文必須仔細挑選要打包的書、補給和個人用品。其中一項他帶走的物品就是萊爾的著作，也就是在前一年出版的《地質學原理》第一卷。萊爾的理論使達爾文開始視生物演化爲一種緩慢過程，在當中微小的變化會隨著時間增長而逐漸累積。

十一月十五日

「老天鵝啊（Crikey）！」

Crikey是用來表示訝異或驚奇的澳洲俚語，也是史蒂芬・厄文（Steve Irwin）愛用的口頭禪。厄文是一位充滿熱情的保育人士，他透過自己在昆士蘭的動物園、電視節目《鱷魚獵人》（The Crocodile Hunter）及其他影片寓教於樂，使民眾能更加了解野生動植物。厄文在二〇〇六年被一隻十二吋（三十公分）的魟魚尾刺中心臟而死，從此以後十一月十五日便定為「史蒂芬・厄文日」（Steve Irwin Day）。厄文對鱷魚情有獨鍾，不過他並不是唯一一人。

古埃及人崇拜「索貝克」（Sobek）——鱷魚神和尼羅河神。根據傳說，索貝克從孕育世界的原始水淵中爬出，用汗水創造了尼羅河。他在河岸下蛋，而這些蛋孵化後形成萬物。鱷魚是索貝克在地上的代表，一般人相信牠們會帶來雨水，使尼羅河氾濫並使土地肥沃。殺死鱷魚在埃及甚至可處死刑。為了紀念鱷魚神，埃及人建立了一座名為索貝克的城市，位置就在尼羅河西岸。後來希臘人又將這座城市改名為「鱷城」（Crocodilopolis）。鱷城的居民崇拜一隻名為「佩蘇卓斯」（Petsuchos）的活鱷魚，認爲牠的體內住著索貝克的轉世靈魂。這座城的神廟附近有一座湖，佩蘇卓斯就生活在那裡。神廟裡的人會徒手餵食牠蛋糕、蜂蜜、牛奶和葡萄酒。佩蘇卓斯只要一死，就會有另一隻鱷魚被捉去神廟湖中作爲繼承者。每一隻佩蘇卓斯都以黃金耳環和手鐲作爲裝飾，死後都會被製成木乃伊，埋葬於墓中。「老天鵝啊！」，史蒂芬・厄文知道的話可能會這麼說吧！

十一月十六日

時間夠用嗎？

蝴蝶細數的不是月份，而是片刻，因此能擁有充足的時間。

——羅賓德拉納特・泰戈爾（Rabindranath Tagore），孟加拉詩人和哲學家；《流螢集》（Fireflies）

北美東部帝王蝶爲過冬而長距離遷徙至墨西哥，如此壯觀奇景令全世界的自然愛好者讚嘆不已。較少有人知道的是西部帝王蝶會遷徙至超過兩百個加州沿海的小樹林，數萬隻成群聚集在那些地點過冬。在春天，牠們會橫跨加州向東遷徙，到其他西部的州尋找馬利筋，以產卵於其上。牠們的幼蟲在吐絲化蛹前僅以馬利筋爲食。在蛹內待了約兩週後，氣勢如帝王般的蝴蝶破蛹而出，亮橘與黑色相間的翅膀上帶有白色小斑點。西部帝王蝶會在春、夏和秋初繁衍出四代，每一代會從先前過冬的地點向更遠處遷徙，其壽命在繁殖季只有二到五週。最後一代會折返至加州海岸，回到牠們祖先的小樹林裡。

自二〇〇〇年起，自願參與的公民科學家會在接近感恩節的三週期間，計算西部帝王蝶的數量。「西部帝王蝶感恩節統計活動」（Western Monarch Thanksgiving Count）累積了十七年的數據，從中顯示出帝王蝶的數量大幅下滑——在許多地點減少了將近九成。造成此一現象的可能原因包括馬利筋數量減少、過冬小樹林逐漸消失或環境惡化，以及氣候變遷。我們只能期望泰戈爾的感想也適用於西部帝王蝶的長遠未來。

十一月十七日

阿拉斯加白頭海鵰節

數千年前，冰河從阿拉斯加東南部的奇爾卡特河谷（Chilkat Valley）向後退，留下滲水性強的砂礫河床，也就是如今奇爾卡特河流經之處。在夏天，因日曬而變暖的河水會滲入砂礫間；在冬天，溫暖的河水則會慢慢滲入礫石含水層中，使奇爾卡特河約四平方英里（一〇・四平方公里）的範圍不會結冰。此一現象使白鮭和銀鮭得以在十一月中迴游，進而引來多達三千隻白頭海鵰，使該處成爲世界上白頭海鵰最密集的地方。

每到十一月中，爲了迎接鮭魚與白頭海鵰，世界各地的旅客會來到阿拉斯加海恩斯（Haines）的奇爾卡特

河谷，參加「阿拉斯加白頭海鵰節」（Alaska Bald Eagle Festival）。這場盛事提供了各種活動，包括白頭海鵰攝影研討會，以及到奇爾卡特白頭海鵰保護區實地觀察。旅客能參加相關講座，認識該河谷的自然歷史、阿拉斯加東南部的野生動植物、鮭魚的自然歷史，以及目前與白頭海鵰有關的研究；學習鳥類生理解剖學，並將相關知識運用於鳥類繪畫課中；參觀美國白頭海鵰基金會（American Bald Eagle Foundation）的鳥舍、透視畫及自然史展覽；認識鳥類大使，同時享用美味的開胃小點；享受吃到飽的巧克力饗宴；以及在「募資人辣椒烹飪競賽」中品嚐辣味駝鹿肉、麋鹿肉、野牛肉及馴鹿肉。

十一月十八日
天空之神

馬雅人與阿茲特克人視光彩亮麗的鳳尾綠咬鵑為「天空之神」，是良善與光明的神聖象徵。這種鳥令人聯想到瑪雅的羽蛇神「庫庫爾坎」（Kukulkan）/阿茲特克的「克察爾科亞特爾」（Quetzalcoatl），一位與陽光和植物有關的行善之神。在古老的阿茲特克「納瓦語」（Nahuatl）中，quetzal代表「又大又珍貴的綠色羽毛」。鳳尾綠咬鵑是一種外表極華麗的中美洲鳥類，身上是璀璨的翠綠色羽毛，胸口則是鮮紅色。在繁殖季節，雄鳥會長出一對藍綠色尾羽，長度可達三十六英吋（〇．九公尺）。馬雅和阿茲特克統治者的頭飾就是以鳳尾綠咬鵑的羽毛製成。由於嚴禁殺害這種鳥類，因此在捕捉並取得羽毛後，牠們就會被釋放。

如今鳳尾綠咬鵑是瓜地馬拉的國鳥。瓜國的國徽圖案包含交叉的兩支步槍與兩把劍、環繞於外的月桂枝

條、寫著「一八二一年九月十五日自由」的卷軸，以及一隻鳳尾綠咬鵑。國徽誕生於一八七一年十一月十八日，正好是瓜地馬拉脫離西班牙宣告獨立的五十年後。對馬雅人來說，鳳尾綠咬鵑也是自由的象徵，因爲這種鳥在遭囚禁的情況下將無法生存。鳳尾綠咬鵑的叫聲就像一串深沉柔和的樂音：「科噢、科咿、科噢、科嚕、科噢、科嚕、科嚕……」根據馬雅傳說，在西班牙人入侵之前，鳳尾綠咬鵑的優美歌聲勝過世上所有的鳥類。然而在那之後，牠們總是發出悲傷的低鳴聲。等這片土地和人民獲得眞正的自由後，鳳尾綠咬鵑將再度愉快高歌。

十一月十九日

叨叨絮絮的鳴叫聲

如果你從未聽過沙丘鶴的叫聲，想像一名蘇格蘭人對著屋簷接水桶（rain barrel）清嗓，發出「咯兒……」一聲長長的顫音。根據每個人不同的想像，這種叨叨絮絮的鳴叫聲可能聽起來充滿希望、悲傷無比、神祕詭異、古老過時，或單純美妙動人。如果早期恐龍電影的製作人能有多一點想像力，就會替他們用橡膠做的假恐龍配上沙丘鶴的聲音。

——史蒂夫・格魯姆斯（Steve Grooms），《沙丘鶴的呼喊》（The Cry of the Sandhill Crane）

人類長久以來對鶴總是懷有敬畏之情，欣賞牠們的合群、美麗，以及優雅的長腳與長頸。根據日本、越南及其他亞洲國家的民間傳說，在人死後，鶴會揹著逝者的靈魂飛往極樂世界。鶴令人聯想到許多高尚的人格特質，而這也反映出鶴的習性：忠貞與愛，因爲牠們遵行一夫一妻制；憐憫、榮譽和忠誠，因爲牠們擅於維持穩定的家庭關係；喜樂與幸福，因爲牠們跳舞時熱情洋溢。我們也很佩服鶴的高度警覺性，在搜尋食物時會一直保持警惕。我們認爲這種鳥充滿智慧，因爲長壽使牠們有充裕的時間能累積知識。

每到十一月的第三個星期，新墨西哥州的阿帕契濕地森林國家野生動物保護區（Bosque del Apache National Wildlife Refuge）會舉辦一年一度的「鶴節」（Festival of the Cranes）。沙丘鶴是這項活動的主角，目前在北美大部分的活動範圍內仍爲數衆多。沙丘鶴群聚的壯觀場面和牠們原始的叫聲保證令人難忘。

十一月二十日

第七百九十九號公主

數千台網路攝影機架設於世界各地，爲的是要記錄從螞蟻到斑馬等各種動物的日常活動。只要輕輕一按滑鼠，就能一窺動物飛行、嬉戲、進食、交配和照顧子女的眞實情景。除了提供關鍵數據以協助生物學家監控與調查野生生物，這些網路攝影機也能爲自然愛好者帶來娛樂與歡欣，並且讓生物學家以外的人能以過去無法想像的方式和野生生物交流。多虧了這些裝置，我們得以和其他動物建立情感上的連結。

第一台記錄野生生物的網路攝影機架設於加州大蘇爾（Big Sur）的文塔納野生動物協會兀鷹保護區（Ventana Wildlife Society Condor Sanctuary），目的是要串流傳輸野地兀鷹巢的影像。二〇一五年十一月二十日，在忠實追隨者的密切關注下，一隻被稱爲「公主」的野生加州兀鷹剛學會了飛翔。這群觀眾在先前已目睹這隻兀鷹的成長過程，包括破殼而出、長出羽毛，以及吞嚥父母金霸王（Kingpin）與紅木皇后（Redwood Queen）所反芻的食物，現在終於等到牠跳來跳去和測試翅膀的階段了。公主的翅膀上別有綠色標籤，上面標示著七百九十九號。隔年夏天，也就是二〇一六年七月，攝影機捕捉到牠飛越高山與低谷、探索大蘇爾海岸線的畫面。這些忠實追隨者一路看著公主在協助加州兀鷹脫離瀕危危機的過程中，盡責地扮演好自己的角色；對他們而言，網路攝影機拍到的影片想必比任何肥皂劇都要精采。

十一月二十一日

頌揚捕魚人

十一月二十一日是「世界漁業日」（World Fisheries Day），自一九九八年起由世界各地的捕魚社群共襄盛舉的年度活動。從漁業的角度來看，「魚」（fish）一字泛指任何捕獲到的水生動物，從小魚到大鯨魚，從軟體動物、棘皮動物到甲殼動物——供應了全世界約百分之二十五的動物蛋白質。漁業透過許多方式影響我們的生活，包括爲超過四千三百萬人維持生計，以及爲數十億人口提供食物。

正如農夫與土地一般，漁夫與水的關係密不可分。捕魚社群裡的人團結一心，因爲他們以捕魚活動爲重心，發展出共同的身分認同、經濟基礎及價值系統。他們的生活方式與文化，包括家庭、飲食、藝術、音樂、文學、民間傳說及宗教信仰，全都圍繞著水和水生動物。他們的日常與季節性活動——包括社交與工作——以及性別角色，也都隨著海洋或淡水生物的活動週期建構而來。少了這些捕「魚」人，我們就會失去其中一個重要的動物蛋白質來源。

不妨以支持漁業的方式歡慶這天吧！享用以永續捕撈的漁獲做成的牡蠣燉菜、貝類秋葵湯、紐奧良克里奧風味蝦、燒烤龍蝦尾、海膽布切塔（bruschetta）香烤麵包或燉飯、烤杏仁鱒魚，或是碳烤鮭魚。然後別忘了對世界各地的漁夫心存感謝。

十一月二十二日

牠們無法為自己發聲

唯有將關懷延伸至所有生物上，人類才能找到內心的祥和。

——亞伯特・史懷哲（Albert Schweitzer）

「尊重生命」是史懷哲的哲學中心思想，而正因如此，這位善良的傳教士醫生在一九五二年獲頒諾貝爾和平獎。史懷哲的理念受到全球矚目後，動物愛好者的論述和疑慮也因而得到了更多關注。當時是成立新組織以推行動物福利政策的好時機，於是一九五四年十一月二十二日，美國人道協會（Humane Society of the United States，簡稱HSUS，後來改名為全國人道協會〔National Humane Society〕）在華盛頓哥倫比亞特區創立。

HSUS致力於預防所有造成動物痛苦、折磨或恐懼的活動發生。歷年來，該組織已處理過多方議題，包括屠宰場的宰殺方式、動物實驗的相關法規，以及動物收容所的人道處置。近來，該組織特別關切鬥獸比賽、皮草交易（動物誘捕）、小狗工廠、野生動物虐待、格雷伊獵犬賽跑活動，以及工業化農業加諸於動物的殘忍行徑。

英國靈長類動物學家珍・古德清楚有力地表達出人們必須擁護動物的迫切理由：「我至少能做到的就是為這數百隻黑猩猩說話。此時此刻，牠們正蜷曲著身子坐著金屬製的牢籠裡，無神的雙眼向外直視，既悲慘又毫無希望。牠們無法為自己發聲。」

十一月二十三日

自然界的神靈

日本的神道教強調對自然現象懷有敬畏之心，並稱這些現象為kami，大抵可翻譯為「神」或「靈」。這些自然界的神靈包含生命體（例如人類祖先與其他動物）、景觀元素（例如山和瀑布）及自然力量（例如風和雷），不是居住在自然區域中，就是經常造訪當地。其中一種主要的神靈名為「稻荷」，是代表狐狸、富饒、稻米、茶葉、日本酒、農業及繁榮的神靈，至少從西元七一一年起就受到人民尊崇。在日本約八萬間神道神社中，約有三萬兩千間供奉稻荷神。稻荷神的使者是白狐靈。狐狸雕像經常坐落於稻荷神社的入口處，迎接民眾到訪參拜。民眾會準備米、日本酒和豆皮壽司（也稱爲「稻荷壽司」）作爲供品慰勞狐狸，希望牠們爲參拜者向稻荷神祈願。在日本第三大島九州，稻荷祭會在十一月滿月的五天前開始舉行。

神靈在保護自然景觀上扮演了重要角色。長久以來，神道教信徒相信若神靈所在地受到侵擾，神靈很可能會起而報復；反之，若予以尊重，就能得到神靈的庇護與祝福。因此，許多自然區域，包括都會區的森林「小島」，即使進出方便也易於開發，數百年來仍舊能維持不變。然而遺憾的是，近年來神道教的傳統信仰已逐漸凋零。某些日本保育人士提倡向外推廣教育，期望能振興傳統的神道價值觀，增進人們對大自然的感謝與敬意。

十一月二十四日

物種起源

在十九世紀上半葉，某些科學家認爲物種會隨時間改變——意即演化。其他人則認爲物種永遠不會改

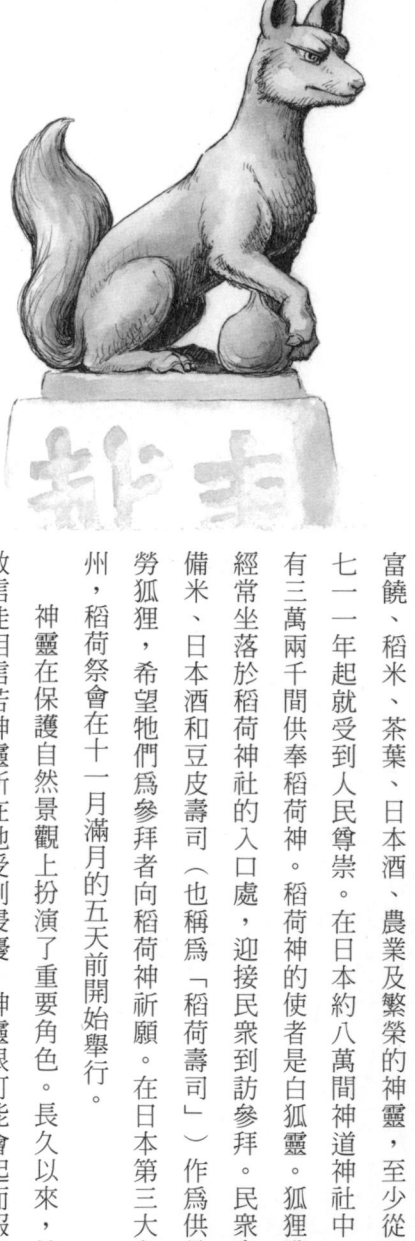

變。一八三六年，達爾文結束小獵犬號探索之旅返回後，一邊回想自己的觀察發現，一邊思索物種是否有可能演化。他提出假設，認為較適應環境的個體能存活更久，也能產生更多後代。而這個觀點就是如今大家所知的天擇說。達爾文擔心如果將自己的看法公諸於世，會被當成異端份子看待，於是決定先收集更多證據，同時將重心放在其他寫作上。

一八五八年二月，達爾文收到英國博物學家阿爾弗雷德・羅素・華萊士的來信。在受到達爾文的啓發後，華萊士曾到亞馬遜盆地探索。他寄給達爾文一篇論文，當中闡述了天擇決定演化的觀點，並希望達爾文能針對論文的發表方式給予建議。這兩個人竟然獨自構思出相同的看法！達爾文意識到自己就要被人搶先一步了。由於聯絡不上當時人在馬來群島的華萊士，達爾文找了他的同事——地質學家查爾斯・萊爾與植物學家羅伯特・虎克——商量該怎麼做。一八五八年七月一日，萊爾與虎克安排了一場論文發表會，邀請倫敦林奈協會（Linnean Society）的秘書長為他們朗讀長達十八頁的聯合論文。不論是華萊士或達爾文都沒有親臨現場。華萊士仍在馬來西亞探索，達爾文則待在家中，為年僅十八個月就死於猩紅熱的兒子哀悼。隔月，華萊士的正式論文與達爾文的手稿摘錄終於公開發表。達爾文知道自己最好開始投入工作，於是專心於自己的著作，並於一八五九年十一月二十四日出版了《物種起源》（On the Origin of Species）。而他所提出的天擇演化論也成為了現代生物學的基礎。

十一月二十五日

大自然的奧妙

一般所謂的「保育」長遠而論一定不會成功，因為那根本就不是真正的保育，而是經巧妙掩飾的陰謀，充其量只不過是更有見識的變化版本，本質上等同於「世界只為了供人所用而存在」的舊時觀念。

——喬瑟夫·伍德·克魯奇（Joseph Wood Krutch）

喬瑟夫·伍德·克魯奇生於一八九三年十一月二十五日，身兼美國作家、文化評論家、戲劇評論家、文學教授與博物學家等多重角色。他的一生就像是一場個人與哲學、思辨上的科學與自然奇幻旅程。一九二九年，他出版了《現代趨勢》（The Modern Temper）一書，在當中對科學所招致的種種現象深表遺憾，包括以懷疑論取代堅定的宗教信仰、貶低甚至摧毀我們的感覺、情感與渴望，以及使世界變得毫無意義。爾後，藉由研究梭羅的著作，克魯奇逐漸相信人類能透過自然獲得深層的心靈滿足。一九五二年，他從紐約搬到亞利桑那州的土森市（Tucson），並將餘生投入於生態議題與描寫美國西南部沙漠的相關著作上，藉以歌頌自然。

喬瑟夫·克魯奇、阿爾多·李奧波德、阿爾奇·卡爾（Archie Carr），以及一九〇〇年代中期的其他保育人士擁有共同的理念，那就是我們必須摒棄以人類為中心的保育觀念，體會到荒野、植物和動物的眞正價值源自我們對周遭環境的驚奇、讚嘆與關愛之情。

十一月二十六日

雨

我認為大腦就和植物一樣不能沒有雨。我的思想變得乾涸，渴望得到滋潤。

——約翰・巴勒斯（John Burroughs）

創世界紀錄的一分鐘最大降雨量發生在一九七〇年十一月二十六日——地點是加勒比海瓜德羅普島（Guadeloupe）的貝洛特（Barot），降雨量達一・五英吋（三十八公厘）。某些人戲稱這種滂沱大雨就像一台強力洗衣機，足以溺死青蛙、嗆死蟾蜍和淹死鴨子。

當大雨敲打著屋頂讓你睡不著時，不妨想想雨爲我們帶來哪些好處。雨能提升含水層、湖泊與河川的水量；爲水生與陸生動物提供淡水；灌溉植物；以及使空氣降溫和增加濕度。雨能恢復生機，從休眠的種子到脫水的緩步動物，皆能因而復甦。而從古至今，民間傳說與神話故事也傳達出雨在文化上的重要意義。古羅馬人崇拜邱比特，爲他們帶來雨水的天空與雷霆之神。古埃及人則崇拜「泰芙努特」（Tefnut），獅首人身的雨水女神。阿茲特克人以幼童作爲獻祭，以滋補和取悅他們的雨神「特拉洛克」（Tlaloc）。在印度神話中，降雨雲是由眼鏡蛇所操控。在中國、日本和越南神話中，水和雨則是由龍所掌管。在澳洲原住民神話中，「彩虹蛇」（Rainbow Serpent）帶來了雨水，滋潤了大地。在某些文化中，包括非洲和北美，祈雨舞是求神降雨的一種儀式。另外也有不仰賴神明，而是靠著在雲上撒播化學物質以產生雨。許多人覺得雨的聲音、畫面和氣息具有安撫作用。雨不僅能重振精神，也能潤澤我們的想法。

十一月二十七日

女王鳳凰螺

想像你正置身於加勒比海土克凱可群島（Turks & Caicos）中的普羅維登西亞萊斯島（Providenciales Island），享受那裡的白沙海灘。在你眼前是琳瑯滿目的螺類開胃菜：巧達湯、沙拉、義大利餃、薄餅、煎餅、餡餅、餛飩、糖醋螺肉，以及胡桃炸螺肉。據說甜點是香煎螺肉淋蘭姆奶油醬。沒錯，你來到了一年一度的「土克凱可群島螺類節」（Turks & Caicos Conch Festival），每年在十一月的最後一個星期六舉行。這場慶典的主角是該群島小國的象徵及主要出口品，也是一種海生腹足動物：女王鳳凰螺。純天然的螺肉味道溫醇甘甜又帶嚼勁，有些人認爲是天堂般的美味。

在大快朵頤後，你可以參加吹螺號比賽，和許多螺號樂手前輩一起同樂。螺號通常是在宗教或典禮儀式中會出現的樂器。根據古希臘的民間傳說，美人魚通常會用她們迷人的歌聲引誘男性，而男人魚則較常利用海螺殼吹奏出美妙音樂。對阿茲特克人來說，螺號令人難忘的圓潤樂音令他們聯想到冥界、月亮和生育；祭司和戰士都會使用這種樂器。馬雅獵人也會吹奏螺號，宣告自己帶著已宰殺的鹿歸來。古祕魯的莫切文明（Moche）崇拜海洋，而他們同樣也會在儀式中吹奏螺號。如今在西印度群島和加勒比海的某些地區，仍有人將女王鳳凰螺當作樂器使用。

十一月二十八日

自助餐宴與食物大戰

泰國曼谷北部的華富里（Lopburi）會在十一月的最後一個星期六舉行「猴子自助餐節」（Monkey Buffet Festival）。這個獨特的節慶目的是要向當地三千多隻長尾獼猴致敬，感謝牠們守護這座城裡源自十世紀的古城遺跡與寺廟。當地人相信這些獼猴是印度猴神「哈努曼」（Hanuman）的後裔。在這一天，披著紅色桌巾的長桌會架設在古寺前，上面擺放著超過八千八百磅（四千公斤）的蔬菜、熱帶水果、花生、水煮蛋、蛋糕和糖果，用來招待這些靈長類動物。

一九八九年，名爲「勇育・齊瓦塔納奴松」（Yongyuth Kitwattananusont）的旅館老闆爲了振興當地的觀光業，發起了猴子自助餐節作爲噱頭，結果他的點子十分奏效。如今，每年都有數千名旅客到場觀看猴子大吃大喝的場面。一旦吃飽喝足後，這些猴子就會開始互扔食物嬉鬧，而這又是另一個逗樂觀衆的餘興節目。其他還有許多吸引觀光客的活動，包括穿著猴子戲服進行的歌舞表演。

如果你也想參加，有件事要先提醒你：這些猴子已經很適應人類，而且會毫不猶豫地搶走你正在吃的食物，或是你的相機、手機、錢包和其他物品。正因如此，在你付完入場費後，你可能會拿到一根棍子，目的是用來趕走太熱情和貪心的猴子。

十一月二十九日

生態學家的守護聖徒

在一九六六年美國科學促進會（American Association for the Advancement of Science）的年度座談會上，歷史學家林恩・懷特二世（Lynn White Jr.）在一場標題為「生態危機的歷史根源」（The Historical Roots of Our Ecological Crisis）的演講中，詳盡解釋在對待自然與動物的態度上，阿西西的聖方濟與當時中世紀的羅馬天主教會是多麼大相逕庭。教會散播的觀念是人和自然是分開的，因此人能為了自己的利益隨心所欲地利用動物、植物和礦物。懷特認為現代西方社會從教會那裡傳承了這種對自然有害的態度。

相形之下，聖方濟（一一八一年／一一八二年至一二二六年）則教導我們所有動物生而平等，我們應該要尊重其他動物和大自然的一切。懷特主張只有採納聖方濟的哲學觀，才有可能避免今日的環境危機。另外，他在演講尾聲也提議將聖方濟封為「生態學家的守護聖徒」（Patron Saint of Ecologists）。

儘管懷特譴責中世紀天主教會的教誨對環境造成傷害，一九七九年十一月二十九日，教宗若望保祿二世（Pope John Paul II）仍宣布將聖方濟封為「生態保育人士的守護聖徒」。此外，教宗更強調人必須履行其神聖義務，也就是尊重自然界並加以維護，使其不受破壞。

十一月三十日

麒麟與獨角獸

許多人都喜愛虛構的奇幻世界。幻想能延伸我們的想像力，模糊魔幻與眞實的界線，以及幫助我們從現實中解脫。那些「相信」有獨角獸的人聽到北韓中央通信社（Korean Central News Agency）在二〇一二年十一月三十日的報導後，都感到興奮不已。考古學家也曾再次證實「獨角獸巢穴」的存在，認爲過去住在那裡的是東明王（King Tongmyong）所騎的獨角獸——東明王在西元前三世紀至西元七世紀期間，統治了中國的部分地區及朝鮮半島。遺憾的是，一週後出現了另一則報導，指出該處洞穴並非獨角獸所有，而是與東明王的「麒麟」有關。麒麟是一種由不同動物部位組成的虛構怪獸，其龍首上有一根突出的角。整起烏龍事件原來是因英文誤譯所致。

不用擔心。即使我們尚未找到獨角獸的巢穴，我們的世界裡永遠都會有獨角獸。四千多年來，人們一直相信有獨角獸的存在。巴比倫人崇拜獨角獸。古希臘和羅馬作家頌揚獨角獸獸角的療癒力量，認爲能用來解毒和治療疾病。後來在中世紀（約西元四七六年至一四〇〇年）和文藝復興（約西元一三〇〇年至一七〇〇年）期間，獨角鯨的長牙被當作「獨角獸的角」販賣。當時的人認爲其長牙具有神奇力量，能保護身體不受有毒飲品的侵害。自一三〇〇年代晚期起，獨角獸成爲蘇格蘭國家代表動物。蘇格蘭人的神話與傳說有很長一段歷史，對他們而言，象徵純眞、生命與療癒力量的獨角獸能成爲國家代表，是很值得自豪的一件事。獨角獸也是深受孩童喜愛的一種動物，這都要感謝書籍與電影的宣傳。當然想像力也是一大功臣。

December
十二月

十二月一日

夜鶯

夜鶯的歌聲實在是太美妙了，皇帝的眼眶逐漸變得濕潤，接著淚水滑落了臉頰。而夜鶯也唱得更加婉轉深情，觸動了每個人的心。

——漢斯・克里斯汀・安徒生，〈夜鶯〉（The Nightingale）

丹麥作家安徒生創作了超過一百六十則童話故事，並且經翻譯成一百二十五種語言，長久以來帶給孩童和保有赤子之心的讀者無窮樂趣。而他的第一本童話故事書正是在一八三五年的今天出版。

安徒生投入寫作時正值浪漫主義時期。這場文化運動從一七〇〇年代晚期開始，一直到大約一八五〇年結束，目的在鼓勵人們欣賞自然的美和奧妙，同時表達對商業化的厭惡。安徒生在他的著名童話〈夜鶯〉當中也反映出相同的價值觀。故事一開始，中國皇帝和他的臣民都被夜鶯優美的歌聲所吸引。然而後來，他們逐漸對牠感到厭煩，轉而迷戀另一隻身上滿是鑽石和紅藍寶石的機器夜鶯，於是眞的夜鶯被逐出宮廷。結果機器夜鶯壞掉後，雖然已經修復，但因爲太過脆弱，一年只能播放一次音樂。五年後，皇帝在臨終之際，眞的夜鶯突然又出現在窗前。死神被牠的歌聲感動而離開，於是再一次地，夜鶯又受到皇帝愛戴。沒有一絲說教意味，安徒生藉由這則故事分享

他對自然的愛和對科技的不信任，並且表達他偏好眞實勝過人爲的看法。

十二月二日

環保

沒有人天生就是環保份子，純粹是因為自己的歷練、人生與旅程而覺醒。

——楊・亞祖貝彤（Yann Arthus-Bertrand），法國攝影師及環保人士

一九五〇年代晚期及六〇年代期間，美國人變得越來越關注人爲活動對環境造成的破壞，包括資源逐漸減少、殺蟲劑毒害、漏油事故、空氣與水污染，以及固體廢棄物處理。一項環保活動因而誕生，訴求是加強人類健康與環境的保護。

一九七〇年十二月二日，尼克森總統簽署了一項行政命令，並依此成立美國國家環境保護局（American Environmental Protection Agency，簡稱EPA），針對空氣與水的品質以及有毒物質，負責設定、監督與執行全國綱領。EPA早期的職責包括實施一九七〇年的《清潔空氣法》（Clean Air Act）——旨在減少空氣汙染；一九七二年的《聯邦環境殺蟲劑管理法》（Federal Environmental Pesticide Control Act）——旨在控管殺蟲劑的銷售與使用；以及一九七二年的《淨水法》（Clean Water Act）——旨在管理都市與工業廢水的排放。自那時起，EPA持續針對汽油效率、石油汙染、海洋傾倒、石棉危害、鈾礦尾料、輻射防護、用水效率、安全飲用水

及氣候變遷議題，擬定與執行相關法規。

二〇一七年，EPA的命運變得難以預料。川普政權大幅削減預算、裁減人員、刪減計畫、阻擋新合約和補助的發放，並且指示EPA刪除網站上的氣候變遷網頁。減少了環保措施後，未來將如何發展？

十二月三日

充滿高度智慧的蟻丘

工作中的科學家就像遵循著基因指令活動的生物；他們似乎受到內心深處的人類本能所擺布。儘管努力維護尊嚴，但他們反而較像是胡鬧撒野的小動物。接近答案時，他們會毛髮直豎、滿身大汗，幾乎要被自己不斷分泌的唾液給淹沒。比起填飽肚子、養育後代或保護自己不被自然力量擊倒，搶先一步取得答案對他們來說更具吸引力。

——路易斯・湯瑪斯（Lewis Thomas），〈自然科學〉（Natural Science），取自《細胞內的生命》（The Lives of a Cell）

路易斯・湯瑪斯（一九一三年至一九九三年）是美國的醫師、研究學者、政策顧問、詩人兼散文作家。《細胞內的生命：生物學觀察筆記》是他的第一本著作，內含二十九篇散文，全是他在一九七一年至一九七三年間爲《新英格蘭醫學雜誌》（New England Journal of Medicine）所寫。這些散文探討的內容從生物學、人類學、音樂、醫學到大衆傳播，範圍十分廣泛，且背後都以「相互聯繫的生命網絡」作爲共通主題。

在〈自然科學〉一文中，湯瑪斯解釋了科學家異於常人的原因。他認爲科學家天生都有一種急欲發掘新事物的衝動。探求的過程永無止歇，因爲一個問題的答案會衍生出另一個有待解答的問題。許多人以爲科學是一項孤獨的志業，但事實正好相反。湯瑪斯指出科學家都必須要互助合作，「就像一個充滿高度智慧的蟻丘」。湯瑪斯於一九九三年十二月三日辭世。在蟻丘般的科學家社群中，他的離去不僅對其他同僚來說是一大損失，對整個社會也是如此，因爲他成功轉譯了生物學的奧秘，使蟻丘外的一般民衆也有機會一窺究竟。

十二月四日

世界野生動植物保育日

《瀕危野生動植物國際貿易公約》（Convention on International Trade in Endangered Species of Wild Fauna and Flora，簡稱CITES）是由一百八十三個國家所簽署的國際協定，內容明定禁止瀕危物種的國際貿易。儘管如此，黑市上仍出現相當多的非法交易，例如野生動物的走私買賣，其中包括作爲觀光紀念品的豹皮與象牙；作爲中藥材的熊膽、穿山甲鱗片、老虎骨與犀牛角；作爲寵物的鸚鵡、狨猴與變色龍；以及作爲肉品的西貒、狐猴、大白鯊與龜類。動物和牠們的身體部位就像非法藥物一般以相同的方式走私——夾帶在皮包、行李、木箱，甚至人體內。

二〇一二年，美國國務卿希拉蕊・柯林頓（Hillary Clinton）爲呼籲全民採取行動，宣布將十二月四日訂爲「世界野生動物保育日」（World Wildlife Conservation Day），藉以向大衆宣導野生動物非法貿易的相關資訊。柯林頓表示：「野生動物無法經由人工製造。一旦消失了，就無法重新補足。那些（藉由走私野生動物）非法獲利的人不僅正在損害我們的邊界與經濟，實際上也正在從下一代手中偷走珍貴的寶物。」

有鑑於野生動物非法走私的問題越來越受到關注，美國國務院呼籲全球民衆上網簽署野生動物保護宣言（http://www.wildlifepledge.org/）。二〇一六年七月二十二日，我和其他九千五百三十三個人在同一時間簽署了這份宣言，宣誓要保護與尊重這個世界上的野生動物。在此邀請你也一同參與這項重要的活動，爲終止野生動物走私犯罪盡一己之力，宣誓永不購買非法的野生動物產品。

十二月五日

犀鳥節

暴發戶是一隻渴望和犀鳥結婚的麻雀。

——馬拉威諺語

犀鳥的英文名稱是hornbill（角喙），之所以有這樣的稱呼，是因爲牠們的喙又大又重且向下彎曲，適合用來在樹洞築巢、整理羽毛、摘取果實，以及捕捉昆蟲、青蛙、老鼠和小型爬蟲類。將近有六十種犀鳥生活在非洲和亞洲南部的熱帶和亞熱帶地區，有些身長甚至超過三英呎（〇．九公尺）。大多數的犀鳥物種都是

單配制，而且許多都是終生相伴。

這種鳥類的雄偉外表與單配行爲令人讚賞。對印尼松巴島（Sumba）的居民而言，松巴皺盔犀鳥象徵忠誠。對象牙海岸波羅大區（Poro）的人來說，黃盔黑犀鳥則象徵智慧和權威。婆羅洲的伊班族（Iban）相信馬來犀鳥能向天界的靈體轉達他們的信息；達雅族（Dyak）則認爲馬來犀鳥能帶來好運。許多不同的文化都很崇敬犀鳥，認爲牠們有能力對抗惡靈、閃電、乾旱和飢荒。

印度大犀鳥來自印度東北部的那加蘭邦（Nagaland），一般令人聯想到美和勇氣，除了象徵生殖與農業上的富饒，在某個年度節慶的歌舞表演中也扮演重要角色。那加蘭邦的十六個主要部落會在十二月初聚集在一起，舉辦爲期十天的「犀鳥節」（Hornbill Festival），藉由藝術、遊戲、運動及手工藝美食市集，頌揚那加蘭邦的多元文化傳統。從非洲到印度再到印尼，犀鳥不僅受人喜愛，也是麻雀仰慕的對象。

十二月六日

蘇帕塔金蛙節

世界上據估有百分之三十二的蛙類面臨滅絕的威脅，因此只要發現新的物種，都令人爲之振奮。二〇〇七年，在哥倫比亞的蘇帕塔（Supatá）自治市與鄰近的聖弗蘭西斯科（San Francisco）自治市，科學家在安地斯山雲霧森林的部分地區發現一種美麗的箭毒蛙。這種小青蛙（〇．七英吋；十九公厘）的上半身和前臂的上半部是金色；身體的其餘部分則是墨棕色配上大大的淡藍色或藍綠色斑點。這些箭毒蛙在地面上的落葉層交配和產卵。待卵孵化後，雄蛙會揹著蝌蚪，將牠們帶到鳳梨科植物的葉片積水處安置。「蘇帕塔金蛙」（學名Andinobates supatae）是牠們的名稱，因為這裡是牠們已知的唯一棲地，不過如今已遭到大規模的破壞。

蘇帕塔的居民很愛護這種箭毒蛙，不僅稱牠們為「珍貴的自然遺產」及「榮譽大使」，更在蘇帕塔的市中心廣場上立了一座箭毒蛙的大型雕像。自二〇〇八年起，每年十二月上旬，當地都會舉辦年度「蘇帕塔金蛙節」（Supatá Golden Frog Festival），目的是要針對箭毒蛙及其受威脅的森林棲地，推廣大眾教育、提升關注和倡導保育。在這場以青蛙作為主角的獨特節慶中，除了能享受音樂、舞蹈和美食，也可參加募款賽跑活動，為重新營造合適的箭毒蛙棲地貢獻己力。

十二月七日

護身符、裝飾品及藥物

冬青是十二月的其中一種生日花。在人類文化中，冬青長久以來有著許多不同的涵義。古凱爾特人會在住家外種植冬青以避開惡靈與閃電。冬天時，他們會將冬青樹枝放在家中，除了相信能招來好運，也能用來邀請林地之靈到家中避寒。古羅馬人會用冬青花環裝飾他們在冬季中旬舉辦的「農神節」（Saturnalia）饗宴。早期的羅馬基督教徒也會以冬青作為聖誕節裝飾，這項傳統有可能是衍生自異教徒在農神節使用冬青的習俗。根據某則基督教徒的傳說所述，由於十字架是用冬青木製成，因此冬青樹後來逐漸演變成葉片帶有尖刺的矮樹。另一則傳說則提到冬青的果實原本是黃色，但在冬青用來製成荊棘冠冕後，果實就被耶穌的血染成紅色。

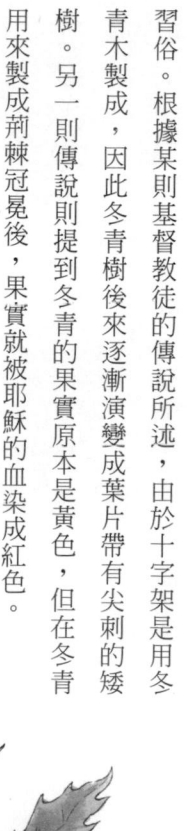

冬青長久以來被用於治療發燒、風濕、氣喘、痛風和腹絞痛。根據一則專治腸道寄生蟲的古老英國藥方指示，先將一片冬青葉和少許鼠尾草放在一碟水中。接著病人必須低下頭至碟子上方打呵欠，寄生蟲就會爬到病人嘴裡，再掉入水中。相較之下另一種用法有效多了，就是將冬青的有毒果實當作催吐劑。身爲十二月壽星的你，不論想怎麼運用冬青都可以，作爲護身符、裝飾品或藥物，好好享受生日花帶來的樂趣吧！

十二月八日

鳥類學家的工具

在大約一五九五年時，法王亨利四世的遊隼在追逐一隻鴇時失蹤，結果二十四小時後在一千三百五十英里（兩千一百七十三公里）外的馬爾他尋獲。換句話說，這隻遊隼每小時飛行了約五十六英里（九十公里／小時）。我們怎麼知道那是同一隻鳥呢？原來在牠的腳上有一個標記身分的金屬環，以防走失。在那之前，

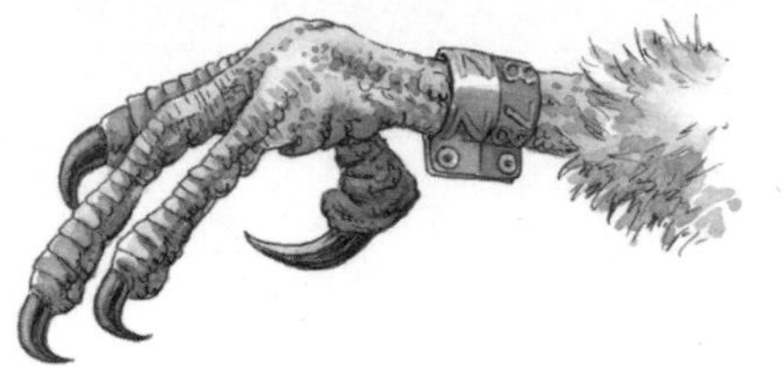

沒有人知道遊隼能用如此快的速度飛那麼遠。將時間快轉到一八〇三年的北美，當時約翰・詹姆斯・奧杜邦曾在築巢的燕雀腳上繫銀線。隔年燕雀飛回鄰近地區時，他認出了其中兩隻。一八九九年，丹麥教師漢斯・莫天森（Hans Mortensen）在小水鴨、尖尾鴨、白鸛、海鷗及數種鷹的腳上套入手工製的鋁環。他在每個環上都印了他的名字和地址，如此一來這些鳥只要被尋獲，就能回到他身邊。莫天森的繫放系統成爲了我們現今作法的原型。三年後，史密森尼學會（Smithsonian Institution）的保羅・巴奇（Paul Bartsch）發起了北美第一個鳥類繫放科學系統，替超過一百隻夜鷺套上腳環。不久後，在一九〇九年十二月八日，威斯康辛大學的利昂・科爾（Leon Cole）成立了「美國鳥類繫放協會」（American Bird Banding Society）。

爲何要繫放鳥類？在鳥的腳上套入標示著編號的小型金屬或塑膠環，就能協助未來辨識，並使科學家能研究族群大小與成長、遷徙、散佈、行爲、壽命、存活率及繁殖成功與否。這些收集到的資訊對保護鳥類而言極其重要。

十二月九日

產婆蟾事件

葛雷德溫・金斯利・諾布（Gladwyn Kinsley Noble）是美國自然史博物館的爬蟲學與實驗生物學館長，他在一九四〇年十二月九日去世，享年四十六歲。只要有人回憶起他，一定都會聯想到那惡名昭著的「產婆蟾事件」，以及遭人指控實驗作假的奧地利生物學家保羅・卡姆梅勒（Paul Kammerer）。

卡姆梅勒不認同天擇演化說，而是支持法國博物學家讓巴蒂斯特・拉馬克（Jean-Baptiste Lamarck）的理論，即生物體後天獲得的性狀特徵可遺傳給後代。卡姆梅勒努力想證明這個理論是對的，為此精心設計了實驗，其中一項與歐洲產婆蟾（學名Alytes obstetricans）有關。產婆蟾在陸地產下成串的卵後，雄蟾會將卵纏繞在後腿以隨身攜帶。當卵準備要孵化時，牠會將身子浸泡在水中，使孵化出來的蝌蚪能游走。在卡姆梅勒的實驗中，他迫使產婆蟾在水中交配產卵，並根據實驗表示，就和許多在水中繁殖的蛙類一樣，雄性產婆蟾在前腳的大拇指上長出了黑色「婚墊」（上皮的腫塊），用來在水中交配時緊抱住雌蟾。他更指出，這種特徵會遺傳給下一代。

諾布對這項實驗的結果表示懷疑。他仔細研究了產婆蟾長出的黑色婚墊後，在《自然》科學期刊中，揭露那些腫塊是注入在蟾蜍後腿的墨水所致。結果卡姆梅勒將責任歸咎於他的實驗室助理。一九二六年，在遭控作假的六星期後，卡姆梅勒自殺身亡，享年四十六歲。我們永遠無法得知卡姆梅勒是否真的偽造資料，亦或他的助理是否蓄意破壞實驗。不管如何，產婆蟾就算被迫在水中繁殖，也不會長出婚墊，而拉馬克的理論仍舊備受質疑。

十二月十日

其他動物也有權利

一九四八年十二月十日，聯合國大會公布世界人權宣言，希望能防止第二次世界大戰期間的暴行再度發生，並公開聲明尊重與尊嚴是「世界自由、正義與和平的基礎」。一九五〇年，聯合國通過決議，將十二月十日訂爲「人權日」（Human Rights Day）。爾後，動物權擁護人士更提議將尊重及尊嚴的權利延伸至非人動物，並將十二月十日改爲「國際動物權日」（International Animal Rights Day）。

二〇一五年五月發布的蓋洛普民調顯示，美國人對動物的態度正逐漸改善。二〇〇三年，接受民調的人中有四分之一表示動物應和我們得到相同的保護，使其不受剝削；如今持相同看法的人數比例已提升至百分之三十二。二〇一五年，該民調詢問受訪者是否擔心動物在不同環境中的待遇。超過百分之六十五的人擔心馬戲團、運動賽事和研究實驗中所用到的動物。超過半數的人則擔心水族館與動物園裡的動物，以及作爲食物來源的家畜處境。爲因應輿論，許多國家都開始禁止馬戲團使用野生動物進行表演。美國正逐步讓聯邦資助研究所用的黑猩猩退休，而世界各國也紛紛禁止化妝品動物測試。這些改變反映出我們越來越能體認與尊重其他物種的權利。

十二月十一日

國際山嶽日

攀越山嶺，接收它們帶來的好消息吧！大自然的平和會流入你體內，就像陽光流入樹裡一般。風會將新鮮的氣息吹進你心底，暴風雨則會將能量注入，在此同時，煩惱會離你遠去，宛如秋天的落葉。

——約翰・繆爾，《加利福尼亞的山脈》（The Mountains of California）

約翰・繆爾熱愛加州的內華達山脈，並爲了維護該地區而積極奮戰。而他的這份熱情在寫給妹妹莎拉的信裡表露無遺：「山在呼喚我，因此我必須前去。只要還能辨得到，我將持續投入於山的研究。」

二〇〇二年，聯合國大會將十二月十一日訂爲「國際山嶽日」（International Mountain Day），藉以提升人們對山的重視。山涵蓋了百分之二十二的地表，是百分之十三的人口居住地，展現出高度的生物多樣性，並爲世界上至少一半的人供應用水。山在許多文化與宗教上具有精神意涵，例如奧林帕斯山（Mount Olympus，希臘——希臘眾神）；西奈山（Mount Sinai，埃及——猶太教、基督教、伊斯蘭教）；剛仁波齊峰（Mount Kailash，西藏——佛教、苯教、印度教、耆那教）；富士山（Mount Fuji，日本——佛教、神道教）；克羅帕特里克（Croagh Patrick，愛爾蘭——異教、天主教）；馬丘比丘（Machu Picchu，祕魯——印加文明）；以及聖弗朗西斯科峰（美國亞歷桑

那州的弗拉格斯塔夫——納瓦荷族、哈瓦蘇派族〔Havasupai〕、霍皮族、祖尼族〔Zuni〕）。山象徵持久、力量、堅定和永恆。它們引領著我們爬上山巔，挑戰自我。

十二月十二日

全美聖誕紅日

一八二五年，喬爾・羅伯茨・波因塞特（Joel Roberts Poinsett），業餘植物學家及第一任美國駐墨西哥大使，將一種罕見紅綠葉矮樹的枝條剪下，從墨西哥南部寄回他在南卡羅萊納州的老家。到了一八三六年，這種植物已廣為人知，人稱「聖誕紅」。不過在美國，聖誕紅的故事才正要開始發展。一九〇〇年，一位名為亞伯特・艾克（Albert Ecke）的德國移民在洛杉磯定居，開了一間酪農場和果樹園，並在路邊擺攤販賣田裡種植的聖誕紅。在一九二〇年代期間，他的兒子保羅・艾克（Paul Ecke）研發出一種聖誕紅的嫁接技術，能使葉片變得更飽滿濃密。此後，保羅・艾克二世更縮短了運輸時間，使聖誕紅更容易送達各地。他不用鐵路運輸成熟的聖誕紅植株，而是改以空運將枝條寄送給栽培者。

二〇〇二年，美國眾議院創立了「全美聖誕紅日」（National Poinsettia Day），以紀念在一八五一年十二月十二日去世的喬爾・波因塞特，以及「美國聖誕紅產業之父」保羅・艾克二世。

聖誕紅與聖誕節之間的關聯可追溯至十六世紀的一則墨西哥傳說。一個名叫「佩皮塔」（Pepita）的貧窮女孩擔心自己沒有值錢的東西能獻給耶穌作為生日禮物。一位天使告訴她只要有愛，送出的任何禮物都很珍貴。於是佩皮塔收集了一束散亂的雜草，放在教會的聖壇上。結果奇蹟發生，這些雜草變成了美麗的星形紅花。不論對基督教徒或非基督教徒來說，聖誕紅都爲冬季節慶增添了歡樂的氣氛。

十二月十三日

被逼向滅絕之路

根據中國傳說所述，一位年輕貌美的女孩和她的邪惡繼父一起住在長江沿岸。某天，當他們在船上時，這位繼父企圖對她不軌。情急之下，她跳入長江中淹死了。後來這艘船遭到強烈的暴風雨襲擊而沉沒。待風雨過後，村民看見一隻優雅的江豚在江裡游泳——也就是那位年輕女孩的化身。從此以後，白鱀豚便成爲了著名的「長江女神」。

這些淺藍灰色江豚又名「白鱀」，與其相關的民間傳說至少可追溯至西元前二〇〇年。另一則傳說描述長江女神其實是一位美麗公主的化身，因拒絕嫁給她不愛的人而被家人給淹死。

僅存於長江的白鱀豚據估在一九五〇年代的族群數爲六千隻。到了一九八〇年代晚期，數量已降至四百隻。而到了一九九七年，遭人通報目擊的白鱀豚僅剩下十三隻。最後一次的目擊記錄是在二〇〇二年，之後在二〇〇六年十二月十三日專家學者宣告白鰭豚滅絕。長江是世界上運輸極其繁忙的水道，漁業、汙染、建水壩、航運交通和偷捕行爲是造成白鰭豚滅絕的原因。當地漁夫長久以來視白鰭豚爲他們的庇護女神。如今女神消失了，未來他們該如何是好？

十二月十四日

尊重靈長類

今天是「世界猴子日」（World Monkey Day），自二〇〇〇年起訂於十二月十四日慶祝的特殊日子，目的是要向所有的靈長類致敬，而非僅限於猴子。我們和猴、猿、狐猴及其他靈長類感覺親近，因爲我們是牠們的一份子。在我們了解到這些靈長類是我們的近親之前，這種緊密聯繫就已存在許久。古埃及人會把狒狒當作寵物飼養；他們訓練狒狒爬上無花果樹和棗樹，然後將果實往下扔。如今人們仍會飼養靈長類作爲寵物。古羅馬人用非人靈長類做實驗，因爲牠們和人類有太多相似之處。如今我們也仍會用其他靈長類做實驗，透過觀察牠們的行爲認識我們自己。

二〇一七年一月，科學家指出在全世界共五百零五種靈長類中，百分之七十五的數量正在減少，百分之六十則面臨滅絕威脅。身爲其中一種靈長類，人類的活動是造成其他靈長類減少的原因之一。我們經由伐木、畜牧、農耕、採礦與鑽油，破壞了牠們的棲地，並爲了獲得食物、寵物和中藥來源而進行獵捕。

透過一致的努力，我們或許能扭轉靈長類數量下滑的情勢。巴西大西洋沿岸森林的金獅面狨就是其中一例。這個曾普遍存在的物種在森林遭農地取代後幾近滅絕。一九八三年，美國國家動物園（US National Zoo）帶領國際社會致力於圈養繁殖計畫。某些尚存的巴西森林開始受到保護，獵捕活動遭到禁止，經圈養繁殖的金獅面狨也被重新引入自然棲地。如今生活在野外的金獅面狨族群量穩定，大約維持在三千五百隻。

十二月十五日

翠鳥時光

根據希臘神話，色薩利的錫克斯國王（King Ceyx of Thessaly）在一場狂風暴雨中沉船遇害。他的妻子海爾欣（Halcyone，也有人稱她爲「愛爾欣」〔Alcyone〕）因過度悲傷而投海自盡。基於憐憫這對佳偶，希臘諸神將他們變成翠鳥，並答應讓牠們永遠生活在一起。此後，每年仲冬，海爾欣就會在愛琴海的海面上築巢及孵化雛鳥。海爾欣的父親是風神艾俄洛斯（Aeolus），在接下來的十五天內，他會使大海保持平靜，確保風浪不會干擾到海爾欣的巢。這段在冬至前後風和日麗的時期後來演變成人們口中的「翠鳥時光」（Halcyon Days），在這些介於冬季暴風雨之間的平和日子裡，水手們能安然航行於海上。而根據慣例，十二月十五日被視爲翠鳥時光的第一天。

這則由羅馬詩人奧維德（Ovid，西元前四三年至西元十七／十八年）所記述下來的古典希臘神話，影響了這種鮮豔鳥類的科學命名法。普通翠鳥隸屬於翠鳥屬（Alcedo），英文俗稱爲halcyon。樹翠鳥包括澳洲與新幾內亞的四種笑翠鳥，隸屬於翡翠科（Halcyonidae）。河翠鳥隸屬於三趾翠鳥屬（Ceyx），而帶翠鳥的學名爲Megaceryle alcyon。

如今，「翠鳥時光」的涵義已變得更爲廣泛。我們通常會帶著懷舊情感，用此一說法表示過去的某段歡樂時光，例如無憂無慮的年輕歲月。

十二月十六日

故鄉歸

故鄉歸，故鄉歸，返家路途歸；
靜悠悠，清幽幽，返家路途歸。
路不遠，在咫尺，
門開即穿越；
差事盡，牽掛歇，
再也無所懼。

——威廉・阿姆斯・費雪（Williams Arms Fisher），《故鄉歸》（Goin'Home）

捷克作曲家安東寧·德弗札克（Antonín Dvo ák）於一八九二年至一八九五年間到訪美國，並且在紐約市的美國國家音樂學院（National Conservatory of Music）擔任院長。在那段期間，他寫出了兩首最成功的管弦樂曲：《B小調大提琴協奏曲》（Cello Concerto in B minor）及《E小調第九號交響曲》（Symphony No. 0in E Minor）——也就是《新世界交響曲》（New World Symphony）。後者在一八九三年十二月十六日在紐約首演，大受觀衆喜愛，至今仍是世界上極受歡迎的交響樂曲。

美國的自然景觀，特別是廣闊的空間與草原的寧靜，是《新世界交響曲》的靈感來源。這首樂曲反映出德弗札克對新環境所產生的喜悅與驚奇。當他還待在捷克斯洛伐克時，他將傳統波希米亞音樂的旋律編入自己的樂曲當中。而到了美國後，美國原住民音樂及非裔美國人的靈歌激起了他的興趣。他在《新世界交響曲》中融入了他所謂的非裔美國人「精神」，並表示美國原住民影響了他一部份的交響曲。一九二二年，德弗札克的學生，威廉·阿姆斯·費雪，爲這首交響曲的第二樂章寫詞，成爲了廣受喜愛的歌曲《故鄉歸》。

一九六九年七月，尼爾·阿姆斯壯乘阿波羅十一號登月時，帶了德弗札克的《新世界交響曲》錄音同行。當時正在探索「新世界」的阿姆斯壯選擇這首交響曲，眞是再適合不過了。

十二月十七日

我們也能恣意飛翔

鳥能飛。蝙蝠能飛。昆蟲能飛。翼龍能飛。我們也渴望飛翔。古希臘和羅馬人賦予他們的神和神話中的野獸飛行能力。在一則爲人熟知的希臘神話中，伊卡洛斯（Icarus）用蠟和羽毛黏成的翅膀飛行，由於太沉迷於飛行的快感，飛得離太陽太近，導致翅膀上的蠟融化，掉入海裡淹死。當然也別忘了佩加索斯（Pegasus），希臘神話中那隻純白色的飛馬。很久以前，人們就已嘗試將人工翅膀捆綁在手臂上，跳下山丘、懸崖和塔樓——通常結局是摔死——爲的就是一償飛行的宿願。在一四八〇年代期間，李奧納多・達文西研究鳥類飛行後，畫出了飛行機器的設計圖。

一九〇三年十二月十七日，萊特兄弟成功達成了人類史上首次受控且持續的動力飛行。在那之前的數年中，威爾伯（Wilbur）與奧維爾（Orville）兄弟倆共進行了超過一千次的滑翔試飛。他們學習到如何持續飛行和控制飛行器。威爾伯在十二月七日的試飛失敗，當時他攀升得太陡，導致飛行器失速掉落，陷入北卡羅來納州的外灘群島（Outer Banks）沙灘中。十二月十七日，輪到奧維爾試飛。他駕駛「飛行者一號」（Flyer）在空中飛行了十二秒。之後他們輪流在當天又飛行了數次，最後一次令人印象深刻，在五十九秒內飛行了八百五十二英尺（兩百六十公尺）。這就是貨眞價實的動力飛行。我們或許無法擁有自己的羽翼，但我們已學會了飛翔。

十二月十八日

愛波娜，馬匹的守護女神

凱爾特傳說描述一個名叫「弗爾維斯．斯特拉斯」（Fulvius Stellus）的人因痛恨女人，轉而與他最愛的母馬廝混。這隻母馬生下了一位美麗的女神，名爲「愛波娜」（Epona，意思是「馬之女神」或「如馬般的女人」）。她是馬匹、馬廄、騎士與馬主人的守護神。愛波娜能化成白馬或女人的形象。當她以人的形象現身時，通常會側鞍騎乘於白馬上。所有的凱爾特人都很崇拜愛波娜。

後來，入侵的羅馬軍隊也迷上這位凱爾特女神，進而將此一崇拜習俗傳遍整個羅馬帝國，以致在西元一至三世紀期間出現了許多供奉愛波娜的神殿。旅客會在愛波娜的雕像上掛玫瑰花環致意。在高盧羅馬（Gallo-Roman）的宗教信仰中，愛波娜也是掌管生育的女神。因此，她所呈現的形象經常是坐或站在兩隻馬或駒之間，帶著一籃穀物、麵包或水果，象徵大地的富饒。有時她也會拿著裝滿玉米和蘋果的羊角餵馬。愛波娜是唯一一個在羅馬受到崇拜的凱爾特神祇。她的瞻禮日，唯一一個紀念凱爾特神祇的羅馬節慶，訂於羅馬曆的十二月十八日舉行。羅馬人在當天會讓他們的馬休息，也會敬拜愛波娜女神，感謝她保護他們珍貴的動物。

十二月十九日

餵我，西摩！

某天正值日蝕之際，名爲「西摩」（Seymour）的年輕宅男向一名中國花商買了一株異國植物。他以自己在馬許尼克花店（Mushnik's Flower Shop）的同事（及暗戀對象）「奧黛莉」爲靈感，將其命名爲「奧黛莉二世」（Audrey II）。這株植物靠著以昆蟲爲食不斷生長，然而最後還是枯萎至垂死邊緣。在西摩不小心刺傷手指後，奧黛莉二世吸到了他的血，結果變得必須依靠人類的血液才能存活。隨著它越長越大，對血液的需求也越來越多。「餵我，西摩，餵我！」後來西摩甚至將奧黛莉二世的食物從血液升級至人肉。或許有些人還沒看過《異形奇花》（Little Shop of Horrors），在此我就不透漏結局了。這部改編自搖滾音樂喜劇的電影在一九八六年十二月十九日上映。

現實生活中的食肉植物，包括捕蠅草、豬籠草和圓葉茅膏菜，都是奧黛莉二世的創作原型。不論是生長在酸性沼澤或缺氮土壤中的食肉植物，都是靠碗狀捕蟲囊圍困、殺死及消化小動物，以獲得部分或全部的營養。將近六百種食肉植物分布在世界各大洲，只有南極洲除外。大多數的食肉植物以昆蟲爲食，但蜘蛛、蚯蚓，甚至是魚、青蛙、蜥蜴、小鳥和囓齒類等小型脊椎動物，也曾出現在它們的「碗」裡。或許食肉動物的迷人之處在於出人意表的新鮮感。我們總認爲動物會吃植物，但植物不會吃動物。看著豬籠草困住獵物，慢慢將淹死在籠內液體中的犧牲者消化殆盡，這樣的畫面感覺好不眞實啊！

十二月二十日

唱歌與打鬥

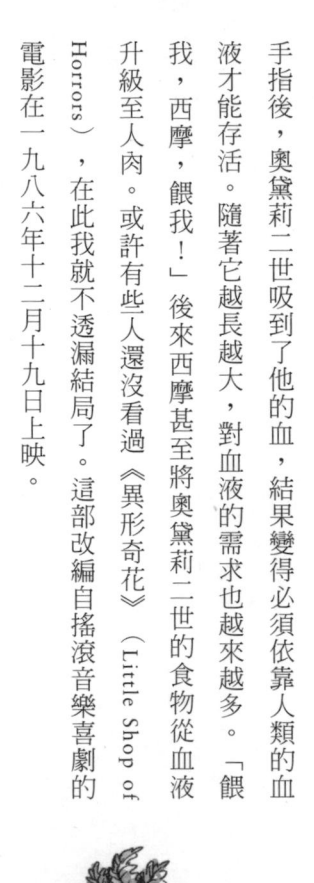

一八四五年十二月二十日，查爾斯．狄更斯（Charles Dickens）出版了他的著作《爐邊蟋蟀》（The Cricket on the Hearth）。在這個感傷的愛情故事中，一隻蟋蟀在某戶人家的爐邊唧唧鳴叫，扮演著守護天使的角色，同時也象徵著幸福與好運。從古至今在世界各地，人們經常賦予蟋蟀重要的文化意涵。

在過去至少一千四百年間，中國人因蟋蟀會唱歌和打鬥而看重其價值。根據源自唐朝（西元六一八年至九〇七年）的歷史記載，皇帝的妾侍會將蟋蟀養在小金籠裡，在夜裡帶著就寢，以聆聽它們美妙的歌聲。而此一習俗也發展出蔚爲流行的養蟋蟀嗜好，至今仍是數百萬中國人的消遣活動。他們會將公蟋蟀養在籠裡，吊掛在家中，享受蟋蟀悅耳的鳴叫聲；也會把蟋蟀裝進小竹籠裡，放入口袋中隨身攜帶。

另外有些人會鬥蟋蟀，這個受歡迎的活動有時會牽扯上賭博。兩隻蟋蟀在秤重後會放入同一個盒子裡。它們彼此互咬，有時甚至會扯下對方的腳，但還是會繼續打鬥。通常在數分鐘後會因其中一隻死亡而結束，不過偶爾也會持續到四十五分鐘之久。獲勝的蟋蟀每隻可賣到一千美元以上。在一九九〇年代晚期，據估光是在上海就有三十至四十萬人曾參與鬥蟋蟀活動，在夏秋高峰季每天更是有高達十萬隻蟋蟀被用來打鬥。就和太多其他的動物一樣，蟋蟀不僅受人欣賞，同時也遭遇嚴重剝削。

十二月二十一日

自然的一體兩面

一六二〇年九月，一百零二位搭乘「五月花號」（Mayflower）的旅客——其中有許多都是分離派清教徒

（Puritan Separatist）——從英格蘭的普利茅斯（Plymouth）啓程，準備前往新世界追尋宗教自由和／或更好的生活。一六二〇年十二月二十一日，他們在現今麻州的普利茅斯登陸。

威廉・布拉德福德（William Bradford）是其中一位清教徒，在普利茅斯殖民地當了很長一段時間的總督。他在自己所寫的《普利茅斯墾殖記》（Of Plymouth Plantation）中，透露早期的清教徒眞切感受到自然的強大力量。他們努力對抗自然的各種阻力，首先面臨的是在海上航行的危險與困境——驚滔駭浪、北大西洋的強風，以及船隻漏水。他們的第一個冬天是場嚴峻的考驗，營養攝取不足，壞血病等疾病肆虐，房荒也十分嚴重。到了冬天的尾聲已有將近半數的殖民喪命。但接著在不到一年後，他們爲玉米、豆子和南瓜的大豐收而充滿感激。來自帕圖薩（Patuxet）部落的史廣度（Squanto）教導這些殖民捕鯡魚，並將捕來的魚埋在地下，當作種植玉米和其他穀物的肥料，以增加收成。另外還有許多動物都能獵捕作爲蛋白質來源：鹿、鴨、鵝、魚和貝類。

這些清教徒想必深深體悟到自然的力量非人爲所能操控，然而對他們的生存卻又至關重要。這段歷史回顧反映出人類與自然的關係不分時地，同時存在著畏懼與崇敬之情。

十二月二十二日

冬至

北半球的冬至大多落在十二月二十一或二十二日，是從地球觀測太陽位置抵達最南之際（這天對南半球來說是夏至），也是一年之中白晝最短、夜晚最長的日子。世界各地的文化經常以歌舞和盛宴慶祝冬至到來，而由於自此之後白晝會開始變長，因此這天也象徵著重生與嶄新開始。

在新石器時代，季節的交替與太陽的運行密切影響著農夫的生活。根據專家的推測，位於冰島東部、大約建於西元前三二〇〇年的紐格萊奇（Newgrange）通道墓穴，在當時具有天文、信仰和禮儀上的重大意義。紐格萊奇墓是一個遍覆青草的圓形大土墩，直徑爲兩百八十英尺（八十五公尺），涵蓋面積爲一・一英畝（〇・四五公頃）。在層層土石交疊的土墩內有一條長達六十英尺（十九公尺）的通道和內部墓室。紐格萊奇墓的設計可能是爲了因應儀式所需，用來在一年中白晝最短的一天捕捉日光。在冬至當天，升起的太陽會穿越刻意設計在入口上方的「頂盒」——一個如窗戶般的開口——照射進來。光線會逐漸沿著通道延伸，穿透黑暗並戲劇性地照亮內部墓室長達十七分鐘，顯露出岩石上的壁畫。新石器時代的農夫之所以建造紐格萊奇墓，或許就是爲了迎接嶄新的開始，而如今我們也以同樣的原因歡慶冬至的到來。

十二月二十三日

藍鰭

對瑪喬麗・考特內拉蒂邁（Marjorie Courtenay-Latimer）這位南非東倫敦市（East London）的小博物館館長而言，一九三八年的十二月二十三日一開始或許就和其他日子一樣稀鬆平常。然而當天稍晚，她接到一位從事垂釣活動的友人來電，表示他剛釣完魚回來，若有需要可從他那裡帶走任何東西回博物館展示。抵達碼頭後，她注意到在一堆鯊魚和魟魚之間有一片突出的藍色魚鰭。在這堆戰利品底下，她發現一隻身長五英尺（一．五公尺）、淡藍紫色的魚，身上帶有閃耀著虹光的銀色斑紋。她完全不知道那是什麼魚。一名計程車司機不情願地載著她和那隻滿是腥味的魚回到博物館。之後她將這隻魚的粗略速寫寄給了羅德斯大學（Rhodes University）的史密斯（J. L. B. Smith）教授。

史密斯馬上認出那是一種腔棘魚，並依據發現者的名字將其命名為Latimeria chalumnae，也就是「西印度洋腔棘魚」。這隻腔棘魚是二十世紀動物學上數一數二的重大發現。為什麼呢？因為研究學者以為早在大約六千五百年前，這些身上覆滿盔甲般厚鱗的肉鰭魚就已經和恐龍一樣絕種了。直到一九三八年以前，針對腔棘魚的唯一科學發現都僅限於化石。

一九九七年，柏克萊加州大學海洋生物系的學生馬克．厄德曼（Mark Erdmann）在印尼度蜜月時，在蘇拉威西島的市場看到一隻棕色（不是藍色）的腔棘魚，結果經證實是新發現的第二個腔棘魚物種：印尼腔棘魚（Latimeria menadoensis）。西印度洋腔棘魚目前被列為極危，現存數量少於五百隻。印尼腔棘魚則被列為易危，數量少於一萬隻。不知道未來是否還會新發現第三個物種？

來吧，衝鋒者！

每到十二月二十四日聖誕夜，飛天馴鹿隊伍就會載著聖誕老人和他的雪橇，到各地分送禮物給小男孩和小女孩。「來吧，衝鋒者（Dasher）！來吧，舞者！來吧，躍躍（Prancer）和雌狐（Vixen）！上啊，彗星！上啊，邱比特！上啊，雷霆和閃電！」一八二一年，已知最早的聖誕老人和飛天馴鹿文字敘述出現在十六頁的小冊子中。該書在紐約匿名發行，寫道：「聖誕老人與高采烈，駕著馴鹿奔馳於寒夜。飛越屋頂煙囪，雪地足跡，帶著年度賀禮要送給你。」兩年後，《特洛伊哨兵報》（Troy Sentinel）刊登了這首詩，就是如今我們所知的《在聖誕節前夕》（Twas the Night before Christmas）。

飛天馴鹿的由來爲何？有些人認爲這個概念是衍生自挪威和德國的雷神「索爾」（Thor）傳說，因爲他乘著戰車翱翔天際時，負責拉戰車的是兩隻碩大的有角山羊：坦格里斯尼爾（Tarngrisnir，意思是「裸齒咆哮者」）和坦格喬斯特（Tanngnjóstr，意思是「磨齒者」）。其他人則認爲是源自芬蘭的拉普蘭（Lapland）。多個世紀以來，拉普蘭地區的居民一直都有馴養馴鹿的習慣，藉以替他們拉動運輸雪橇和輕便雪橇。在某個平行世界裡，拉普蘭的薩滿巫師在食用紅白相間的致幻蘑菇「毒繩傘」（Amanita muscaria）後，陷入了恍惚狀態，並表示看到馴鹿在天空中飛行。另外也有產生幻覺的薩滿巫師以爲自己的靈魂被馴鹿拉著的飛天雪橇載走。要是再加上一個矮胖的送禮人員，就是聖誕老人和他的團隊了。不論其眞正的由來或你的宗教信仰爲何，我們都能爲這背後的無窮創意喝采。

十二月二十五日

兩百二十四隻鳥

在聖誕節第一天我的真愛送給我
一隻在梨樹上的鷓鴣。
在聖誕節第二天我的真愛送給我
兩隻斑鳩
和一隻在梨樹上的鷓鴣。
——《聖誕節的十二天》，（The Twelve Days of Christmas）

對基督教徒來說，「聖誕節的十二天」指的是耶穌誕生和主顯節（Epiphany）之間的十二天，而主顯日則是紀念東方三賢士（Magi）朝拜聖嬰耶穌的日子。三賢士前來朝拜與獻禮，代表的是首次有異教徒公開承認耶穌的神性（divinity）。在世界各地，許多基督教徒會在這十二天內透過每天交換禮物的方式慶祝，而《聖誕節的十二天》則反映出這項傳統。在聖誕節到來前的數週，商店和超市會持續播放這首歌。隨著歌曲的進行，歌詞裡提到的禮物會逐漸變得隆重，最後以先前所送的所有禮物加上十二位鼓手作爲結束。

這首聖誕頌歌是在一七八〇年時在英格蘭發行，當時沒有配樂，而是附在某本童書當中的文字，且據說原本是以法文寫成。這首歌很可能是用來當成一種孩童的記憶遊戲。歌詞中有許多禮物都是鳥類：一隻在梨樹上的鷓鴣、兩隻斑鳩、三隻法國母雞、四隻在唱歌的鳥、六隻在下蛋的鵝，以及七隻在游泳的天鵝。其中的「五只金戒指」也可能是指鳥——用來比喻環頸雉脖子上那圈黃色的羽毛。如此一來，那位眞愛總共送給了對方兩百二十四隻鳥。這也顯示出在這首歌誕生的十八世紀期間，鳥類是多麼珍貴。

十二月二十六日

用數鳥代替獵鳥

在一八〇〇年代期間，美國的獵人會參與一項名爲「邊緣獵鳥」（Side Hunt）的聖誕節傳統活動。他們會組隊，在某塊地上選邊後分散行動，盡其所能地射殺鳥類，並由殺死最多鳥的隊伍贏得比賽。在一九〇〇年的聖誕節當天，鳥類學家法蘭克・M・查普曼（Frank M. Chapman）提議推行一項新的聖誕節傳統：用數鳥代替獵鳥。於是，在那年聖誕節，美國和加拿大共有二十七位賞鳥人參與活動，記錄了約九十個鳥種。

如今，美國、加拿大和其他國家的數萬名賞鳥人會在每年十一月時，報名參加「奧杜邦聖誕數鳥活動」（Audubon Christmas Bird Count），舉行時間爲十二月十四日到一月五日。這項活動擁有一百一十七年的歷史，是全世界持續最久的公民科學計畫。一隊至少要有十名觀察員，其中一位負責統整資料。他們必須在選定的一天當中，計算某一範圍內（直徑十五英哩／二十四公里）觀察到的鳥類，接著統計每一鳥種的數量。二〇一三年在某一指定區域所計算到的鳥種數量至今仍爲最高紀錄：在厄瓜多安地斯山脈東坡上的某個地點共有五百二十九種。

自願參與奧杜邦聖誕數鳥活動的公民科學家能爲生物學家提供資料，用來研究鳥種生態現狀與分布範圍，包括冬季存活率與遷徙模式。此外，這些志工當然也能從他們熱衷的賞鳥活動中得到許多樂趣。

十二月二十七日

警醒的象徵

美洲特有的響尾蛇是第一個被選來象徵殖民地時代美國的動物。班傑明・富蘭克林則是在一七五一年提出這項主張的人。

在殖民地拓荒者與英國發生衝突後及美國宣布獨立前，富蘭克林曾寫道他認爲響尾蛇最能象徵美國人的精神。一七七五年十二月二十七日，在一封刊登於《賓州期刊》（Pennsylvania Journal）的信中，署名爲「美國夢想家」（American Guesser）的富蘭克林敘述：「我記得牠的雙眼特別明亮，比其他任何動物都要突出，而且牠沒有眼瞼。因此，牠或許能被視爲是一種警醒的象徵。牠從不主動攻擊，一旦身陷衝突也絕不投降。由此可見，牠代表了寬大與眞正的勇氣。」

富蘭克林在信中所描述的響尾蛇有十三節響環，緊緊連接在一起——正好就是美國英屬殖民地的數量。「觀察到響尾蛇的每一節響環是如此不同且獨立，卻又緊連在一起，以致只有將它們切斷才能分開，這點令人感到相當驚奇和有趣。單獨一節響環無法製造出聲響，但十三節響環摩擦發出的聲音卻足以嚇阻世上最勇敢的人。」由此看來，響尾蛇成為美國精神典範的象徵，可說是一點都不奇怪。

十二月二十八日

列名和除名

一九七三年十二月二十八日，美國總統理察・尼克森正式簽署了《瀕危物種法》（Endangered Species Act，簡稱ESA）。ESA的目標是保護目前在分布範圍各地或其中一塊代表性區域內面臨滅絕危機（瀕危）的物種，以及那些在可預見的未來可能瀕危的物種（受威脅）。為了達成此目標，ESA規範了對這些物種及其棲地造成衝擊的活動。到了二〇一七年八月時，已有兩千三百九十二個物種（一千四百四十七種動物；九百四十五種植物）依照ESA的定義被列為瀕危或受威脅。

一旦某個物種被列入名單，復育計畫就會開始發展與執行。每一個被列名的物種每五年會進行一次現狀審查，以確定是否繼續列名或得以除名。若是影響物種生存的威脅已遭排除或受到控制，使其能靠自己在野外存活，就能從名單上剔除。

西維吉尼亞北部飛鼠的例子為我們示範了該系統的運作方式。一九八五年，因其位於北美北部雲杉闊葉混合林的棲地多遭伐木破壞，導致該亞種被列為瀕危。隨著森林復育，族群數逐漸增加，該亞種得以在二〇〇八年除名。到了二〇一一年，不服除名決定的訴訟遭到提出，該亞種又重回名單之列。後來，進一步研究指出該亞種的生存威脅已遭排除，於是在二〇一三年，法院裁定恢復西維吉尼亞北部飛鼠從ESA保護名單上除名的決議。由於該列名系統極具彈性，又有每五年審查一次的規定，因此ESA得以成為最有力的聯邦法案，守護著美國的瀕危與受威脅野生動植物。

十二月二十九日

恐龍的低吼

你聽到的是歌聲。首先是大提琴本身的歌聲：雕刻、黏合、拋光、上弦及調音的聲音，就像是在模擬某一生物體內腸管與腔室的共鳴。這是屬於動物的聲音，有毛皮有肌腱的動物。在緩慢的樂句中，琴聲宛如大象，或是更古老的——恐龍的低吼。在輕快的樂句中，琴聲則像是馬進行障礙跑的定格動畫。但很快地，隨著演奏方式轉換而呈現出的樂聲，是人的聲音。

——保羅・艾利（Paul Elie），《重塑巴哈》（Reinventing Bach）

約翰・塞巴斯蒂安・巴哈（Johann Sebastian Bach）主張以唱歌的方式演奏他的音樂。作家保羅・艾利認為帕布羅・卡爾薩斯（Pablo Casals）所詮釋的《六首無伴奏大提琴組曲》（Six Suites for Unaccompanied Cello），最能表現出這樣的風格。卡爾薩斯是世界上數一數二的大提琴名家，於一八七六年十二月二十九日出生於西班牙的加泰隆尼亞。

如果你喜歡大提琴的音樂，不妨在卡爾薩斯生日這天，聽聽他所演繹的巴哈無伴奏大提琴組曲，看看是否能聽出艾利所描述的變化——隨著樂曲的進行，從這種木製樂器本身的聲音，轉換至緩慢樂句中大象和恐龍的聲調，以及輕快樂句中馬的音色，最後又變成人類的歌聲。

卡爾薩斯的偉大或許有一部分是來自他從大自然中汲取的靈感。每天在彈奏巴哈的樂曲前，卡爾薩斯都會先以散步作爲一天的開始。他宣稱在戶外散步能令他充分覺察到生命的奧妙。

十二月三十日

一間自然史的博物館

紐約市的自然愛好者認爲在一八六〇年代以前，規模、財富和差異性如此大的一座大都市，竟然沒有自己的自然史博物館，實在令人無法接受。不僅如此，這座城市裡的任一所高中、學院或大學，也都沒有提供自然研究的相關教育。亞伯特・S・畢克摩爾（Albert S. Bickmore）曾爲哈佛動物學家路易斯・阿格西茲（Louis Agassiz）的學生，他在一八六六年時極力主張在紐約市興建一間自然史的博物館。而他的熱情與活力也促使一群紐約客提出相關計畫。

一八六八年十二月三十日，中央公園的主計人員安德魯・H・葛林（Andrew H. Green）收到一封由十九人簽署的信，其中包括實業家兼慈善家的老西奧多・羅斯福（Theodore Roosevelt Sr.）：

敬啟者：

數名人士長久以來冀望在中央公園興建一間大規模的自然史博物館，而如今也有機會提供稀有珍貴的個人收藏，作為這間博物館的核心，以獲得妥善保管。在此署名之人欲詢問閣下是否有意願提供場地，作為接待與發展所用。

在接下來的四月，美國自然史博物館的興建議案經簽署通過。於是，該博物館與第一批收藏品於一八七一年開放參觀，地點在中央公園的軍火庫建築裡。今日，美國自然史博物館已移至中央公園對面，占地面積超過兩百萬平方英尺（十九萬平方公尺），展示的標本及文物超過三千兩百萬個。該博物館的宗旨如下：「透過科學研究與教育，去發掘、解釋與散播人類文化、自然世界及宇宙萬物的相關知識。」我相信十九世紀紐約市的自然愛好者對此會深表認同。

十二月三十一日

嶄新的開始

一年的最後一天有種神奇的魔力，令人對即將到來的嶄新開始充滿希望。世界各地的人會以音樂舞蹈和吃吃喝喝的方式慶祝跨年，但除此之外，不同文化揮別舊年和迎接新年的方式也各有差異。在西班牙和許多中南美洲國家，歡慶的人們會在午夜時隨著每一道鐘響吃下十二顆葡萄，象徵爲未來的十二個月帶來繁榮。

在墨西哥有一項習俗是列出過去一年發生的所有不愉快或不幸，然後在午夜時燒了這張清單。在埃及則有一項傳統是要打破玻璃瓶和其他易碎品，藉以代表一年的結束。在菲律賓，人們會將糖果和圓圓的水果放在餐桌中央作爲擺飾，因爲他們相信水果的「圓」能爲未來的一年招財，而糖果則表示期望未來一年能更加甘之如飴。

傳統上，新年前夕是爲未來一年立下期許的重要時刻。許多人立誓要減肥、變得更通情達理、做更多運動或是更享受生活。但如果我們所有人都期許自己要更尊重生命，學習欣賞自然景觀與力量的美與奧妙，花更多時間待在戶外，以及與他人分享我們對大自然的愛，新的一年會如何發展呢？或許在這麼做之後，其他的目標也能水到渠成。當你用新的角度展望未來時，是否會看見你在過去從未眞正欣賞過的事物？是雪地裡的足跡？一則掠食者追尋獵物的故事？還是在你毛線手套上呈完美對稱的六角放射狀雪花？祝你新年快樂！

謝辭

我要感謝克莉絲蒂・亨利（Christie Henry）從一開始就願意相信這項計畫，並在將近二十年間持續與芝加哥大學出版社合作，針對這本書和我的前四本著作給予支持及引導。克莉絲蒂，很榮幸能與妳共事。也要感謝芝加哥大學出版社的米蘭達・馬汀（Miranda Martin）與瑪莉・柯拉多（Mary Corrado）監督這本書的作業過程，使其得以順利完成。

感謝巴奇（Butch）與茱蒂・布洛迪（Judy Brodie）、凱倫・麥克利（Karen McKree）以及艾爾・薩維茨基（Al Savitzky）爲本書的主題與篇名提供建議。凱倫，我的女兒兼「地下編輯」，在讀過最初的日誌草稿後，專業地導正了許多篇章的焦點及組織架構。而凱倫、艾爾和安・史塔克（Anne Stark）在讀過整份手稿後，更給了我許多寶貴的意見回饋。到頭來，我個人必須要爲書中因大意而出現的任何錯誤或誤解負起全責。我的丈夫艾爾・薩維茨基和我一樣充滿熱誠，一路上鼓勵我，並體諒我有時會過度投入於這項計畫。我由衷感謝各位給予我的所有回饋、友誼及支持。

最後，我要感謝所有貢獻己力的專業及非專業人士，一同努力維護我們的環境與地球上的動植物；謝謝家長與老師鼓勵孩童與大自然建立連結；謝謝視覺藝術家、音樂家和作家與我們分享他們對大自然的熱愛；謝謝科學家幫助我們了解大自然；以及謝謝帕查瑪瑪，印加文化中的「大地之母」，妳就是生命的主宰，守護與持續維繫著我們所有人的生活。

自然的祕密絮語：366 天，每天告訴你一個自然的故事

A YEAR WITH NATURE: An Almanac

作者　瑪蒂・克朗普（Marty Crump）
插畫　布朗溫・麥基弗（Bronwyn McIvor）
翻譯　張雅億
責任編輯　謝惠怡
封面設計　莊謹銘
內頁編排　郭家振

發行人　何飛鵬
事業群總經理　李淑霞
副社長　林佳育
副主編　葉承享
出版　城邦文化事業股份有限公司 麥浩斯出版
E-mail　cs@myhomelife.com.tw
地址　104 台北市中山區民生東路二段 141 號 6 樓
電話　02-2500-7578
發行　英屬蓋曼群島商家庭傳媒股份有限公司城邦分公司
地址　104 台北市中山區民生東路二段 141 號 6 樓
讀者服務專線　0800-020-299（09:30 ～ 12:00; 13:30 ～ 17:00）
讀者服務傳真　02-2517-0999
讀者服務信箱　Email: csc@cite.com.tw
劃撥帳號　1983-3516
劃撥戶名　英屬蓋曼群島商家庭傳媒股份有限公司城邦分公司
香港發行　城邦（香港）出版集團有限公司
地址　香港灣仔駱克道 193 號東超商業中心 1 樓
電話　852-2508-6231
傳真　852-2578-9337
馬新發行　城邦（馬新）出版集團 Cite（M）Sdn. Bhd.
地址　41, Jalan Radin Anum, Bandar Baru Sri Petaling, 57000 Kuala Lumpur, Malaysia.
電話　603-90578822
傳真　603-90576622

總經銷　聯合發行股份有限公司
電話　02-29178022
傳真　02-29156275

製版印刷　凱林彩印股份有限公司
定價　新台幣 480 元／港幣 160 元
ISBN　978-986-408-546-0
2019 年 10 月初版一刷・Printed In Taiwan

國家圖書館出版品預行編目(CIP)資料

自然的祕密絮語：366 天，每天告訴你一個自然的故事 / 瑪蒂 . 克朗普 (Marty Crump) 作；張雅億翻譯 . -- 初版 . -- 臺北市：麥浩斯出版：家庭傳媒城邦分公司發行，2019.10
面；　公分
譯自：A year with nature : an almanac
ISBN 978-986-408-546-0(平裝)

1. 自然史

300.8　　108016979

參考資料

一月

一月一日 Marshall, J. V. Stories from the Billabong. London: Frances Lincoln Children's Books, 2010.

一月二日 Helm, R. R. "How Horseshoe Crabs May Have Saved Your Life." Deep Sea News, posted August 22, 2013. Accessed January 3, 2016. http://www.deepseanews.com/2013/08/how-horseshoe-crabs-may-have-saved-your-life/ **一月三日** Garter Snake. Massachusetts State Reptile. statesymbolsusa. org

一月四日 Crump, M. Eye of Newt and Toe of Frog, Adder's Fork and Lizard's Leg: The Lore and Mythology of Amphibians and Reptiles. Chicago: University of Chicago Press, 2015.

一月五日 Cox, D. T. C., D. F. Shanahan, H. L. Hudson, K. E. Plummer, G. M. Siriwardena, R. A. Fuller, K. Anderson, S. Hancock, and K. J. Gaston. "Doses of Neighborhood Nature: The Benefits for Mental Health of Living with Nature." BioScience 67(2017): 147-155. Leeming, D., and M. Leeming. A Dictionary of Creation Myths. New York: Oxford University Press, 1994.

一月六日 Genetic Alliance, District of Columbia Department of Health. Understanding Genetics: A District of Columbia Guide for Patients and Health Professionals. "Classic Mendelian Genetics (Patterns of Inheritance)." Accessed January 12, 2017. https://www.ncbi.nlm.nih.gov/books/NBK132145/

一月七日 Thoreau, H. D.（亨利．大衛．梭羅）Walden; or, Life in the Woods.（《湖濱散記》）Boston: Ticknor and Fields, 1854.

一月八日 Wallace, A. R. A Narrative of Travels on the Amazon and Rio Negro. New York: Dover, 1972. Originally published 1889.

一月九日 Women & The Sea, The Mariners' Museum. "Mermaids." Accessed January 11, 2017. https://www.marinersmuseum. org/sites/micro/women/myths/mermaids.htm **一月十日** Accommodation Direct. "Voodoo Day." Accessed January 10, 2017. http://www.benin-direct.com/activity/voodoo-day Crump, M. Eye of Newt and Toe of Frog, Adder's Fork and Lizard's Leg: The Lore and Mythology of Amphibians and Reptiles. Chicago: University of Chicago Press, 2015.

一月十一日 The Aldo Leopold Foundation. http://www.aldolepold.org Leopold, A.（阿爾多．李奧波德）A Sand County Almanac; And Sketches Here and There.（《沙郡年紀》）New York: Oxford University Press, 1949. Leopold, L. B., editor. Round River: From the Journals of Aldo Leopold. New York: Oxford University Press, 1949.

一月十二日 Beck, D. D. Biology of Gila Monsters and Beaded Lizards. Berkley: University of California Press, 2005. **一月十三日** Martel, A. A. Spitzen-van der Sluijs, M. Blooi, et al. "Batrachochytrium salamandrivorans sp. nov, Causes Lethal Chytridiomycosis in Amphibians." Proceedings of the National Academy of Sciences USA 110.(2013): 15325-15329. Zimmer, C. "U.S. Restricts Movement of Salamanders, for Their Own Good." New York Times, January 12, 2016.

一月十四日 Museum of Hoaxes. "The Surgeon's Photo." Accessed May 13, 2016. http://hoaxes.org/photo_database/image/the_surgeons_photo/ Scott, P., and R. Rines. "Naming the Loch Ness Monster." Nature 258, no. 5535 (1975): 466-468. **一月十五日** Nix, E. "Election 101: How Did the Republican and Democratic Parties Get Their Animal Symbols?" Ask History, July 7, 2015. Accessed May 13, 2016. http://www.history.com/news/ask-history/how-did-the-republican-and-democratic-parties-get-their-animal-symbols **一月十六日** The Dian Fossey Gorilla Fund International. "Dian Fossey—Biography." Accessed January 9, 2017. https://gorillafund.org/dian_fossey_bio Mowat, F. Woman in the Mists: The Story of Dian Fossey and the Mountain Gorillas of Africa. New York: Warner, 1987. **一月十七日** Australian Koala Foundation. http://www.savethekoala.com Reed, A. W. Aboriginal Legends: Animal Tales. Victoria, Australia: Reed, 1978. **一月十八日** History.com Staff. "Cook Discovers Hawaii." Accessed May 13, 2016. http://www.history.com/this-day-in-history/cook-discovers-hawaii **一月十九日** Ives, M. "A Revered Turtle's Death Sets Hands Wringing." New York Times, January 23, 2016. Talk Vietnam, January 16, 2017. "Corpse of Hanoi's Legendary Turtle Preserved through Plastination." Accessed January 16, 2017. https://m.talkvetnam.com/2017/01/corpse-of-hanois-legendary-turtle-preserved-through-plastination/

一月二十日 ProFlowers, August 9, 2011. "Floriography: The Language of Flowers in the Victorian Era." Accessed June 14, 2016. http://www.proflowers.com/blog/floriography-language-flowers-xictorian-era

一月二十一日 Newman, M. "Baffling the Bandits." National Wildlife Federation, October 1, 2008. Accessed May 13, 2016. http://www.nwf.org/News-and-Magazines/National-Wildlife/Animals/Archives/2008/Science-Sleuths-How-Squirrels-Hide-Nuts-aspx **一月二十二日** Poets. org. "Childe Harold's Pilgrimage [There is a pleasure in the pathless woods]," by George Gordon Byron. Accessed January 11, 2017. https://www.poets.org/poetsorg/poem/

childe-harolds-pilgrimage-there-pleasure-pathless-woods **一月二十三日** Woerner, A. "Is Cricket Flour the New Protein Powder?" Daily Beast, November 21, 2014. Accessed May 14, 2016. http://www.thedailybeast.com/articles/2014/11/21/is-cricket-flower-the-new-protein-powder.html **一月二十四日** Crump, M. Eye of Newt and Toe of Frog, Adder's Fork and Lizard's Leg: The Lore and Mythology of Amphibians and Reptiles. Chicago: University of Chicago Press, 2015. **一月二十五日** Tucker, A. "What Can Rodents Tell Us About Why Humans Love?" Smithsonian Magazine, February 2014. Accessed May 14, 2016. http://www.smithsonianmag.com/science-nature/what-can-rodents-tell-us-about-why-humans-love-180949441/?no-ist **一月二十六日** Great Seal. "The Eagle, Ben Franklin, and the Wild Turkey." Accessed December 18, 2015. http://greatseal.com/symbols/turkey.html **一月二十七日** The National Geographic Society. http://nationalgeographic.org **一月二十八日** Dewey, J. O. Rattlesnake Dance: True Tales, mysteries, and Rattlesnake Ceremonies. Honesdale, PA: Boyds Mills, 1997. Klauber, L. M. Rattlesnakes: Their Habits, Life Histories, and Influence on Mankind. 2nd ed. Vol. 1 and 2. Berkeley: University of California Press, 1972.

"Timber Rattlesnakes Indirectly Benefit Human Health: Not-So-Horrid Top Predator Helps Check Lyme Disease." ScienceDaily, August 6, 2013. Accessed July 28, 2017. www.sciencedaily.com/releases/2013/08/130806091815.htm **一月二十九日** America Comes Alive! "The First Seeing Eye Dog Is Used in America in 1928." Accessed May 13, 2016. http://america-comesalive.com/2012/06/25/how-a-dog-breeder

一月三十一日 Space Answers. "Heroes of Spaces: Ham the Chimpanzee." Accessed May 13, 2016. http://www.spaceanswers.com/space-exploration/heroes-of-space-ham-the-chimpanzee/

二月

二月一日 Birds Choice. "February Is National Bird Feeding Month." Accessed January 10, 2017. http://www.birdschoice.com/backyard-birding/february-national-bird-feeding-month **二月二日** Neatorama, February 2, 2011. "Groundhog Day or Hedgehog Day?" Accessed May 14, 2016. http://www.neatorama.com/2011/02/02/groundhog-day-or-hedgehog-day/ **二月三日** Muir, J. The Yosemite. New York: Century, 1912. Yosemite National Park. National Park Service. "John Muir." Accessed March 10, 2017. https://www.nps.gov/yose/learn/historyculture/muir.htm **二月四日** Stamets, P. Mycelium Running: How Mushrooms Can Help Save the World. Berkeley, CA: Ten Speed, 2005. **二月五日** A Piece of European Treasure. "The Legend of Violet—the Flower." Accessed January 12, 2007. http://www.comenius-legends.blogspot.com/2010/07/legend-of-violet.html

二月七日 Animal Planet. "Puppy Bowl." Accessed January 11, 2017. http://www.animalplanet.com/tv-shows/puppy-bowl/ **二月八日** Bates, H. W. The Naturalist on the River Amazons. 2 vol. London: John Murray, 1863. **二月九日**

Travel China Guide. "Chines Zodiac." Accessed September 10, 2016. http://www.travelchinaguide.com/intro/social_customs/zodiac/

二月十日 Shpansky, A. V., V. N. Aliyassova, and S. A. Ilyina. "The Quaternary Mammals from Kozhamzhar Locality (Pavlodar Region, Kazakhstan)." American Journal of Applied Sciences 13 (2016): 189-199. **二月十一日**

Benchley, P.（彼得・本奇利）Jaws.（《大白鯊》）New York: Doubleday, 1974. **二月十二日**

Darwin, C. The Autobiography of Charles Darwin: 1809-1882. Edited by Nora Barlow. Rev. ed. New York: W. W. Norton, 1993. Originally published 1887. **二月十三日**

WebExhibits. "Yaks, Butter, & Lamps in Tibet." Accessed June. 18, 2016. http://www.webexhibits.org/butter/countries-tibet.html

二月十四日 Thelemapedia. "Aphrodite." Accessed January 13, 2017. http://www.thelemapedia.org/index.php/Aphroddite **二月十五日** Cjawla, L. "Significant Life Experiences Revisited: A Review of Research on Sources of Environmental Sensitivity." Environmental Education Research 4 (1998): 369-382. Sobel, D. Beyond Ecophobia: Reclaiming the Heart in Nature Education. Great Barrington, MA: Orion Socienty and the Myrin Institute, 1996. **二月十六日** Scoville, H. "Hugo de Vries. Early Life and Education." ThoughtCo. Updated November 29, 2015. Accessed February 20, 2017. http://evolution.about.com/od/scientists/p/Hugo-De-Vries.htm.

二月十八日 The Great Backyard Bird Count. eBird, powered by the Cornell Lab of Ornithology and the National Audubon Society. "About the GBBC." Accessed August 26, 2016. http://gbbc.birdcount.org/about/ **二月二十一日**

British Trust for Ornithology. "National Nest Box Weeks." Accessed September 3, 2016. http://www.bto.org/about-birds/nnbw Cornell Lab of Ornithology. "Learn about Nest Boxes and Nest Structures." Accessed September 3, 2016. http://nestwatch.org/learn/all-about-birdhouses/ **二月二十二日** CoinSite. "1913-1938 Buffalo Nickel." Accessed January 9, 2017. http://coinsite.

com/1913-28-nickel-five-cents-buffalo/ **二月二十三日** Martin, L. C. Wildlife Folklore. Old Saybrook, CT: Globe Pequot, 1994.

"Rabbit Dance.' Indian Time, February 19, 2015. Accessed May 24, 2016. http://www.indiantime.net/story/2015/02/19/cultural-corner/rabbit-dance/16906.html **二月二十四日** PlanetExplorers.com. "Joseph Banks 1743-1820." Accessed January 13, 2017. https://www.planetexplorers.com/explorers/biographies/banks/joseph-banks-01.htm **二月二十五日** Stone, A. "Shark Lady' Eugenie Clark, Famed Marine Biologist, Has Died." National Geographic News, February 25, 2015. Accessed July 26, 2016. http://news.nationalgeographic.com/2015/02/150225-eugenie-clark-lady-marine-biologist-obituary-science/ **二月二十六日**

EasyPetMD. "Newfoundland Dog 'Boatswain' Saves the Life of Napoleon Bonaparte." From Chambers' journal, Vol. 11-12, by William Chambers and Robert Chambers. Vol. 11, January-June 1849. Accessed January 13, 2017. http://www.easypetmd.com/newfoundland-dog-boatswain-saves-life-napooleon-bonaparte Moll, M. "Guard Dogs: Newfounland's Lifesaving Past, Present." National Geographic News, February 7, 2003. Accessed March 9, 2017. http://news.nationalgeographic.com/news/2003/02/0207_030207_newfies.html **二月二十七日** Dybas, C. L. "Life after Ice: Polar Bears Struggle to Adapt to the New Normal." Defenders of Wildlife (Winter 2015). Accessed March 16, 2016. http://www.defenders.org/magazine/winter-2015/life-after-ice

二月二十八日 Watson, J. D. The Double Helix: A Personal Account of the Discovery of the Structure of DNA. New York: Atheneum, 1968. **二月二十九日** Sims, M. Darwin's Orchestra: An Almanac of Nature in History and the Arts. New York: Henry Holt, 1997.

三月

三月一日 Revolvy. "Ceres (Roman Mythology)" Accessed January 9, 2017. https://www.revolvy.com/main/index.php?s=Ceres%20(Roman%20mythology)&item_type=topic **三月二日** Freethy, R. Owls: A Guide for Ornithologists. Kent, England: Bishopgate, 1992.

三月三日 CITES. "What is CITES?" Accessed January 10, 2017. https://cites.org/eng/disc/what.php United Nations. "World Wildlife Day." Accessed July 21, 2016. http://www.un.org/en/events/wildlifeday/backgound.html **三月四日** Coitir, N. M. Ireland's Birds: Myths, Legends and Folklore. West Link Park, Cork, Ireland: Collins, 2015. **三月五日** Barnes, B. "Without Elephants, Ringling Circus Goes On." New York Times, July 13, 2016. Mettler, K. "After 145 Years, Ringling Bros. Circus Elephants perform for the Last Time." Washington Post, May 2, 2016. **三月六日** Crump, M. Mysteries of the Komodo Dragon: The Biggest, Deadliest Lizard Gives Up Its Secrets. Honesdale, PA: Boyds Mills, 2010. **三月七日**

Thurber, A. R., W. J Jones, and K. Schnabel. "Dancing for Food in the Deep Sea: Bacterial Farming by a New Species of Yeti Crab." PLoS One 6 (2011): e26243.doi.10.1371/journal.pone.0026243 **三月八日** Danelski, D. "Hundreds of Threatened Desert Tortoises Will Be Moved from Marine Corps Base." Press-Enterprise, March 2, 2017. Accessed March 3, 2017. http://www.pe.com/articles/management-26698-corps-signed.html Lewis, D. "The Marine Corps Plans to Airlift over 1000 Desert Tortoises." Smithsonian, Smart News. smithsonian.com, March 10, 2016. Accessed March 11, 2016. http://www.smithsonianmag.com/smart-news/marine-corps-airlifting-desert-tortoises-new-training-groinds-180958315/#PL21zPqVz4T6kbAi.03

三月九日 Dana Point Festival of Whales. "Festival of Whales 2016—Chronological Event Listing." Accessed July 20, 2016. http://festivalofwhales.com/dana-point-festival-of-whales-evet-listing/

三月十日 Galapagos Geology on the Web. "A Brief History of the Galapagos: Discovery, Pirates, and Whalers." Accessed January 10, 2017. http://www.geo.cornell.edu/geology/GalapagosWWW/Discovery.html **三月十一日** Armstrong, E. A. The Life and Lore of the Bird in Nature, Art, Myth, and Literature. New York: Crown, 1975. Cornell Lab Ornithology. "The Search for the Ivory-Billed Woodpecker." Accessed March 13, 2017. http://www.birds.cornell.edu/ivory/ **三月十二日**

de Rohan, A. "Why Dolphins Are Deep Thinkers." Guardian, July 2, 2003. Accessed July 30, 2016. https://www.theguardian.com/science/2003/jul/03/research.science **三月十三日** Plinius, S. C. (Pliny) Naturalis Historia. The Natural History of Pliny Translated by J. Bostock and H. T. Riley. Vol. 3, book 11, chap. 81. London: George Bell & Sons, 1892.

三月十四日 Leeming, D., and M. Leeming. A Dictionary of Creation Myths. New York: Oxford University Press, 1994. Michalski, K., and S. Michalski. Spider. London: Reaktion, 2010. **三月十五日** FLAP Canada. Accessed March 11, 2016. http://www.flap.org/who-we-are.php **三月十六日** Schaller, G. B.（喬治・比爾斯・夏勒）The Last Panda.（《最後的貓熊》）Chicago: University of Chicago Press, 1993. Wildt, D. E. A. Zhang, H. Zhang, D. L. Janssen, and S. Ellis, eds. Giant Pandas: Biology, Veterinary Medicine and Management. Cambridge: Cambridge University Press, 2006. **三月十七日** Crump, M. Eye of Newt and Toe

of Frog, Adder's Fork and Lizard's Leg: The Lore and Mythology of Amphibians and Reptiles. Chicago: University of Chicago Press, 2015.

三月十八日 Institute of Khmer Traditional Textiles. Ikttearth.org.

三月十九日 Mission San Juan Capistrano. "Swallows Legend." Accessed November 17, 2015. https://www.missionsjc.com/about/swallows-legend/ **三月二十日** Crump, M. L. "Anuran Reproductive Modes: Evolving Perspectives." Journal of Herpetology 49 (2015): 1-16. Crump, M. L. "The Many Ways to Beget a Frog." Natural History 86 (1977): 38-45. **三月二十一日** Animal Tourism News. "Fitzgerald Wild Chicken Festival." Accessed December 23, 2015. http://animaltourism.com/news/2011/04/18/chicken-festival Autry, T. "The Cruelty of Rattlesnake Roundups." Reptile Magazine. Accessed January 17, 2016. http://www.reptilesmagazine.com/Venomous-Snakes/Rattlesnake-Roundups/ **三月二十二日** Orkneyjar. "The Selkie-Folk." Accessed January 10, 2017. http://www.orkneyjar.com/folklore/selkiefolk. **三月二十三日**

Porter, E. In Wildness Is the Preservation of the World. San Francisco: Sierra Club, 1962.

三月二十四日 Catesby Commemorative Trust. Catesbytrust.org McBurney, H. Mark Catesby's Natural History of America: The Watercolors from Royal Library Windsor Castle. London: Merrell Holberton, 1997. **三月二十五日**

We All Nepali. "Holi in Nepal." Accessed May 31, 2016. http://www.weallnepali.com/nepali-festivals/holi **三月二十六日** Scott, M. "Conrad Gesner." Strangescience.net. Accessed July 29, 2016. http://www.strangescience.net/gesner.htm

三月二十七日 Jonaitis, A. "Tlingit Halibut Hooks: An Analysis of the Visual Symbols of a Rite of Passage." Anthropological Papers of the American Museum of Natural History 57, part 1 (1981): 1-48.

三月二十八日 Coitir, N. M. Ireland's Mammals: Myths, Legends and Folklore. West Link Park, Cork, Ireland: Collins, 2010. **三月二十九日** Poetry Foundation. "I Wandered Lovely as a Cloud," by William Wordsworth. Accessed January 11, 2017. https://www.poetryfoundation.org/poems-and-poets/poems/detail/45521 **三月三十日**

Wigington, P. "From Egg-Laying Bunnies to Mad March Hares." About Religion. Updated March 11, 2016. Accessed June 16, 2016. http://paganwiccan.about.com/od/ostaramagic/a/RabbitFolklore.htm

三月三十一日 Wise, B. "Earth Day: How Mother Nature Inspired Four Major Composers." WQXR, New York, April 21, 2015. Accessed July 23, 2016. http://www.wqxr.org/story/earth-day-how-nature-inspired-major-composers/

四月

四月一日 Machiavelli, N., and D. Wootton.（尼可洛・馬基維利與大衛・伍頓）The Prince.（《君主論》）Indianapolis: Hackett, 1995. **四月二日** Duane, D. So You Want to Be a Wizard. New York: Delacorte Press, 1983. International Board on Books for Young People (IBBY). "International Children's Book Day." Accessed August 21, 2016. http://www.ibby.org/index.php?id-269

四月三日 Ilgunas, K. "This Is Our Country. Let's Walk it." New York Times, April 24, 2016. **四月四日** Guynup, S., and N. Ruggia. "Rats Rule at Indian Temple." National Geographic News, National Geographic Channel, June 29, 2004. Accessed September 8, 2016. http://news.nationalgeographic.com/news/2004/06/0628_040628_tvrats.html **四月五日** National Park Service. "History of the Cherry Trees." Accessed February 22, 2017. https://www.nps.gov/subjects/cherry-blossom/history-of-the-cherry-trees.htm **四月六日** Martin, L. C. Wildlife Folklore. Old Saybrook, CT: Globe Pequot, 1994.

McCracken, G. F. "Bats and the Netherworld." Bats Magazine 2 (1993). Accessed June 10, 2017. www.batcon/org/resources/media-education/bats-magazine/bat_article/589 **四月七日** Poetry Foundation. "The World Is Too Much with Us," by William Wordsworth. Accessed January 7, 2016. https://www.poetryfoundation.org/poems-and-poets/poems/detail/45564 Wordsworth, W., and S. T. Coleridge. Lyrical Ballads with a Few Other Poems. London: J. & A. Arch, 1798.

四月八日 DABDAY.com. "Draw a Bird Day—April 8th." Accessed May 7, 2016. http://www.dabday.com/ Reed, A. W. Aboriginal Myths: Tales of the Dreamtime. New South Wales, Australia: Reed, 1978.

四月九日 Florida Backroads Travel. "Sopchoppy Worm Gruntin Festival." Accessed February 3, 2016. http://www.florida-backroads-travel.com/sopchoppy-worm-gruntin-festival.html **四月十日** Arbor Day Foundation. https://www.arborday.org Tagore, R.（拉賓德拉納特・泰戈爾）Fireflies: A Collection of Proverbs, Aphorisms and Maxims.（《流螢集》）Wakefield, RI: Asphodel, 2007. **四月十一日** John-Keats.com. "I Stood Tip-toe upon a Little Hill," by John Keats. Accessed January 13, 2017. http://www.john-keats.com/gedichte/i_stood_tip-toe.htm **四月十二日** Deming, A. H. The Monarchs: A Poem Sequence. Baton Rouge: Louisiana State University Press, 1997. **四月十三日** Smith, J. "Spotlight: Alaska Hummingbird Festival in Ketchikan, Alaska." Recreation.gov. Accessed September 27, 2017. https://www.recreation.gov/marketing.do?goto=acm/Explore_And_More/exploreArticles/

Spotlight_Alaska_Hummingbird_Festival_in_Ketchikan_Alaska.htm

四月十四日 Wilkinson, G. S. "Food Sharing in Vampire Bats." Scientific American (1990): 76-82.

四月十五日 Seawright, C. "Bast, Perfumed Protector, Cat Goddess." Tour Egypt. Accessed May 27, 2016. http://www.touregypt.net/godsofegypt/bast2.htm **四月十六日** Williams, J. A., C. Podeschi, N. Palmer, P. Schwadel, and D. Meyler. "The Human-Environment Dialog in Award-Winning Children's Picture Books." Sociological Inquiry 82 (2012): 145-159. **四月十七日** Bayou Teche Black Bear Festival. Accessed July 31, 2017. http://www.bayoutechebearfest.org Bieder, R. E. Bear. London: Reaktion, 2005.

四月十八日 Del Giudice, V. "First Lady Pitches 'Pennies for Pandas.'" UPI (United Press International), March 26, 1984. Accessed August 31, 2016. http://www.upi.com/Archives/1984/03/26/First-lady-pitches-Pennies-for-Pandas/3910449125200/ **四月十九日** Tamura, A. "California Condor Feathers Tell Harrowing Tale of Struggle and Survival." June 16, 2014. Accessed January 11, 2017. http://blog.condorwatch.org/2014/06/16/california-condor-feathers-tell-harrowing-tale-of-struggle-and-survival-guest-post-by-alex-tamura/ US Fish & Wildlife Service, Pacific Southwest Region. California Condor Recovery Program. "California Condor." Last updated September 28, 2016. Accessed January 9, 2017. http://www.fws.gov/cno/es/CalCondor/Condor.cfm **四月二十日** Clark, P. "No Fish Story: Sandwich Saved His McDonald's." Cincinnati Enquirer, February 20, 2007. USA Today. Accessed January 15, 2016. http://usatoday30.usatoday.com/money/industries/food/2007-02-20-fish2-usat_x.htm **四月二十一日** Garcia, B. "Romulus and Remus." Ancient History Encyclopedia, October 4, 2013. Accessed May 31, 2016. http://www.ancient.eu/Romulus_and_Remus/

四月二十二日 Turnage, W. "Ansel Adams, Photographer." The Ansel Adams Gallery. Accessed March 12, 2017. http://anseladams.com/about-ansel-adams/ansel-adams-biography/ **四月二十三日** Freeman, E. H. "Children Thrive in Outdoor Preschool." Herald Journal, Writers on the Range (High Country News), January 10, 2016. Louv, R.（理查・洛夫） Last Child in the Woods: Saving Our Children from Nature-Deficit Disorder.（《失去山林的孩子：拯救「大自然缺失症」兒童》） New York: Workman, 2005. Malone, K., and S. Waite. "Student Outcomes and Natural Schooling." Plymouth: Plymouth University. Accessed January 2, 2016. Available online: http://www.plymouth.ac.uk/research/oelres-net **四月二十四日** Religious Holidays & Festivals. "Mahavir Jayanti: Jains Mimic Tirthankar with Nonviolence." April 25, 2013. Accessed January 2, 2016. http://www.readthespirit.com/religious-holidays-festivals/tag/jain/ **四月二十五日** Frison, M. "Celebrate World Penguin Day!" Ian Somerhalder Foundation. Accessed May 24, 2016. http://www.isfoundation.com/news/celebrate-world-penguin-day McSweeney, M. "Tawaki—The Rainforest Penguin." 100% Pure New Zealand. Accessed May 24, 2016. http://www.newzealand.com/us/article/tawaki-the-rainforest-penguin/ **四月二十六日** Encyclopedia of World Biography. "John James Audubon Biography." Accessed August 29, 2016. http://www.notablebiographies.com/An-Ba/Audubon-John-James.html **四月二十七日** Collins, J. P., and M. L. Crump. Extinction in Our Times: Global Amphibian Decline. New York: Oxford University Press, 2009. Crump, M. Eye of Newt and Toe of Frog, Adder's Fork and Lizard's Leg: The Lore and Mythology of Amphibians and Reptiles. Chicago: University of Chicago Press, 2015. Save the Frogs. "Save the Frogs Day." Accessed September 6, 2016. http://savethefrogs.com/d/day/index.html **四月二十八日** Furman, B. L. "The Development of Byetta (Exenatide) from the Venom of the Gila Monster as an Anti-diabetic Agent." Toxicon 59 (2012): 464-471. **四月二十九日** Center for Disease Control and Prevention. "Tetrodotoxin Poisoning Associated with Eating Puffer Fish Transported from Japan—California, 1996." Morbidity and Mortality Weekly Report 45 (1996): 389-391. Accessed August 29, 2016. http://www.cdc.gov/mmwr/preview/mmwrht-ml/00041514.htm Myers, C. W., J. W. Daly, and B. Malkin. "A Dangerously Toxic New Frog (Phyllobates) Used by Emberá Indians of Western Colombia, with Discussion of Blowgun Fabrication and Dart Poisoning." Bulletin of the American Museum of Natural History 161 (1978): 309-365. **四月三十日** Pikulicka-Wilczewska, A. "A Day at the Races in Horse-Mad Turkmenistan." Guardian, November 22, 2015. Accessed May 31, 2016. http://www.theguardian.com/world/2015/nov/22/turkmenistan-horses-akhal-teke-breed-races

五月

五月一日 Wiginton, P. "Floralia: The Roman May Day Celebration." About Religion. Updated April 26, 2016. Accessed September 7, 2016. http://paganwiccan.about.com/od/beltanemayday/p/Floralia.htm

五月二日 Habeeb.com. "On Clothes," from The Prophet by Khalil Gibran. Accessed January 13, 2017. http://www.katsandogz.com/onclothes.html **五月三日** History.com Staff. "War Animals from Horses to Glowworms: 7 Incredible Facts." History.com.

Accessed September 7, 2016. http://www.history.com/news/war-animals-from-horses-to-glowworms-7-incredible-facts

五月四日 United Poultry Concerns. "International Respect for Chickens Day Celebrates Compassion for Chickens." Accessed August 21, 2016. http://www.upc-online-org/nr/160428ircd.html

五月五日 "Tokyo Hedgehog Café Brings More Kicks than Pricks." Irish Times, April 7, 2016. Accessed April 8, 2016. http://www.irishtimes.com/news/world/asia-pacific/tokyo-hedgehog-café-brings-more-kicks-than-pricks-1.2601891

五月六日 World of Flowering Plants. "Legends and Facts about the Lily of the Valley." November 12, 2014. Accessed June 23, 2016. http://worldofflooweringplants.com/legends-facts-lily-valley/

五月七日 Cobb, W. D. "The Pearl of Allah." Natural History 44 (1939): 197-202.

五月八日 Carr, A. The Windward Road: Adventures of a Naturalist on Remote Caribbean Shores. Tallahassee: University Press of Florida, 1979. Originally published 1955. Davis, F. R. The Man Who Saved Sea Turtles: Archie Carr and the Origins of Conservation Biology. New York: Oxford University Press, 2007. Ewel, J. J. "Awards. Eminent Ecologists." Bulletin of the Ecological Society of America 69 (1988): 24-25.

五月九日 Digest of Federal Resources Laws of Interest to the US Fish and Wildlife Service. "Migratory Bird Treaty Act of 1918." Accessed December 31, 2016. http://www.fws.gov/laws/lawsdigest/MIGTREA.HTML Runge, C. A., J. E. M. Watson, S. H. M. Butchart, J. O. Hanson, H. P. Possingham, and R. A. Fuller. "Protected Areas and Global Conservation of Migratory Birds." Science 350 (2015): 1255-1258.

五月十日 Grahame, K.（肯尼斯・葛拉罕）The Wind in the Willows.（《柳林中的風聲》）New York: Heritage Illustrated Bookshelf, 1940. Originally published 1908. What's On? Bodleian Libraries. University of Oxford. "The Original Wind in the Willows." Accessed August 31, 2016. http://www.bodleian.ox.ac.uk/whatson/whats-on/online/witw/letters

五月十一日 Christie, A. The Hound of Death and Other Stories. London: Odhams, 1933. Crump, M.（瑪蒂・克朗普）Headless Males Make Great Lovers & Other Unusual Natural Histories.（《背著蝌蚪跳的青蛙：走進奇特的動物行為世界》）Chicago: University of Chicago Press, 2005.

五月十二日 Biodiversity Heritage Library. Notes & News from the BHL Staff. "Albertus Seba's Cabinet of Wonder and Awe." January 17, 2013. Accessed January 11, 2017. http://blog.biodiversitylibrary.org/2013/01/curiositycabinet.html Seba, A. Cabinet of Natural Curiosities. [Based on the copy in the Koninklijke Bibliotheek, The Hague,] Cologne, Germany: Taschen, 2011.

五月十四日 Hawkins, V. "The U. S. Army's 'Camel Corps' Experiment." National Museum United States Army, July 16, 2014. Accessed January 9, 2017. https://armyhistory.org/the-u-s-armys-camel-corps-experiment/

五月十五日 Van Huis, A., M. Dicke, and J. A. A. van Loon. "Insects to Feed the World," Journal of Insects as Food and Feed 1 (2015): 3-5. Accessed September 27, 2017. doi:10.3920/JIFF2015.x002.

五月十六日 Khan, M. L. "Center for the Conservation of Biodiversity: Sacred Groves in India." XII World Forestry Congress, 2003. Accessed January 2, 2016. http://www.fao.org/docrep/AR-TICLE/WFC/XII/0509-A1.HTM.

五月十七日 Metropolitan Museum of Art. "The Heart of the Andes." Accessed March 12, 2017. http://www.metmuseum.org/art/collection/search/10481. Wulf, A.（安德列雅・沃爾芙）The Invention of Nature: Alexander von Humboldt's New World.（《博物學家的自然創世紀：亞歷山大・馮・洪保德用旅行與科學丈量世界，重新定義自然》）New York: Alfred A. Knopf, 2015.

五月十八日 Dale, V. H., C. M. Crisafulli, and F. J. Swanson. "25 Years of Ecological Change at Mount St. Helens." Science 308 (2005): 961-962. Pacific Northwest Research Station, USDA Forest Service. "Mount St. Helens 30 Years Later: A Landscape Reconfigured." PNW Science Update 19 (2010): 1-11. Thompson, A. "Mount St. Helens Still Recovering 30 Years Later." Live Science, May 17, 2010. Accessed May 31, 2016. http://www.livescience.com/6450-mount-st-helens-recovering-30-years.html

五月二十日 Columbia University School of the Arts. "Dürer's Rhinoceros." Accessed August 5, 2016. http://arts.columbia.edu/du-rersrhinoceros

五月二十一日 Woods, J. "Meet Mary Reynolds, the Planet Whisperer Who Dared to Be Wild." Telegraph, September 4, 2016. Accessed November 15, 2016. http://www.telegraph.co.uk/gardening/chelsea-flower-show/meet-mary-reynolds-the-plantwhisperer-who-dared to be wild/

五月二十二日 Convention on Biological Diversity. "History of the Convention." Accessed July 2, 2016. http://www.cbd.int/history/Convention on Biological Diversity. "International Day for Biological Diversity—22 May." Accessed January 10, 2017. https://www.cbd.int/idb/

五月二十三日 Crump, M. Eye of Newt and Toe of Frog, Adder's Fork and Lizard's Leg: The Lore and Mythology of Amphibians and Reptiles. Chicago: University of Chicago Press, 2015.

五月二十四日 Tourism of Cambodia. "Royal Ploughing Ceremony." Accessed September 27, 2017. www.tourismcambodia.com/tripplanner/events-in-cambodia/royal-ploughing.htm

五月二十五日 US Fish & Wildlife Service International Affairs. "Lacey Act." Accessed August 5, 2016. https://www.fws.

gov/international/laws-treaties-F. agreements/us-conservation-laws/lacey-act.html Wisch, R. F. "Overview of the Lacey Act (16 U.S.C. SS 3371-3378)." Michigan State University College of Law, 2003. Animal Legal & Historical Center. Accessed August 8, 2016. https://www.animallaw.info/article/overview-lacey-act-16-usc-ss-3371-3378

五月二十六日 Cousteau, J. Y., with F. Dumas. The Silent World: A Story of Undersea Discovery and Adventure. New York: HarperCollins, 1953.

五月二十七日 West, M. J., and A. P. King. "Mozart's Starling." American Scientist 78 (1990): 106-114. **五月二十八日** Rawlings, M. K.（瑪喬麗・金南・勞林斯）The Yearling.（《鹿苑長春》）New York: Charles Scribner's Sons, 1938. Whooping Crane Eastern Partnership. www.bringbackthecranes.org

五月二十九日 Buchen, L. "May 29, 1919: A Major Eclipse, Relatively Speaking." Wire, May 29, 2009. Accessed January 12, 2017. https://www.wired.com/2009/05/dayintech_0529/ **五月三十日** Share, J. "Hopi Corn, Kachina Rain and Lessons from the Past," posted November 25, 2011. Accessed June 17, 2016. Blogspot.com. http://written-in-stone-seen-through-my-lens.blogspot.com/2011/11/hopi-corn-and-lessons-from-oast.html Stoller, M. L. "Birds, Feathers, and Hopi Ceremonialism." Expedition Magazine 33 (1991): 35-45.

五月三十一日 The International Ecotourism Society. www.ecotourism.org

六月

六月一日 Coitir, N. M. Ireland's Birds: Myths, Legends and Folklore. West Link Park, Cork, Ireland: Collins, 2015. **六月二日** Kilgannon, C. "A Rite to Improve Karma for Man, Creature and, Now, the Environment." New York Times, November 28, 2015. O'Brien, B. "Saga Dawa or Saka Dawa: Holy Month fro Buddhists." ThoughtCo. Accessed January 6, 2017. http://buddhism.about.com/od/buddhistholidays/fl/Saga-Dawa-or-Saka-Dawa.htm **六月三日** American Museum of Natural History. "James Hutton: The Founder of Modern Geology." Accessed December 5, 2016. http://www.amnh.org/explore/resource-collections/earth-inside-and-out/james-hutton-the-founder-of-modern-geology/

六月四日 France.fr. "Roquefort, the King of Cheese." Accessed August 14, 2016. http://us.france.fr/en/information/roquefort-king-cheese **六月五日** United Nations. "World Environment Day." Accessed March 13, 2017. http://www.un.org/en/events/environmentday/index/shtml

六月六日 Poetry Foundation. "A Red, Red Rose," by Robert Burns. Accessed January 13, 2017. https://www.poetryfoundation.org/poems-and-poets/poems/detail/43812

六月七日 Castro, G., and J. P. Myers. "Shorebird Predation of Eggs of Horseshoe Crabs during Spring Stopover on Delaware Bay." Auk 110 (1993): 927-930. **六月八日** Prager, E. Sex, Drugs, and Sea Slime: The Ocean's Oddest Creatures and Why They Matter. Chicago: University of Chicago Press, 2011. **六月九日** Sadler, R. W. "Seagulls, Miracle of." In Encyclopedia of Mormonism: The History, Scripture, Doctrine, and Procedure of the Church of Jesus Christ of Latter-day Saints, edited by D. H Ludlow, 1287-1288. New York: Macmillan, 1992. Accessed August 13, 2016. http://eom.byu.edu/index.php/Seagulls_Miracle_of **六月十日** Wilson, E. O. Biophilia: The Human Bond with Other Species. Cambridge, MA: Harvard University Press, 1984. **六月十一日** Geggel, L. "Is It Possible to Clone a Dinosaur?" LiveScience, April 28, 2016. Accessed January 29, 2017. http://www.livescience.com/54574-can-we-clone-dinosaurs.html

六月十二日 Seawright, C. "Mut, Mother Goddess of the New Kingdom, Wife of Amen, Vulture Goddess." Tour Egypt. Last updated June 11, 2011. Accessed May 31, 2016. http://www.touregypt.net/featurestories/mut.htm **六月十三日** Poetry Foundation. "The Wild Swan at Coole," by William Butler Yeats. Accessed January 7, 2017. http://www.poetryfoundation.org/poems-and-poets/poems/detail/43288

六月十四日 Brooks, C. "Dive In to National Rivers Months," American Forests, June 12, 2014. Accessed June 22, 2016. http://www.americanforests.org/blog/dive-in-to-national-rivers-month/ **六月十五日** Kim, S. W. "Light Up the Night with a Firefly Festival." Japan Times, June 5, 2014. Accessed November 12, 2015. http://www.japantimes.co.jp/culture/2014/06/05/events/events-outside-tokyo/light-up-the-night-with-a-firefly-festval/#.VkUYmYSDJVs **六月十六日** Carr, A. So Excellent a Fishe: A Natural History of Sea Turtles. Garden City, NY: Natural History Press, for American Museum of Natural History, 1967. **六月十七日** Lankester, R. "On Okapia, a New Genus of Giraffidae, from Central Africa." Transactions of the Zoological Society of London 16 (1902): 279-314. **六月十八日** Liberty Coin & Currency. "The Top Ten Most Famous Animal Coins." Posted on August 2, 2014. Accessed August 17, 2016. http://libertycoinandcurrency.com/blog/the-top-ten-most-famous-animal-coins/ **六月十九日** Crump, M. The Mystery of Darwin's Frog. Honesdale, PA: Boyds Mills, 2013.

六月二十日 American Presidency Project. "Ronald Reagan: Proclamation 4893—Bicentennial Year of the American Bald Eagle and National Bald Eagle Day," January 28, 1982. Online by Gerhard Peters

and John T. Woolley, The American Presidency Project. Accessed January 8, 2017. http://www.presidency.ucsh.edu/ws/?pid=42831 **六月二十一日** Antiquity Now. "The Summer Solstice: From Ancient Celebration to a Modern Day at the Beach." Accessed March 8, 2017. http://antiquitynow.org/2014/06/19/the-summer-solstice-from-ancient-celebration-to-a-modern-day-at-the-beach/ **六月二十二日** Popovic, M. "Nalukataq." Traditionscustoms.com. Accessed May 11, 2016. http://www.traditionscustoms.com/lifestyle/nalukataq **六月二十三日** MacCoitir, N. Irish Wild Plants: Myths, Legends & Folklore. West Line Park, Cork, Ireland: Collins, 2006. **六月二十四日** Nicholls, H. "The Legacy of Lonesome George." Nature 487 (2012): 279-280. Doi:10.1038/487279a

Nicholls, H. "A Giant in New York. Lonesome George Returns from the Dead." Guardian, September 17, 2014. Accessed September 6, 2016. https://www.theguardian.com/science/animal-magic/2014/sep/17/lonesome-george-taxidermy-new-york **六月二十五日** Civil War Talk. "National Catfish Day." Accessed March 19, 2017. http://civilwartalk.com/threads/national-catfish-day.125348/ **六月二十七日** Mythphile. "Science May Explain Why Egyptians Worshiped Dung Beetle as Sun God." Accessed September 7, 2016. http://www.mythphile.com/2012/01/ancient-egyptian-scarab-beetle/ **六月二十八日** Association of Zoos and Aquariums. "FrogWatch USA." Accessed January 9, 2017. https://www.aza.org/frogwatch **六月二十九日** Strawberry Festival. Accessed September 7, 2016. http://www.cedaarburg.org/event/1465436-strawberry-festival-2016 **六月三十日** Davis, E. "Horseback Shrimp Fishing Fades in Belgium." New York Times, August 31, 2007. Oostduinkerke.com. "Oostduinkerke, Beach of the Horse Fisherman." Accessed September 10, 2016. https://oostduinkerke.com/en/oostduinkerke.php

七月

七月一日 World Association of Zoos and Aquariums. http://waza.org

七月二日 Nature's Calendar. http://www.naturescalendar.org **七月三日** Galasso, S. "When the Last of the Great Auk Died, It Was by the Crush of a Fisherman's Boot." Smithsonian.com. Accessed December 8, 2016. http://www.smithsonianmag.com/smithsonian-institution/with-crush-fisherman-boot-the-last-great-auks-died-180951982/ **七月四日**

Eisner, T., and D. J. Aneshansley. "Spray Aiming in Bombardier Beetles: Jet Deflection by the Coanda Effect." Science 215 (1982): 83-85.

七月五日 AnimalResearch.Info. "Cloning Dolly the Sheep." Accessed December 15, 2016. http://www.animalresearch.info/en/medical-advances/timeline/cloning-dolly-the-sheep/ **七月六日** Andersen, H. C. "The Storks." Translated by M. R. James. In: Hans Christian Andersen's Forty-Two Stories. London: Faber and Faber, 1930. "The Stork" originally published 1838. Rowland, B. Birds with Human Souls: A Guide to Bird Symbolism. Knoxville: University of Tennessee Press, 1978. **七月七日**

Hart, H. "July 7, 1550: Europeans Discover Chocolate." Wired. Accessed July 19, 2016. http://www.wired.com/2010/07/0707chocolate-introduced-europe/ **七月八日** Florida Keys News. "Lower Keys Underwater Music Festival to Promote Reef Protection." Accessed January 8, 2017. http://www.fla-keys.com/news/news.cfm?sid=8931

七月九日 ChewingCane.com "What Is Sugarcane? History of Sugar Cane." Accessed September 4, 2016. http://www.chewing-cane.com/sugarcane_history.html **七月十日** United States Department of Agriculture. "History of the BWCAW." Accessed December 30, 2016. http://www.fs.usda.gov/detail/superior/specialplaces/?cid=stelprdb5127455. **七月十一日** Gudernatsch, J. F. "Feeding Experiments on Tadpoles. I. The Influences of Speficit Organs Given as Food on Growth and Differentiation. A Contribution to the Knowledge of Organs with Internal Secretion." Wilhelm Roux Arch. Entwicklungsmech. Organismen. 35 (1912): 457-483. **七月十二日** Cow Appreciation Day. Accessed June 13, 2016. http://www.cute-calendar.com/event/cow-appreciation-day/19658.html National Hindu Students'Forum (UK). "Why Do Hindus Worship the Cow?" Accessed June 13, 2016. http://www.nhdf.org.uk/2007/05/why-do-hindus-worship-the-cow/ **七月十三日** Ancient Egypt Online. "Ra. The Sun God of Egypt." Accessed December 21, 2016. http://www.ancient-egypt-online.com/egyptian-god-ra.html

七月十四日 Crawford, D. Shark. London: Reaktion, 2008. Peachin, M. L. Underwater Encounters: What You Should Know about Sharks. Amazon Digital Services: Peachin Adventure, 2014. Quammen, D. Monster of God: The Man-Eating Predator in the Jungles of History and the Mind. New York: W. W. Norton, 2003. **七月十五日** Mishima, S. "Japan's Obon Festival: Everything You Need to Know." About Travel, updated August18, 2016. Accessed January 8, 2017. http://gojapan.about.com/cs/japanesefestivals/a/obonfestival.htm **七月十六日**

Crump, M. Eye of Newt and Toe of Frog, Adder's Fork and Lizard's Leg: The Lore and Mythology of Amphibians and Reptiles. Chicago: University of Chicago Press, 2015. Morgan, D. Snakes in Myth, Magic,

and History: The Story of a Human Obsession. Westport, CT: Praeger, 2008. **七月十七日** Carroll, R. “Dung Loaming: How Llamas Aided the Inca Empire.” Guardian, May 22, 2011. Accessed February 23, 2017. https://www.theguardian.com/world/2011/may/22/incas-llama-manure-crops Llamapaedia. “Llama Origin & Domestication.” Accessed January 12, 2016. http://www.llamapaedia.com/origin/domestic.html **七月十八日** eBird. “Cornell Lab of Ornithology Young Birders Event 2017.” Accessed September 27, 2017. http://ebird.org/content/ebird/news/yb2016

七月十九日 Yarmouth Clam Festival. Accessed January 8, 2016. http://www.clamfestival.com/ **七月二十一日** Reef Awareness Week. Accessed September 9, 2016. http://www.fla-keys.com/news/news.cfm?sid=205 **七月二十二日** Bartram, W. Travels through North and South Carolina, Georgia, East and West Florida, the Cherokee Country, the Extensive Territories of the Muscogulges, or Creek Confederacy, and the Country of the Chactaws; Containing an Account of the Soil and Natural Productions of Those Regions; Together with Observations on the Manners of the Indians. Philadelphia: James & Johnson, 1791. Romantic Natural History: A Survey of Relationships between Literary Works and Natural History in the Century before Charles Darwin's On the Origin of Species (1859). “William Bartram (1739-1823).” Accessed September 15, 2016. http://users.dickinson.edu/~nicholsa/Romnat/bartram.htm **七月二十三日** Welcomearmenia.com. “Armenia. Vardavar.” Accessed September 27, 2017. www.welcomearmenia.com/armenia/vardavar. **七月二十四日** Baldwin, L. “Golden Retrievers Go ‘Home’ for Gathering in Scottish Highlands.” PBS NewsHour, The Rundown, August 7, 2013. Accessed May 2, 2016. http://www.pbs.org/newshour/rundown/golden-retriever-gathering/ **七月二十五日** Leach, M., ed. Funk & Wagnalls Standard Dictionary of Folklore, Mythology and Legend. New York: Funk & Wagnalls, 1972.

七月二十六日 Crump, M. Eye of Newt and Toe of Frog, Adder's Fork and Lizard's Leg: The Lore and Mythology of Amphibians and Reptiles. Chicago: University of Chicago Press, 2015. **七月二十七日** UnmissableJAPAN.com. “Cormorant Fishing.” Accessed July 26, 2016. http://www.unmissablejapan.com/events/ukai **七月二十八日**

Plocek, K. “Paleontologist's Wandering Skull.” mental_floss. Accessed July 24, 2016. http://mentalfloss.com/article/60125/edward-drinker-cope-and-story-paleontologists-wandering-skull

七月二十九日 Gilroy Garlic Festival. Accessed August 28, 2016. http://gilroygarlicfestival.com/ **七月三十日** Hoare, B. “Britain's National Species Revealed.” Discover Wildlife, BBC Wildlife magazine, July 30, 2013. Accessed January 26, 2016. http://www.discoverwildlife.com/britishwildlife/britains-national-species-revealed

七月三十一日 Erens, H., M. Boudin, F. Mees, B. B. Mujinya, G. Baert, M. Van Strydonck, P. Boeckx, and E. Van Ranst. “The Age of Large Termite Mounds—Radiocarbon Dating of Macrotermes falciger Mounds of the Miombo Woodland of Katanga, DR Congo.” Palaeogeography, Palaeoclimatology, Palaeoecology 435 (2015): 265-271. Walker, M. “2000-Year-Old Termite Mound Found.” BBC, July 31 2015. Accessed August 13, 2016. http://www.bbc.com/earth/story/20150729-2000-year-old-termite-mound-found

八月

八月一日 Reynolds, J. “Save the Whales, Save Ourselves: Why Whales Matter.” Natural Resources Defense Council, October 15, 2013. Accessed July 19, 2016. https://www.nrdc.org/experts/joel-reynolds/save-whales-save-ourselves-why-whales-matter **八月二日** Carroll, L.（路易斯・卡羅）Alice's Adventures in Wonderland.（《愛麗絲夢遊仙境》）New York: D. Appleton, 1866. Originally published 1865. **八月三日** Jackson, L. “Olympic Girl Power: The Incredible Story of Lis Hartel.” Horse Nation, November 17, 2014. Accessed August 18, 2016. http://www.horsenation.com/2014/11/17/plympic-girl-power-the-incredible-story-of-lis-hartel/

“Jubilee, a Post-war Dressage Hero.” Eurodressage, October 22, 2010. Accessed February 24, 2017. http://www.eurodressage.com/equestrian/2010/10/22/jubilee-post-war-dressage-hero **八月四日** About International Assistance Dog Week. Accessed December 8, 2016. http://www.assistancedogweek.org/about/ **八月五日** Moss, L. “Elephant and Dog Are Best Friends.” Mother Nature Network. September 18, 2013. Accessed February 26, 2017. http://www.mnn.com/family/pets/stories/elephant-and-dog-are-best-friends **八月六日** Poetry Foundation. “The Eagle,” by Alfred, Lord Tennyson. Accessed January 11, 2017. https://www.poetryfoundation.org/poems-and-poets/poems/detail/45322 Reference.com. “How High Can an Eagle Fly?” Accessed February 26, 2017. https://www.reference.com/pets-animals/high-can-eagle-fly-98ca31beofecef5d# **八月七日**

Gaiatheore.org. “Gaia Theory: Model and Metaphor for the 21st Century.” Accessed June 21, 2016. http://www.gaiatheory.org/overview/ **八月八日** Crump, M. Eye of Newt and Toe of Frog,

Adder's Fork and Lizard's Leg: The Lore and Mythology of Amphibians and Reptiles. Chicago: University of Chicago Press, 2015. **八月九日** Wildlife Spotter. Accessed September 11, 2016. https://wildlifespotter.net.au/about/ **八月十日** World Lion Day. Accessed January 11, 2017. https://worldlionday.com/the-campaign/ **八月十一日** Coitir, N. M. Ireland's Mammals: Myths, Legends and Folklore. West Link Park, Cork, Ireland: Collins, 2010.

八月十二日 The Asian Elephant Art & Conservation Project. http://elephantart.com World Elephant Day **八月十三日** Nova Roma. "Nemoralia." Acessed January 2, 2016. http://www.novaroma.org/nr/Nemoralia **八月十四日** Crump, M. Eye of Newt and Toe of Frog, Adder's Fork and Lizard's Leg: The Lore and Mythology of Amphibians and Reptiles. Chicago: University of Chicago Press, 2015.

Martin, J. Masters of Disguise: A Natural History of Chameleons. New York: Facts on File, 1992. **八月十五日** Beebe, W. Half Mile Down. New York: Duell Sloan Pearce, 1951.

Official William Beebe Website. "Bathysphere." Accessed May 6, 2016. https://sites.google.com/site/cwilliambeebe/Home/bathysphere

八月十六日 Crystalinks. "Annual Flooding of the Nile." Accessed August 19, 2016. http://www.crystalinks.com/floodingnile.html **八月十七日** Schaul, J. C. "Black Cat Appreciation Day: Do You Know Your Melanistic Cats?" Posted on Cat Watch, August 17, 2013. Accessed July 2, 2016. http://voiced.nationalgeographic.com/2013/08/17/black-cat-appreciation-day-do-you-know-your-melanistic-cats/ **八月十八日** Donlan, J., H. W. Greene, J. Berger, et al. "Re-wilding North America." Nature 436 (2005): 913-914. Galetti, M. "Parks of the Pleistocene: Recreating the Cerrado and the Pantanal with Megafauna." Natureza & Conservação 2 (2004): 93-100. **八月二十日** Coitir, N. M. Ireland's Mammals: Myths, Legends and Folklore. West Link Park, Cork, Ireland: Collins, 2010.

八月二十一日 Bromwich, J. E. "The Demons of Darkness Will Eat Men, and Other Solar Eclipse Myths." New York Times, August 19, 2017. Fonseca, F. "Tribes Look for Renewal from Eclipse." Herald Journal, August 20, 2017.

八月二十二日 Caserita.info. "Pachamama: Mother Earth." Accessed September 9, 2016. http://info.handicraft-bolivia.com/Pachamama-Mother-Earth-a346

八月二十三日 Wigington, P. "What Was the Vulcanalia?" About Religion, updated August 31, 2016. Accessed September 11, 2016. http://paganwiccan.about.com/od/LammasFolklore/p/The-Vulcanaalia.htm **八月二十四日** Comstock, A. B. Handbook of Nature Study. 6th ed. Ithaca, NY: Comstock Publishing/Cornell University Press, 1986. Originally published 1911. Cornell University Natural History Collections. "Anna Comstock." Accessed March 12, 2017. http://naturalhistorycollections.cornell.edu/insect/comstock.html **八月二十五日** National Park Service. "History." Accessed January 10, 2017. http://www.nps.gov/aboutus/history.htm National Park Service. "National Park System Timeline (Annotated)." Accessed January 10, 2017. https://www.nps.gov/parkhistory/hisnps/NPSHistory/timeline_annotated.htm **八月二十六日** Insurance Information Institute. "Facts + Statistics: Pet Statistics." Accessed September 22, 2017. http://www.iii.org/fact-statistic/pet-statistics **八月二十七日** Winchester, S. Krakatoa. The Day the World Exploded: August 27, 1883. New York: Perennial, 2003. **八月二十八日** Thomas, P. For the Birds: The Life of Roger Tory Peterson. Honesdale, PA: Calkins Creek, 2011.

八月二十九日 The Friends of Charles Darwin. "John Stevens Henslow." Accessed December 9, 2016. http://friendsofdarwin.com/articles/henslow **八月三十日**

Institute for Applied Ecology. "Eradication by Mastication." Accessed January 25, 2016. http://appliedeco.org/eradication-by-mastication/ **八月三十一日** Thomas, J. "The Role of the Sacred Ibis in Ancient Egypt." Janetthomas, March 6, 2013. Accessed May 11, 2016. https://janetthomas.wordpress.com/2013/03/06/the-role-of-the-sacred-ibis-in-ancient-egypt/

九月

九月一日 Audubon, J. J. The Birds of America: from Original Drawings. London: Published by the Author, 1827-1838. Peterson, R. T. Audubon's Birds of America. New York: Abbeville, 2005. **九月三日**

Gai Jatra Festival. Accessed May 31, 2016. http://www.weallnepali.com/nepali-festivals/gal-jatra-festival **九月四日** Lear, L.（琳達・李爾）Beatrix Potter: A Life in Nature.（《波特小姐與彼得兔的故事》）New York: St. Martin's 2007.

Potter, B.（碧雅翠絲・波特）The Tale of Peter Rabbit.（《彼得兔的故事》）London: Frederick Warne, 1902. **九月五日** Klauber, L. M. Rattlesnakes: Their Habits, Life Histories, and Influence on Mankind. Berkeley: University of California Press, 1956. **九月七日** Hunter, F. "Lewis & Clark's Prairie Dog: An Odyssey." Frances Hunter's American Heroes Blog, May 25, 2010. Accessed January 25, 2016. https://franceshunter.wordpress.com/2010/05/25/lewis-clarks-prairie-dog-an--odyssey/ **九月八日** Venzel, S. "Celebrate Reptiles on National Iguana Awareness Day." Wide Open Pets. Accessed September 27, 2017. www.wideopenpets.com/celebrate-reptiles-on-national-

iguana-awareness-day **九月九日** American Transcendentalism Web. "Nature," by Ralph Waldo Emerson. Accessed January 12, 2017. http://transcendentalism-legacy.tamu.edu/authors/emerson/essays/naturetext.html **九月十日** American Museum of Natural History. "In Memoriam Stephen Jay Gould (1941-2002)." Accessed August 5, 2016. http://www.amnh.org/science/bios/gould/ **九月十一日** IUCN. "The 100 Most Threatened Species: Are They Priceless or Worthless?" September 11, 2012. Accessed August 29, 2016. http://www.iucn.org/?11022/The-100-most-threatened-species—Are-they-priceless-or-worthless **九月十二日** Saunders, N. J. Animal Spirits. Boston: Little, Brown, 1995.

九月十三日 Castle, S. "Eagles Trained to Take Down High-Tech Prey: Small Drones. " New York Times, May 29, 2016. **九月十四日** Hemming, J. Tree of Rivers: The Story of the Amazon. New York: Thames & Hudson, 2008. von Humboldt, A. Personal Narrative of Travels to the Equinoctial Regions of America, During the Years 1799-1804 by Alexander von Humboldt and Aimé Bonpland. Trans. By T. Ross. Vol. 1-3. London: H. Bohn, 1852. Wulf, Andrea.（安德列雅．沃爾芙）The Invention of Nature: Alexander von Humboldt's New World.（《博物學家的自然創世紀：亞歷山大．馮．洪保德用旅行與科學丈量世界，重新定義自然》）New York: Alfred A. Knopf, 2015. **九月十五日** Galapagos Conservancy. "Giant Tortoises." Accessed January 12, 2017. http://www.galapagos.org/about_galapagos/about-galapagos/biodiversity/tortoises/ **九月十六日** Guggisberg, C. A. W. Crocodiles: Their Natural History, Folklore and Conservation. Harrisburg, PA: Stackpole, 1972. **九月十七日** University of Vermont Extension, Department of Plant and Soil Science. "Asters and Goldenrod: The Mythology." Accessed July 21, 2016. http://www.uvm.edu/pss/ppp/articles/asters.html **九月十九日** Ravenstar D. "Goddess Mama Kilya." Journeying to the Goddess, September 20, 2012. Accessed January 9, 2017. https://journeyingtothegoddess.wordpress.com/2012/09/20/goddess-mama-kilya/ **九月二十日** World Wildlife Fund, "A Stamp to Protect Wildlife." October 15, 2014. Accessed August 3, 2016. http://www.worldwildlife.org/stories/a-stamp-to-protect-wildlife

九月二十一日 Doyle, A. "Syrian War Spurs First Withdrawal from Doomsday Arctic Seed Vault." Reuters World News. September 21, 2015. Accessed February 24, 2017. http://www.reuters.com/article/us-mideast-crisis-seeds-idUSKCNoRL1KA20150921. **九月二十二日** Romain, W. F. "Last Words of Chief Crowfoot." The Ancient Earthworks Project, May 29, 2014. Accessed January 2, 2016. http://ancientearthworksproject.org/1/post/2014/05/last-words-of-chief-crowfoot.html **九月二十三日** Allen, D. Otter. London: Reaktion, 2010. North Pacific Fur Seal Convention. pribilof.noaa.gov/documents/THE_FUR_SEAL_TREATY_OF_1911.pdf **九月二十四日** Reference.com. "What Is the Symbolic Meaning of a Bluebird?" Accessed September 27, 2017. http://www.reference.com/world-view/symbolic-meaning-bluebird 9e38od39oa08db27 **九月二十五日** Wills, C. M., S. M. Church, C. M. Guest, et al. "Olfactory Detection of Human Bladder Cancer by Dogs: Proof of Principle Study." British Medical Journal 329 (2004): 712-714. **九月二十六日** The Beatles Lyrics, "Octopus's Garden." Accessed September 27, 2017. https://www.azlyrics.com/lyrics/beatles/octopussgarden.html The Beatles Ultimate Experience. "Abbey Road." Accessed February 28, 2017. https://www.beatlesinterviews.org/dba11road.html **九月二十七日** Carson, R.（瑞秋．卡森）Silent Spring.（《寂靜的春天》）New York: Houghton Mifflin, 1962. **九月二十八日** NASA, "NASA Confirms Evidence That Liquid Water Flows on Today's Mars." September 28, 2015. Accessed August 5, 2016. http://www.nasa.gov/press-release/nasa-confirms-evidence-that-liquid-water-flows-on-today-s-mars **九月二十九日** Coitir, N. M. Ireland's Birds: Myths, Legends and Folklore. West Link Park, Cork, Ireland: Collins, 2015. **九月三十日** The Galway International Oyster Festival. Accessed May 31, 2016. http://www.discoveringireland.com/the-galway-international-oyster-festival/

十月

十月一日 de Waal, F. "What I Learned from Tickling Apes." New York Times, April 10, 2016. **十月三日** American Humane Society. "New Study Highlights Educational Value of Pets in the Classroom." Accessed January 10, 2017. http://www.americanhumane.org/about-us/newsroom/news-release/new-study-highlights-educational-value-of-pets-in-the-classroom.html

十月四日 Lovejoy, T. E. "Aid Debtor Nations' Ecology." New York Times, October 4, 1984. **十月五日** Dogs for Diabetes (D4D). Accessed August 27, 2016. https://dogs4diabetes.com/about-us/

十月七日 Armstrong, E. A. The Life and Lore of the Bird: In Nature, Art, Myth, and Literature. New York: Crown, 1975. Poetry Foundation. "The Raven," by Edgar Allan Poe. Accessed January 6, 2017. https://poetryfoundation.org/poems-and-ports/poems/detail/48860 Rowland, B. Birds with Human Souls: A Guide to Bird Symbolism. Knoxville: University

of Tennessee Press, 1978. **十月八日** Coates, P. Salmon. London: Reaktion, 2006. **十月九日** Stevenson, J. "Camille Saint-Saëns. Carnival of the Animals, zoological fantasy for 2 pianos & ensemble." AllMusic. Accessed January 12, 2017. http://www.allmusic.com/composition/carnival-of-the-animal-zoological-fantasy-for-2-pianos-ensemble-mc00026588281 Yo-Yo Ma. "The Swan." Saint-Saëns. Youtube. **十月十一日** US Fish & Wildlife Service. "History of the Bison Herd," Accessed January 12, 2017. http://www.fws.gov/refuge/Wichita_Mountains/wildlife/bison/history.html **十月十二日** Heaney, S. Field Work. New York: Farrar, Straus, and Giroux, 1979.

十月十四日 Moir, H. M., J. C. Jackson, and J. F. C. Windmill. "Extremely High Frequency Sensitivity in a 'Simple' Ear." Biology Letters 2013. Accessed January 2, 2017. http://dx.doi.org/10.1098/rsbl.2013.0241.

十月十五日 Opsahl, K. "Nylon Replacement?" Herald Journal, December 16, 2015. White, E. B. Charlotte's Web. New York: Harper & Brothers, 1952. **十月十六日** Moose Madness Family Festival. Accessed January 8, 2017. http://www.visitcookcounty.com/plan-your-trip/activities-by-season/fall/moose-madness-family-festival/

十月十七日 Gorilla100.com. "Discovery." Accessed January 20, 2016. http://www.gorilla100.com/30-Discovery.html Savage, T. S., and J. Wyman. "Notice on the External Characters and Habits of Troglodytes gorilla, a New Species of Orang from the Gaboon River; Osteology of the Same." Boston Journal of Natural History 5 (1847): 417-443. **十月十八日** Defenders of Wildlife. "Wolf Awareness Week." Accessed August 27, 2016. http://www.defenders.org/wolf-awareness-week **十月十九日** Crump, M. L. In Search of the Golden Frog. Chicago: University of Chicago Press, 2000. Dobzhansky, T. "Evolution in the Tropics." American Scientist (1950): 209-212. Shoemaker-Galloway, J. "Rainforest Day." Accessed August 20, 2016. http://www.holidailys.com/single-post/2015/10/19/Rainforest-Day **十月二十日** Discovering Lewis & Clark. "Jefferson's Megalonyx." Accessed July 24, 2016. http://www.lewis-clark.org/article/2742 **十月二十一日** Ceríaco, L. M. P., and M. P. Marques. "Deconstructing a Southern Portuguese Monster: The Effects of a Children's Story on Children's Perceptions of Geckos." Herpetological Review 44 (2013): 590-594. **十月二十二日** Wombania. "Wombat Day October 22." Accessed February 24, 2017. http://www.wombania.com/wombat-day.htm **十月二十三日** Gould, S. J. "Fall in the House of Ussher." Natural History 100 (1991): 12-21.

十月二十四日 NPR History Department. "Hats Off to Women Who Saved the Birds." NPR, July 15, 2015. Accessed December 10, 2016. http://www/npr.org/sections/npr-history-dept/2015/07/15/422860307/hats-off-women-who-saved-the-birds **十月二十六日** Babb, D. "History of the Mule." Accessed September 9, 2016. http://www.mulemuseum.org/history-of-the-mule.html **十月二十七日** Northern Plains Potato Growers Association. "Potato Fun Facts." Accessed September 9, 2016. http://nppga.org/consumers/funfacts.php **十月二十九日** Hewson-Hughes, A. K., A. Colyer, S. J. Simpson, and D. Raubenheimer. "Balancing Macronutrient Intake in a Mammalian Carnivore: Disentangling the Influences of Flavour and Nutrition." Royal Society of Open Science, June 15, 2016. doi:10.1098/rsos.160081 **十月三十日** Poladian, C. "Tihar Festival in Nepal Celebrates Dogs with Garland, Not Skewers [Photos]." International Business Times, June 26, 2015. Accessed September 2, 2016. http://www.ibtimes.com/pulse/tihar-fetival-nepal-celebrates-dogs-garland-not-skewers-photos-1986154

十一月

十一月一日 From the Journal of Meriwether Lewis. "One Continual Roar." Accessed January 3, 2017. http://www.lewis-clark.org/article/443 National Bison Legacy Act. Accessed January 18, 2016. http://www.votebison.org/bill

十一月二日 Manos-Jones, M. The Spirit of Butterflies: Myth, Magic, and Art. New York: Henry N. Abrams, 2000. **十一月三日** Sumner, T. "Ancient Jellyfish Died a Strange Death." Science News for Students, November 14, 2014. Accessed January 8, 2017. https://student/societyforscience.org/article/ancient-jellyfish-dies-strange-death

十一月四日 Crystalinks. "King Tutankhamen's Tomb." Accessed November 11, 2016. www.crystalinks.com/tutstomb.html **十一月五日** McVicker, D. "Animism Religion." Prezi, February 12, 2015. Accessed January 2, 2016. https://prezi.com/vry70dfjpde9/animism-religion/ **十一月六日** Netstate. "Texas State Reptile." Accessed January 2, 2016. http://www.netstate.com/states/symb/reptiles/tx_horned_lizard.htm **十一月七日** Kona Coffee Cultural Festival. Accessed August 18, 2016. http://konacoffeefest.com/about-the-festival/ **十一月八日** Pushkar Camel Fair. Accessed January 7, 2017. http://www.pushkarcamelfair.com/ **十一月十日** Smithsonian Institution. "The Hope Diamond." Accessed December 13, 2016. http://www.si.edu/Encyclopedia_SI/nmnh/hope.htm **十一月十一日** US Department of Veterans Affairs. Office of Public and Intergovernmental Affairs. "In Flanders Fields."

Accessed September 11, 2016. http://www.va.gov/opa/vetsday/flanders.asp **十一月十二日** National Chrysanthemum Society, USA. "History of the Chrysanthemum." Accessed January 12, 2017. http://www.mums.org/history-of-the-chrysanthemum/ **十一月十三日** Poetry Foundation. "The Rime of the Ancient Mariner," by Samuel Taylor Coleridge. Text of 1834. Accessed January 11, 2017. http://www.poetryfoundation.org/poems-and-poets/poems/detail/43997 **十一月十四日** Lyell, C. Principles of Geology: Being an Attempt to Explain the Former Changes of the Earth's Surface, by Reference to Causes Now in Operation. 3 vol. London: John Murray, 1830-1833. Rampino, M. R. "Reexaming Lyell's Laws." American Scientist 105 (2017): 224-231. **十一月十五日** Crump, M. Eye of Newt and Toe of Frog, Adder's Fork and Lizard's Leg: The Lore and Mythology of Amphibians and Reptiles. Chicago: University of Chicago Press, 2015. **十一月十六日** Tagore, R.（拉賓德拉納特・泰戈爾）Fireflies: A Collection of Proverbs, Aphorisms and Maxims.（《流螢集》）Wakefield, RI: Asphodel, 2007. Western Monarch Count Resource Center. http://www.westernmonarchcount.org/ **十一月十七日** American Bald Eagle Foundation. "Alaska Bald Eagle Festival." Accessed January 11, 2017. https://baldeagles.org/alaska-bald-eagle-festival/about/ **十一月十八日** Ingersoll, E. Birds in Legend, Fable, and Folklore. New York: Longmans, Green, 1923. **十一月十九日** Grooms, S. The Cry of the Sandhill Crane. Minocqua, WI: NorthWord, 1992. **十一月二十日** Ventana Wildlife Society. "California Condor #799 aka 'Princess'." Accessed March 13, 2017. http://www.mycondor.org/condorprofiles/condor799.html **十一月二十一日** Do-Your-Bit. "World Fisheries Day. 21 November." Accessed August 20, 2016. http://www.gdrc.org/doyourbit/21_11-fisheries-day.html **十一月二十二日** Humane Society of the United States. www.humanesociety.org **十一月二十三日** BBC. "Religions. Kami." Last updated September 4, 2009. Accessed January 12, 2017. http://www.bbc.co.uk/religion/religions/shinto/beliefs/kami_1.shtml **十一月二十四日** Alfred, R. "July 1, 1858: Darwin and Wallace Shift the Paradigm." Wired, July 1, 2011. Accessed March 12, 2017. https://www.wired.com/2011/07/0701darwin-wallace-linnean-society-london/ Darwin, C.（查爾斯・達爾文）On the Origin of Species by Means of Natural Selection, or The Preservation of Favoured Races in the Struggle for Life.（《物種起源》）New York: Avenel, 1979. Originally published 1859. Darwin, C.（查爾斯・達爾文）Voyage of the Beagle.（《小獵犬號航海記》）New York: Penguin, 1989. Originally published 1839. **十一月二十五日** Humane Society of the United States. "Joseph Wood Krutch: Philosopher of Humaneness." Accessed January 4, 2017. http://www.humanesociety.org/about/history/joseph_wood_krutch.html Krutch, J. W. "Conservation Is Not Enough." American Scholar 23 (1954): 295-305. **十一月二十七日** Turks and Caicos Conch Festival. Accessed May 6, 2016. http://turksandcaicostourism.com/turks-and-caicos-couch-festival/ **十一月二十八日** Monkey Buffet Festival. Accessed December 3, 2015. http://festivalasia.net/festivals/Monkey-Buffet-Festival-2015.html **十一月二十九日** Salter, D. Holy and Noble Beasts: Encounters with Animals in Medieval Literature. Cambridge: D. S. Brewer, 2001. **十一月三十日** Quinn, B. "Unicorn Lair 'Discovered' in North Korea." Guardian, November 30, 2012. Accessed June 23, 2016. https://www.theguardian.com/world/2012/nov/30/unicorn-lair-discovered-north-korea

十二月

十二月一日 HCA.Gilead.org.il. "The Nightingale," by Hans Christian Andersen. Accessed August 11, 2016. http://hca-gilead-org-il/highting.html **十二月二日** United States Environmental Protection Agency. Epa.gov. **十二月三日** Thomas, L. The Lives of a Cell: Notes of a Biology Watcher. New York: Bantam, 1974. **十二月四日** World Wildlife Fund. "Wildlife Conservation Day." Accessed September 27, 2017. https://www.worldwildlife.org/stories/wildlife-conservation-day **十二月五日** Koyeli Tours and Travels. "Hornbill Festival of Nagaland." Accessed January 3, 2016. http://hornbillfestival.co.in/about1.html **十二月六日** Kahn, T. R., E. La Marca, S. Lötters, J. L. Brown, E. Twomey, and A. Amézquita, eds. Aposematic Poison Frogs (Dendrobatidae) of the Andean Countries: Bolivia, Colombia, Ecuador, Perú, and Venezuela. Arlington, VA: Conservation International, 2016. **十二月七日** Kendall, P. "Holly." Trees for Life. Accessed January 12, 2017. http://www.treeforlife.org.uk/forest/mythology-folklore/holly2/ **十二月八日** Tautin, J. "100 Years of Bird Banding in North America 1902-2002." US Geological Survey. Accessed January 11, 2017. http://www.pwrc.usgs.gov/bbl/homepage/100years.cfm USGS. "A Brief History about the Origins of Bird Banding." Accessed January 11, 2017. https://www.pwrc.usgs.gov/bbl/homepage/historyNew.cfm **十二月九日** Koestler, A. The Case of the Midwife Toad. New York: Random House, 1971. **十二月十日** Animal Equality. "International

Animal Rights Day Manifesto 2012." Accessed September 9, 2016. http://www.internationalanimalrightsday.org/ **十二月十一日** United Nations. "International Mountain Day." Accessed January 13, 2017. http://www.un.org/en/events/mountainday/background.shtml

十二月十二日 National Day Calendar. "National Poinsettia Day." Accessed September 2, 2016. http://www.nationaldaycalendar.com/national-poinsettia-day-december-12/ University of Illinois Extension. "Poinsettia Facts." Accessed September 2, 2016. http://extension.illinois.edu/poinsettia/facts.cfm **十二月十三日** NOAA Fisheries. "Chinese River Dolphin/Baiji (Lipotes vexillifer)." Updated January 15, 2015. Accessed January 11, 2017. http://www.fisheries.noaa.gov/pr/species/mammals/dolphins/chinese-river-dolphin.html **十二月十四日** Estrada, A. P. A. Garber, A. B. Rylands, et al. "Impending Extinction Crisis of the World's Primates: Why Primates Matter." Science Advances 3 (January 18, 2017). doi:10.1126/sciadv.1600946

Swindler, D. R. Introduction to the Primates. Seattle: University of Washington Press, 1998. Zimmer, C. "Most Primates Species Threatened with Extinction, Scientists Find." New York Times, January 18, 2017. **十二月十五日** Coitir, N. M. Ireland's Birds: Myths, Legends and Folklore. West Link Park, Cork, Ireland: Collins, 2015. **十二月十六日** Wikisource. "Goin' Home" lyrics, by William Arms Fisher (1922). Accessed January 7, 2016. https://en.wikisource.org/wiki/Goin'_Home **十二月十七日** US National Park Service. "1993—The First Flight." Last updated April 14, 2015. Accessed September 9, 2016. https://www.nps.gov/wrbr/learn/historyculture/thefirstflight.htm **十二月十八日** Coitir, N. M. Ireland's Birds: Myths, Legends and Folklore. West Link Park, Cork, Ireland: Collins, 2015. **十二月二十日** Dickens, C. The Cricket on the Hearth. London: Bradbury and Evans, 1845. Xiaomin, X. "Cricket Matches—Chines Style." Shanghai Star, September 4, 2003. Accessed June 16, 2016. http://app1.chinadaily.com.cn/star/2003/0904/f08-1.html

十二月二十一日 Bradford, W. Of Plymouth Plantation. Norton Anthology of American Literature. W. Franklin, P. F. Gura, and A. Krupat, eds. Vol. A. New York: Norton, 2007.

Gundersen, J. R. "The Plymouth Colony. The Pilgrims and Plymouth Rock. 1620." Tripod. Accessed August 26, 2016. http://franklaughter.tripod.com/cgi-bin/histprof/misc/plymouth.html **十二月二十二日**

Newgrange.com. "Newgrange—World Heritage Site." Accessed December 28, 2016. www.newgrange.com/ **十二月二十三日** Dinofish.com. "'Discovery' of the Coelacanth. The Fish out of Time," site maintained by J. F. Hamlin. Accessed May 31, 2016. www.dinofish.com/discoa.htm **十二月二十四日** Martin, L. C. Wildlife Folklore. Old Saybrook, CT: Globe Pequot, 1994. Whipp, D. "The History of Santa's Reindeer." Altogether Christmas. Accessed November 18, 2015. www.altogetherchristmas.com/traditions/reindeer.html **十二月二十五日** Christmas Carol Lyrics. "The Twelve Days of Christmas." Accessed March 14, 2017. http://www.41051.com/xmaslyrics/twelvedays.html **十二月二十六日** National Audubon Society. "History of the Christmas Bird Count." Accessed September 7, 2016. http://www.audubon.org/conservation/history-christmas-bird-count **十二月二十七日** Great Seal. "Benjamin Franklin on the Rattlesnake as a Symbol of America." Accessed August 27, 2016. http://www.greatseal.com/symbols/rattlesnake.html **十二月二十八日** NOAA Fisheries. "Endangered Species Act (ESA)." Updated February 11, 2016. Accessed September 3, 2016. http://www.nmfs.noaa.gov/pr/laws/esa/ US Fish and Wildlife Service. "West Virginia Northern Flying Squirrel." Last updated March 4, 2013. Accessed September 3, 2016. https://www.fws.gov/northeast/newsroom/wvnfsq.html **十二月二十九日** Elie, P. Reinventing Bach. New York: Farrar, Straus, and Giroux, 2012.

十二月三十日 Gratacap, L. P. "The Development of the American Museum of Natural History." American Museum Journal 1 (1900-1901): 2-4.